普通高等教育"十四五"系列教材

土石坝设计与施工

（第二版）

主　编　李梅华　吕桂军
副主编　赵　青　张安然　尚建业

中国水利水电出版社
www.waterpub.com.cn

·北京·

内 容 提 要

本书为高等职业院校水利水电类专业通用教材。全书以某一水利工程案例为载体，介绍土石坝初步设计方法、设计步骤和设计成果。全书除设计基本资料、综述外，共分九个项目，包括总论、土石坝结构设计、溢洪道设计、施工条件分析、施工导流计划、土石坝施工、施工进度计划、施工总体布置、资源需要计划等。

本书可供水利水电建筑工程、农业水利工程、水利工程监理、水利工程施工技术等专业的师生和技术人员参考使用。

图书在版编目（CIP）数据

土石坝设计与施工 / 李梅华，吕桂军主编. -- 2版
. -- 北京：中国水利水电出版社，2021.12
普通高等教育"十四五"系列教材
ISBN 978-7-5226-0394-0

Ⅰ．①土… Ⅱ．①李… ②吕… Ⅲ．①土石坝－设计
－高等学校－教材②土石坝－工程施工－高等学校－教材
Ⅳ．①TV641

中国版本图书馆CIP数据核字(2021)第280293号

书 名	普通高等教育"十四五"系列教材 **土石坝设计与施工（第二版）** TUSHIBA SHEJI YU SHIGONG
作 者	主 编 李梅华 吕桂军 副主编 赵 青 张安然 尚建业
出版发行	中国水利水电出版社 （北京市海淀区玉渊潭南路1号D座 100038） 网址：www.waterpub.com.cn E-mail：sales@waterpub.com.cn 电话：(010) 68367658（营销中心）
经 售	北京科水图书销售中心（零售） 电话：(010) 88383994、63202643、68545874 全国各地新华书店和相关出版物销售网点
排 版	中国水利水电出版社微机排版中心
印 刷	清淞永业（天津）印刷有限公司
规 格	184mm×260mm 16开本 14.25印张 347千字
版 次	2011年1月第1版第1次印刷 2021年12月第2版 2021年12月第1次印刷
印 数	0001—3000册
定 价	**46.00元**

第二版前言

《土石坝设计与施工（第二版）》是职业教育水利水电类专业项目化实训课程教材，是在第一版的基础上修订而成的。教材第一版自出版以来，得到了同行、学生的好评。在高质量发展的时代背景下，在新发展、绿色发展理念引领下，水利行业新技术、新材料、新工艺、新方法、新规范不断涌现，依据《国家职业教育改革实施方案》提出的"三教"改革任务，在广泛征求意见的基础上修订再版。

此次修订主要考虑了以下五点：

（1）对接"×"证书。教材内容融入了大坝安全智能监测技能等级证书知识、技能、素质要求。

（2）保持本书第一版的以项目为载体，以任务为导向，以能力训练为主，带动知识学习和技能的提高。

（3）按照《水利水电工程等级划分及洪水标准》（SL 252—2017）对水利水电工程分等指标做了相应的调整。

（4）按照《碾压式土石坝设计规范》（SL 274—2020），土石坝的坝顶去掉了坝顶交通，增设了坝顶照明和停车场地需求；土石坝坝体排水增设了坝体内排水；土石坝的护坡增加了生态护坡等内容。

（5）按照《溢洪道设计规范》（SL 253—2018），溢洪道的消能形式增补了台阶式消能和窄缝消能等。

本书由黄河水利职业技术学院的李梅华、吕桂军主编，设计基本资料、综述、项目二、附录一、附录二由李梅华编写，项目一由黄河水利职业技术学院的王智阳、重庆市水利电力建筑勘测设计研究院的王涛编写，项目三由黄河水利职业技术学院的赵青、袁斌、张安然编写，项目四、项目五、项目六由吕桂军编写，项目七由黄河水利职业技术学院的王飞寒、中国电建集团贵阳勘测设计研究院有限公司的尚建业编写，项目八、项目九、附录三由黄河水利职业技术学院的吴伟编写。黄河水利职业技术学院的焦爱萍教授、梁建林教授担任主审。

在编写教材过程中，得到了有关水利企业、事业单位技术人员支持，在此表示感谢。在本书编写过程中，参考了大量的科技文献，在此对有关作者表示感谢。

对本书中疏漏或不当之处，恳请广大读者批评指正。

编者

2021 年 7 月

第一版前言

"土石坝设计与施工"是一门以项目导向、任务驱动，集"教、学、做"为一体的项目化课程。本教材以国家示范院校建设"水利水电建筑工程"重点建设专业教学标准为编写依据，以培养面向水利行业生产一线、从事水利水电工程设计与施工岗位的高等技术应用型人才为目标。教材建设中始终坚持校企合作，在充分采纳企业合理化建议的基础上进行课程标准和教学内容的设计，以能力训练为主，带动知识的学习和技能的提高。

本教材具有如下特点：

（1）整合了《水工建筑物》《水利工程施工》等相关课程教材的教学内容。将工程案例引入教材，按工作过程组织教学，实现了理论与实践的无缝对接。

（2）以职业能力培养为主进行教材建设。结合"水利水电建筑工程"专业人才培养模式，在专业课程体系和教学内容改革的基础上，与多家企业合作，按照企业岗位能力和素质要求共同编写本教材。

（3）突出岗位工作能力培养。以项目为导向，以任务为驱动，培养学生实际工作能力及刻苦学习、团结协作、求真务实的工作态度。

（4）教材可操作性强。与传统教材相比，本教材不仅注重了知识的传授，也更加注重了职业能力的培养。本教材引入了实际生产案例，把案例分为九个项目，每个项目又分为若干个任务，以任务驱动，带动学生知识的学习和职业能力的提高，具有较强的可操作性。

本书由黄河水利职业技术学院李梅华、王飞寒担任主编，设计基本资料、综述、项目一、项目二、附录一、附录二由李梅华编写，项目三由开封市农村水利技术推广站靳玮、南阳市水利勘测设计院邵蔚编写，项目四、项目五、项目七由王飞寒编写，项目六由吕桂军编写，项目八、项目九、附录三由吴伟编写。教材项目一～项目三由李梅华统稿，项目四～项目九由王飞寒统稿。全书由黄河水利职业技术学院焦爱萍教授、梁建林教授担任主审。

本教材的编写得到了中国水利水电第七、第八、第十四工程局，河南沙颍河管理局和河南南阳水利勘测设计院等单位技术人员的大力支持及黄河水利职业技术学院水利系郑万勇教授、梁建林教授、王卫教授等的鼎力相助，在此一并表示感谢。教材在编写过程中参考了大量的科技文献，因篇幅所限，未能在参考文献中一一列出，在此对有关作者表示感谢。

由于编者水平有限，加之时间仓促，本书中难免存在不足之处，敬请读者批评指正。

编者

2010 年 9 月

目录

设 计 基 本 资 料

一、概况

F 水库位于北汝河中游，距县城 18km，控制流域面积 160km²，占总流域面积的 68%，流域为以安山岩为主的石山区，耕地所占比重极小还不到 10%，流域内植被较好，植被度达 70% 以上，北汝河干流全长 41.8km。平均纵坡为 1/98.3。

本地区多年平均年降水量为 950mm，年内分配极为不均，多集中在 7 月、8 月，占全年降水量的 68%，多年平均年径流深 336mm。多年平均年径流量 5920 万 m³。根据实测暴雨资料，利用综合单位线，结合历史洪水调查推算求得坝址百年一遇洪水为 2080m³/s，千年一遇洪水为 2710m³/s。洪水特点是峰高而历时短，持续时间不到一天，主要集中在汛期发生。

根据国民经济发展需要为解决灌溉、防洪等问题，有关单位对本工程进行了初步查勘与规划设计工作，选择并规定了本枢纽的任务与有关数据。

F 水库以灌溉为主，兼顾防洪、发电。水库总库容 5030 万 m³，为多年调节水库，在保证率 75% 的情况下，可灌溉北汝河下游右岸农田 10 万亩，灌溉最大引水量 10m³/s。由于来水较大，除利用灌溉用水发电外，还可利用丰水年的弃水发电。电站装机 2 台，总装机容量 2000kW，全年可发电 300 万 kW·h。F 水库的修建可使 50 年一遇洪水洪峰流量由 1840m³/s 削减到 1320m³/s，千年一遇洪水洪峰流量由 2710m³/s 削减到 1980m³/s，减轻下游洪水灾害。水库养鱼水面积 2130 亩，库区淹没移民 304 户 1550 人、1590 间房及土地赔偿 1490 亩。

二、水文、气象

（1）本工程位于豫西山区，属易干旱地区。年平均气温约 14℃，年最低气温 −12℃，但延续时间不长，最高气温可达 40℃。夏秋多东南风，冬春多北风。最大风速多年平均为 $V_{max} = 10\text{m/s}$，水库最大吹程为 1.2km。

（2）水库年蒸发损失深度 400mm，年渗漏损失深度 500mm。

（3）根据暴雨分析计算得各频率洪峰流量见表 设-1。

表 设-1　　　　　　　　　　**不同频率洪峰流量和 24h 洪水总量**

$P/\%$	2	1	0.5	0.1
$Q/(\text{m}^3/\text{s})$	1840	2080	2380	2710
24h 洪量/m³	3980	4540	5120	5860

（4）洪水流量过程线（时段 $\Delta t = 2\text{h}$）见表 设-2。

表 设-2 　　　　　　　　　　　洪 水 流 量 过 程 线　　　　　　　　　　　单位：m³/s

时段＼频率	$P=10\%$	$P=5\%$	$P=2\%$	$P=1\%$
1	11	13	41	59
2	82	100	53	115
3	184	220	123	197
4	249	300	274	346
5	621	798	369	506
6	1133	1487	774	2080
7	565	621	1840	1259
8	306	290	342	861
9	208	221	457	573
10	157	189	309	430
11	112	134	285	329
12	67	68	167	173
13	25	30	85	78
14	8	9	38	50

（5）相应于各时期的流量特征值见表 设-3。

表 设-3 　　　　　　　　　　各时期的流量特征值　　　　　　　　　　单位：m³/s

频　率	洪水期	中水期	枯水期
5％	700	36	
2％	1106	72	

（6）全年各月流量平均值（$P=5\%$）见表 设-4。

表 设-4 　　　　　　　　　$P=5\%$全年各月流量平均值　　　　　　　　单位：m³/s

月　份	1	2	3	4	5	6	7	8	9	10	11	12
Q	0.16	0.12	0.18	0.18	0.22	0.48	5.77	2.17	0.61	0.57	0.55	0.35

（7）坝址处各月平均降雨天数见表 设-5。

表 设-5 　　　　　　　　　　坝址处各月平均降雨天数　　　　　　　　　　单位：d

降雨量＼月份	1	2	3	4	5	6
5～10mm	0.43	0.57	1.43	0.97	1.72	2.00
10～20mm	0.14	0.14	0.14	1.57	1.14	1.29
20～30mm			0.14	0.57	0.43	0.71
＞30mm					0.29	0.43

续表

月份 降雨量	7	8	9	10	11	12
5～10mm	2.29	1.57	1.72	1.43	1.57	0.57
10～20mm	2.43	2.72	0.71	0.86	1.00	0.29
20～30mm	1.43	1.43	0.43	0.43	0.43	
>30mm	2.00	2.29	0.43	0.14		

三、地形、地质

坝址处河谷较窄，宽约 120m，坝基和两岸均为安山岩，所属时代为震旦纪岩层，风化较重，一般风化深 1～3m，两岸岩石裸露，高出河床 50～100m，河床部分基岩埋深一般为 0.1～10m，大的可达 30m，含中粗砂，基岩透水性不大。

坝址左岸山坡高峻，岩体完整，风化作用较轻；西岸山坡相对低矮平缓，岩石风化较重。河床东边宽 30m，中上部坡积层厚数米，下部为褐红黏土胶结的砂卵石，总厚 16m 左右，除局部有少量渗水外，一般透水性较低。下伏安山岩岩面平坦，表面岩石新鲜完整。河床西边约 10m 宽，一般砂卵石厚 10m，不含泥，基岩表面有较多的裂隙，情况不如东边，但仍是良好的地基。河床中部约 90m 范围内的砂卵石厚 20～24m，内部夹有薄层不连续的灰色淤泥，使砂卵石的力学性质有所降低。下伏基岩表层节理发育，钻探所得岩芯多为碎块，风化层厚 0.6～3.5m，但钻进中不漏浆，说明其透水性不大。河床中有垂直方向的断层，走向约为北 45°，属受挤压产生的，破碎带宽数米，裂隙闭合。

该地区地震烈度为Ⅵ度。

安山岩物理力学性质指标如下：重度为 26.5kN/m³，坚固系数 8～10；单位弹性抗力系数为 60～80MPa；弹性模量为 $1.6×10^4$ MPa。

四、建筑材料

（1）土料。共有 7 个土料区，除南堡林场在库区外，其余都在库区，各土料区的土料性质和储量详见表 设-6。

表 设-6　　　　　　　　　　　土料区的土料性质和储量表

土区名称	自然重度/（kN/m³）		自然含水量 /%	塑限含水量 /%	液限含水量 /%	土类	储量 /万 m³
	范　围	平均值					
万水山	16.1～17.1	16.7	21.0	24.70	34.95	重粉质壤土	13.0
后地	15.0～15.7	15.3	19.4	19.35	29.20	中粉质壤土	9.0
东岗	15.8～16.6	16.0	21.3	17.95	29.15	重粉质壤土	4.0
庞湾后山	15.7～16.3	15.3	22.2	—	—	—	1.5
指挥部前	15.3～15.9	15.6	22.2	—	—	—	2.5
庞湾前山	15.5～16.0	15.8	21.0	—	—	—	3.0
林场	15.1～16.6	16.3	21.0	—	—	—	5.0

（2）砂卵石。砂卵石分布在大坝上下游河滩，枯水季节河水位降低，上游在坝脚100m以外，1500m以内，平均取深1.5m，约30万m³。下游在坝脚100m以外，2000m以内取深1.2m，约18万m³，内摩擦角经现场试验最小32°，最大40.7°。

（3）石料。石料来源于溢洪道开挖的安山岩。坝体高程430m以上堆石粒径建议不小于300mm，小于300mm的用于上下游坝坡，430m高程以下，孔隙率不得超过30%。

（4）风化料。在左岸坝头有可供筑坝的风化片麻岩。储量38万m³。其自然内摩擦角37.5°～39.1°。自然含水量9%。夯实后干重度平均达18.1kN/m³（铺厚25cm）。

（5）土石料的物理力学指标。根据现场和室内实验结果，筑坝土石料可按表 设-7 所列数据进行设计和计算。

表 设-7　　　　　　　　　　　土石料的物理力学指标

指　　标		坝基砂卵石	坝　　体							
			土料	砂卵石		风化料		堆　石	
				水上	水下	水上	水下	水上	水下
饱和快剪	$\phi/(°)$	30	13.86	35	32	35	32	40	28
	C/kPa		23.0						
饱和固结快剪	$\phi/(°)$	30	17.8						
	C/kPa		24.1						
相对密度		2.71	2.71	2.71		2.71		2.71	
干重度/(kN/m³)		19.0	16.5	20.0		19.0		19.0	
含水量/%			18.3	7.0		10.0		3.0	
湿重度/(kN/m³)		19.5	21.4	20.9		19.6			
饱和重度/(kN/m³)		20.4	20.7	22.6		22.0		22.0	
浮重度/(kN/m³)		10.0	10.4	12.6		12.0		12.0	
渗透系数/(m/s)		6.2×10⁻⁵	5.4×10⁻⁸	6.2×10⁻⁵		4.0×10⁻⁶			

五、水利规划计算成果

（1）淤积高程：420.0m。

（2）死水位：427.0m。

（3）最高兴利水位：443.0m。

（4）设计洪水位（$P=2\%$）448.21m，相应泄量1320m³/s（溢洪道泄量1200m³/s，泄洪洞泄量120m³/s）。

（5）校核洪水位（$P=0.1\%$）450.22m，相应库容5030万 m³，最大泄量1980m³/s（溢洪道泄量1853m³/s，泄洪洞泄量137m³/s）。

报告编写格式可以参考附录一、附录二。

综　　述

一、项目内容及课时分配

项目内容及课时分配见表 综-1。

表 综-1　　　　　　　　　　项目内容及课时分配表

学习项目编号	学习项目名称	学习型工作任务	学时/天	
项目一	第一次课	课程介绍	0.5	2
	总论	任务一　工程等别与建筑物级别	0.5	
		任务二　坝型坝址选择及枢纽布置	1	
项目二	土石坝结构设计	任务一　土石坝坝型选择	0.5	10
		任务二　土石坝剖面设计	1.5	
		任务三　土石坝渗流分析	1	
		任务四　土石坝稳定分析	2	
		任务五　土石坝基础处理	1	
		任务六　土石坝细部构造设计	1	
		任务七　绘制设计图、整理设计报告	2	
		任务八　考核	1	
项目三	溢洪道设计	任务一　溢洪道选线	1	8
		任务二　溢洪道布置	2	
		任务三　水力设计	1	
		任务四　结构设计	1	
		任务五　地基及边坡处理设计	0.5	
		任务六　绘制设计图、整理设计报告	1.5	
		任务七　考核	1	
项目四	施工条件分析	任务一　基本资料分析	0.5	2
		任务二　有效施工工日分析	1	
		任务三　考核	0.5	
项目五	施工导流计划	任务一　导流设计洪水标准	0.5	4
		任务二　导流方案拟订	1.5	
		任务三　导流工程规划与设计	1.5	
		任务四　考核	0.5	
项目六	土石坝施工	任务一　机械化施工方案拟订	1	4
		任务二　坝面运输布置	0.5	
		任务三　坝体填筑	1	
		任务四　坝体施工质量控制	1	
		任务五　考核	0.5	

续表

学习项目编号	学习项目名称	学习型工作任务		学时/天	
项目七	施工进度计划	任务一 施工进度计划概述	0.5		2.5
		任务二 施工总进度计划编制	1		
		任务三 土石坝施工进度计划编制	0.5		
		任务四 考核	0.5		
项目八	施工总体布置	任务一 施工总体布置概述	0.5		1.5
		任务二 施工总平面布置	0.5		
		任务三 考核	0.5		
项目九	资源需要计划	任务一 劳动力计划	0.5		2
		任务二 材料、构件及半成品需用量计划	0.5		
		任务三 施工机械需用量计划	0.5		
		任务四 考核	0.5		
总　　计				36	

二、提交成果与要求

1. 编写设计报告 1 份

设计报告包括说明和计算两大方面。说明部分应全面介绍设计内容、意图和有关计算成果等；计算部分应包括计算方法、过程、成果等。说明部分撰写力求简明扼要、条理清楚，并附有必要的图表，便于工程施工，书写规范。计算部分应做到：计算方法正确、参数取值合理，严格执行国家和行业现行的技术标准和规范；数据真实、可靠，公式选用合适，计算结果正确、可信；既要保证工程安全，又要做到经济适用。设计报告一般包括题目、目录、摘要、正文、结论、参考文献、致谢等几部分。

（1）题目。题目应力求简洁、贴切、新颖，能够准确表达设计工作的中心内容。题目文字尽可能控制在 10～20 字。

（2）目录。目录应列出设计内容各组成部分的大小标题，分层次、分项目标注页码，并包括参考文献、附录等。

（3）摘要。摘要是把设计工作的主要内容和成果，以高度概括的语言，用 500 字左右的篇幅阐述出来，让读者一目了然。摘要应分别以中、英文撰写。

（4）正文。它是设计报告的主体部分，是作者对设计、计算工作的详细表达。主要说明设计条件、主要资料数据及其来源、方案分析比较、分析计算、计算结果比较、设计方案的论证等。当设计方案确定以后，设计中有责任、有义务说明选择的理由，其优缺点。计算要写出公式、注明公式中符号含义、计算步骤，计算结果以表格形式表达。正文中除了文字阐述以外，还必须有必要的插图。

（5）结论。结论是整个报告的总结。结论要准确、完整，下结论要客观并留有余地，尽可能对设计中的问题一一说明。

（6）参考文献。列出设计中引用的参考文献，反映设计者严肃的科学态度、真实的科学依据，体现出对前人成果的尊重与继承。对自己引用的文献，应按引用的顺序一一列出。

（7）致谢。一般在报告最后要写谢辞，对指导老师、给予帮助的老师及同学等，都应在报告的结尾书面致谢，言辞应恳切。

2. 绘制设计图（A1图不少于3张）

图纸是工程师的语言，是工程设计的主要成果，绘图是一项学生必备的基本技能。绘制的工程图应符合工程制图标准。要求投影正确、线条尺寸标注齐全、规范，图面排列整齐、布局合理、匀称、清洁美观。

三、考核与评价

本课程按照项目分别进行考核，课程考核成绩则是项目考核成绩的累计。每个项目成绩都是从知识、技能、素质三方面考核，依据预习、报告编写、设计图绘制等完成情况评分，见表 综-2。

表 综-2   课 程 考 核 成 绩 表

项目名称	成	绩	权重/%	项目成绩	项目成绩权重/%	课程考核成绩
总论	知识	100	30	100	5	100
	技能	100	50			
	素质	100	20			
土石坝设计	知识	100	30	100	25	
	技能	100	50			
	素质	100	20			
溢洪道设计	知识	100	30	100	20	
	技能	100	50			
	素质	100	20			
土石坝施工	知识	.100	30	100	50	
	技能	100	50			
	素质	100	20			

项目一 总 论

项 目 任 务 书

项 目 名 称	总 论		参考课时/天	
学习型工作任务	第一次课		0.5	
	任务一 工程等别与建筑物级别		0.5	2
	任务二 坝型坝址选择及枢纽布置		1	
项目任务	让学生学会工程等别、建筑物级别划分；并会合理选择坝型、坝址			
教学内容	(1) 资料分析； (2) 工程等别划分； (3) 建筑物级别划分；	(4) 坝址与坝型的选择； (5) 枢纽布置		
教学目标	知识	(1) 熟悉资料分析的方法； (2) 熟悉工程分等方法； (3) 掌握建筑物分级方法；	(4) 掌握坝型选择的思路； (5) 合理进行枢纽布置	
	技能	(1) 会对工程分等、建筑物分级； (2) 会选择坝型坝址，对枢纽合理布置		
	素质	(1) 具有科学创新精神； (2) 具有团队合作精神； (3) 具有工匠精神；	(4) 具有报告书写能力； (5) 具有质量意识、环保意识、安全意识； (6) 具有应用规范能力	
教学实施	对小浪底、陆浑等几个大型水利工程等别划分及布置实例进行研究分析，然后进行枢纽总体布置			
项目成果	(1) 设计说明书；(2) 土石坝平面布置规划图			
技术规范	SL 252—2017《水利水电工程等级划分及洪水标准》			

任务一 工程等别与建筑物级别

目　标: (1) 掌握工程分等的目的、依据。

　　　　(2) 根据 F 水库的基本资料，运用所学知识对工程分等、建筑物分级。

　　　　(3) 具有爱岗敬业精神。

执行过程: 工程分等依据→工程分等→建筑物分级→建筑物洪水标准→工程等别划分实训。

要　点: (1) 分析工程资料并分等、分级。

　　　　(2) 选用适当的洪水资料。

提交成果: 设计报告 1 份。

一、工程等别与建筑物级别

1. 水利水电工程等别

为了贯彻执行国家的经济和技术政策，达到既安全又经济的目的，应把水利水电枢纽工程按其规模、效益及其在经济社会中的重要性分等，再将枢纽中的不同建筑物按其所属工程的等别和重要性分级。级别高的建筑物，对设计及施工的要求也高，级别低的建筑物则可以适当降低。

根据 SL 252—2017《水利水电工程等级划分及洪水标准》的有关规定，水利水电枢纽工程的等别，按表1-1确定。综合利用的水利水电枢纽工程，当按其各项用途分别确定的等别不同时，应按其中的最高等别确定工程的等别。

表1-1　　　　　　　　水利水电工程分等指标

| 工程等别 | 工程规模 | 水库总库容 /10^8m^3 | 防洪 | | | 治涝 | 灌溉 | 供水 | | 发电 |
			保护人口 /10^4人	保护农田面积 /10^4亩	保护区当量经济规模 /10^4人	治涝面积 /10^4亩	灌溉面积 /10^4亩	供水对象重要性	年引水量 /10^8m^3	发电装机容量 /MW
I	大（1）型	≥10	≥150	≥500	≥300	≥200	≥150	特别重要	≥10	≥1200
II	大（2）型	<10, ≥1.0	<150, ≥50	<500, ≥100	<300, ≥100	<200, ≥60	<150, ≥50	重要	<10, ≥3	<1200, ≥300
III	中型	<1.0, ≥0.10	<50, ≥20	<100, ≥30	<100, ≥40	<60, ≥15	<50, ≥5	比较重要	<3, ≥1	<300, ≥50
IV	小（1）型	<0.1, ≥0.01	<20, ≥5	<30, ≥5	<40, ≥10	<15, ≥3	<5, ≥0.5	一般	<1, ≥0.3	<50, ≥10
V	小（2）型	<0.01, ≥0.001	<5	<5	<10	<3	<0.5		<0.3	<10

注 1. 水库总库容指水库最高水位以下的静库容；治涝面积指设计治涝面积；灌溉面积指设计灌溉面积；年引水量指供水工程渠首设计年均引（取）水量。

　　 2. 保护区当量经济规模指标仅限于城市保护区；防洪、供水中的多项指标满足1项即可。

　　 3. 按供水对象的重要性确定工程等别时，该工程应为供水对象的主要水源。

2. 水工建筑物级别

单项用途的永久性水工建筑物，应根据其用途相应的等别和其本身的重要性按表1-2确定级别。多用途的水工建筑物，应根据其各用途相应的等别中最高者和其本身的重要性按表1-2确定级别。

表1-2　　　　　　　　水库及水电站工程永久性建筑物级别

工程等别	主要建筑物	次要建筑物	工程等别	主要建筑物	次要建筑物
I	1	3	IV	4	5
II	2	3	V	5	5
III	3	4			

失事后损失巨大或影响十分严重的水利水电枢纽工程，经论证并报主管部门批准，其2～5级主要建筑物可提高一级设计，并可按提高后的级别确定洪水标准；失事后造成损失不大的水利水电枢纽工程，经论证并报主管部门批准，其1～4级主要水工建筑物可降低一级设计，并可按降低后的级别确定洪水标准。水利水电枢纽工程挡水建筑物高度超过表1-3数值者，2、3级建筑物可提高一级设计，但洪水标准不予提高。

当水工建筑物基础的工程地质条件复杂或实践经验较少的新型结构时，2～5级建筑物可提高一级设计，但洪水标准不予提高。水库工程中，最大高度超过200m的大坝建筑物，其级别应为1级。

不同级别的水工建筑物主要在以下4个方面要求不同。

（1）抗御洪水能力。如洪水标准、坝顶安全超高等。

（2）强度和稳定性。如建筑物的强度、稳定安全系数、抗裂要求和限制变形要求等。

（3）建筑材料。如选用材料的品种、质量、强度等级、耐久性等。

（4）运行可靠性。如建筑物各部分尺寸富裕度、是否设置专门设备等。

表1-3 水利水电枢纽工程挡水建筑物提级指标

坝 型	坝的原级别	
	2	3
	坝高/m	
土石坝	90	70
混凝土坝、浆砌石坝	130	100

二、水利水电工程永久性水工建筑物洪水标准

设计永久性建筑物所采用的洪水标准分为正常运用（设计情况）和非常运用（校核情况）两种情况。应根据工程规模、重要性和基本资料等情况，按山区、丘陵区、平原、滨海地区分别确定，详见表1-4和表1-5。

表1-4 山区、丘陵区水库工程水工建筑物洪水标准

水工建筑物级别			1	2	3	4	5
洪水重现期/年	设计情况		1000～500	500～100	100～50	50～30	30～20
	校核情况	土石坝	可能最大洪水（PME）或1000～5000	5000～2000	2000～1000	1000～300	300～200
		混凝土坝、浆砌石坝	5000～2000	2000～1000	1000～500	500～200	200～100

表1-5 平原、滨海地区水库工程永久性建筑物洪水标准

永久性水工建筑物级别			1	2	3	4	5
洪水重现期/年	设计情况	水库工程	300～100	100～50	50～20	20～10	10
		拦河水闸	100～50	50～30	30～20	20～10	10
	校核情况	水库工程	2000～1000	1000～300	300～100	100～50	50～20
		拦河水闸	300～200	200～100	100～50	50～20	20

挡水建筑物采用土石坝和混凝土坝混合坝型时，其洪水标准应采用土石坝的洪水标准。

当山区、丘陵区水库工程永久性挡水建筑物的挡水高度低于 15m，且上下游最大水头差小于 10m 时，其洪水标准宜按平原、滨海区标准确定；当平原、滨海区水库工程永久性挡水建筑物的挡水高度高于 15m，且上下游最大水头差大于 10m 时，其洪水标准宜按山区、丘陵区标准确定，其消能防冲洪水标准不低于平原、滨海区标准。

在山区、丘陵区，土石坝一旦失事后对下游造成特别重大灾害时，1 级建筑物的校核洪水标准应取可能最大洪水（PME）或 10000 年一遇洪水。2～4 级建筑物可提高一级设计，并按提高后的级别确定洪水标准。对混凝土坝、浆砌石坝，如果洪水漫顶将造成严重的损失时，1 级建筑物的校核洪水标准经过专门论证并报主管部门批准，可取可能最大洪水（PME）或 10000 年一遇洪水。

任务二　坝型坝址选择及枢纽布置

目　　标： （1）了解大坝选址、选型的依据。

（2）合理选择坝型坝址。

（3）合理布置枢纽中的引水、泄水建筑物。

（4）具有刻苦学习、团结协作精神。

执行过程： 坝型选择→大坝选址→引水、泄水建筑物布置→土石坝枢纽布置→枢纽布置实训。

要　　点： （1）坝型坝址选择。

（2）枢纽布置。

提交成果： （1）设计报告 1 份。

（2）设计图 1 张。

一、坝型坝址的选择

坝型坝址的选择及水利枢纽布置是水利枢纽设计的重要内容，二者相互联系，不同的坝址可选用不同的坝型和枢纽布置。例如，当河谷狭窄，地形条件良好时，适宜修建拱坝；河谷宽阔，地质条件较好，可以选用重力坝；河谷宽阔，河床覆盖层深厚，地质条件较差又有适宜的土石料时，可以选用土石坝。

在选择坝型坝址及枢纽布置时，不仅要研究枢纽附近的自然条件，还需考虑枢纽的施工条件、运行条件、综合效益、投资指标以及远景规划等。应选择 2～3 个不同条件的坝址，不同的坝址选择不同的建筑物形式以及相应的枢纽布置方案，进行方案比较，最终确定一个合理的坝址方案。

1. 坝型选择

对于同一个坝址应分别考虑土石坝、重力坝、拱坝等几种不同的枢纽布置方案进行比较。

【实例 1-1】 某水利枢纽坝型选择时，考虑以下几个方面。

（1）拱坝方案。修建拱坝理想的地形条件是左右岸对称，岸坡平顺无突变，在平面上向下游收缩的峡谷段，而该坝址处无雄厚的山脊作为坝肩，峡谷不对称，且下游河床开阔，无建拱坝的可能。

（2）重力坝方案。从坝轴线地质图上看，坝址岩层虽为石英砂岩，砂页岩互层，但有第四纪黏土覆盖 8～12m，砂卵石层 35～45m，若建重力坝清基开挖量大，且不能利用当地材料筑坝，故建重力坝方案不经济。

（3）土石坝方案。土石坝对地形、地质条件要求低，几乎在所有条件下都可以修建，且施工技术简单，可实行机械化施工，也能充分利用当地建筑材料，覆盖层也不必挖去，造价相对较低，所以采用土石坝方案。

2. 坝址选择

坝址选择应从以下几个方面考虑。

（1）地质条件。地质条件是坝址、坝型选择的重要条件。拱坝和重力坝（低的溢流重力坝除外），需要建在岩基上；土石坝对地质条件要求较低，岩基、土基均可；而水闸多是建在土基上。但天然地基总是存在这样或那样的缺陷，如断层破碎带、软弱夹层、淤泥、细砂层等。在工程设计中应通过勘测研究，了解地质情况，采取不同的地基处理方法，使其满足筑坝的要求。

（2）地形条件。不同的坝型对地形的要求不一样。在高山峡谷地区布置水利枢纽，尽量减少高边坡开挖。坝址选在峡谷地段，坝轴线短，坝体工程量小，但对布置泄水、发电等建筑物以及施工导流均有困难。选用土石坝坝型时，应注意库区内有无天然的垭口或天然冲沟可布置岸边溢洪道，上、下游是否便于布置施工场地。对于多泥沙及有漂木要求的河道，还应注意河流的流态，在坝址选择时，要注意坝址的位置是否对取水防沙及漂木有利。对有通航要求的枢纽还应注意上、下游河道与船闸、筏道等过坝建筑物的连接。此外还希望坝轴线上游山谷开阔，在淹没损失尽可能小的情况下，能获得较大的库容。

（3）建筑材料。坝址附近应有足够数量符合要求的建筑材料。采用混凝土坝时，要求有可作骨料用的砂卵石或碎石料场。采用土石坝时，应在距坝址不远处有足够数量的土石料场。对于料场分布、储量、埋深、开采运输及施工期淹没等问题均应认真考虑。

（4）施工条件。要便于施工导流，坝址附近应有开阔地形，便于布置施工场地；距交通干线较近，便于交通运输。在同一坝区范围内，施工条件往往是决定坝址的重要因素，但施工的困难是暂时的，工程运行管理方便则是长久的。应从长远利益出发，正确对待施工条件的问题。

（5）综合效益。对不同的坝址要综合考虑防洪、灌溉、发电、航运、旅游等各部门的经济效益对环境的影响等。

以上几个条件很难同时满足，应抓住主要矛盾，权衡轻重，做好调查研究，进行方案比较，最后选出合适的坝轴线。

【实例 1－2】 某土石坝枢纽选址，拦河大坝的轴线在 SE158°某处以西 300m 附近，轴线两岸山头较高且河岸狭窄，坝体工程量较小，轴线上端有大量面积的滩地，高程在 340～350m。筑坝材料丰富，轴线上端也较开阔，所以建库后可获得较大库容。而轴线的下游相比较平坦，高程基本上在 335～350m，是良好的施工场地。从枢纽的布置考虑，轴线上端左岸有天然垭口，可以布置溢洪道，右岸山体陡峻，可以布置泄洪隧洞。坝址距公路只有 3km，交通方便。通过以上分析，认为该处坝址是比较合理的。

二、枢纽的设计、组成及布置

1. 水利枢纽设计阶段

水利枢纽设计分为可行性研究、初步设计、施工详图设计三个阶段。

可行性研究阶段的主要任务包括：河流概况及水文气象等基本资料的分析；工程地质与建筑材料的评价；工程规模、综合利用及环境影响的论证；初步选择坝址、坝型与枢纽建筑物的布置方案；初拟主体工程的施工方法，进行施工总体布置、估算工程总投资，工程效益的分析和经济评价等。

初步设计阶段的主要设计内容包括：对水文、气象、工程地质以及天然建筑材料等基本资料做进一步分析与评价；论证本工程及主要建筑物的等级；进行水文水利计算，确定水库的各种特征水位及流量，选择电站的装机容量和主要机电设备；论证并选定坝址、坝轴线、坝型、枢纽总体布置及其他主要建筑物的结构型式和轮廓尺寸；选择施工导流方案，进行施工方法、施工进度和总体布置的设计，提出主要建筑材料、施工机械设备、劳动力、供水、供电的数量和供应计划；进行环境影响评价，提出水库移民安置规划，提出工程总概算；进行经济技术分析，阐明工程效益。

施工详图设计的主要任务是：进行建筑物的结构和细部构造设计；进一步研究和确定地基处理方案；确定施工总体布置和施工方法，编制施工进度计划和施工预算等；提出整个工程分项分部的施工、制造、安装详图；提出工艺技术要求等。施工详图是工程施工的依据。

2. 土石坝枢纽的组成

枢纽建筑物以土石坝为主体，并包括泄洪建筑物、灌溉引水建筑物、发电引水建筑物、水电厂房、开关站、排沙建筑物、工业用水引水建筑物、放空水库的泄水建筑物、施工导流建筑物、过船建筑物、过木建筑物、鱼道等。这些建筑物有的可以结合使用，如发电引水和灌溉引水建筑物可合并或部分合并，排沙和放空水库泄水建筑物可以结合，有的则可以分开，如泄洪建筑物可分开成溢洪道和泄洪洞。这些都要按具体情况加以研究。

通常土石坝蓄水枢纽"三大件"即土石坝、溢洪道和水工隧洞。土石坝用以拦蓄洪水，形成水库，溢洪道则用以宣泄洪水，确保大坝安全。水工隧洞则用以灌溉、发电、导流、泄洪、排沙等。

3. 土石坝枢纽布置的一般原则

枢纽布置就是合理安排枢纽中各建筑物的相互位置。在布置时应从设计、施工、运用管理、技术经济等方面进行综合比较，选定最优方案。

枢纽布置应服从于以下原则。

（1）枢纽布置应保证各建筑物在任何条件下都能正常工作。

（2）在满足建筑物的强度和稳定的条件下，使枢纽总造价和年运行费较低。尽量采用当地材料，节约钢材、木材、水泥等基建用料，采用新技术、新设备等是降低工程造价的主要措施。

（3）枢纽布置应考虑施工导流、施工方法和施工进度等，应使施工方便、工期短、造价低。

（4）枢纽中各建筑物布置紧凑，尽量将同一工种的建筑物布置在一起；尽量使一个建筑物发挥多种用途，充分发挥枢纽的综合效益。

（5）尽可能使枢纽中的部分建筑物早日投产，提前受益（如提前蓄水，早发电或灌溉）。

（6）考虑枢纽的远景规划，应对远期扩大装机容量、大坝加高、扩建等留有余地。

（7）枢纽的外观与周围环境要协调，在可能的条件下尽量注意美观。

4. 土石坝枢纽布置方案的选择

在遵循枢纽布置一般原则的前提条件下，从若干具有代表性的枢纽布置方案中选择一个技术上可行、经济上合理、运用安全、施工期短、管理维修方便的最优方案，这是一个反复优化的过程。需要对各个方案进行具体分析、全面论证、综合比较而定。

进行方案选择时，通常对以下项目进行比较。

（1）主要工程量。如钢筋混凝土和混凝土、土石方、金属结构、机电安装、帷幕灌浆、砌石等各项工程量。

（2）主要建筑材料用量。如钢筋、钢材、水泥、木材、砂石、沥青、炸药等材料的用量。

（3）施工条件。主要包括施工期、发电日期、机械化程度、劳动力状况、物资供应、料场位置、交通运输等条件。

（4）运用管理条件。主要包括发电、通航、泄洪、灌溉等是否相互干扰，建筑物和设备的检查、维修和操作运用、对外交通是否方便，人防条件是否具备等。

（5）建筑物位置与自然界的适应情况。如地基是否可靠，河床抗冲能力与下游的消能方式是否适应，地形是否便于泄水建筑物的进、出口的布置和取水建筑物进口的布置等。

（6）经济指标。主要比较分析总投资、总造价、年运行费、淹没损失、电站单位千瓦投资、电能成本、灌溉单位面积投资以及航运能力等综合利用效益。

（7）其他。根据枢纽特定条件有待专门进行比较的项目。

上述比较的项目中，有些项目是可以定量计算的，但有不少项目是难以定量计算的，这样就增加了方案选择的复杂性。因此，应充分掌握资料、实事求是进行方案选择。

5. 泄水和引水建筑物的布置

枢纽中的泄水建筑物是枢纽的重要组成部分，其造价常占工程总造价的很大一部分，所以合理选择其布置、形式，确定其尺寸十分重要。泄水建筑物布置和形式，应根据地形、地质条件和泄水规模、水头大小和防沙要求等综合比较以后选定，可采用开敞溢洪道和隧洞。

在地形有利的坝址，宜布置开敞溢洪道。溢洪道布置还应从地质、枢纽布置、施工条件等方面综合考虑。从开挖量大小考虑，当坝址附近有高度接近正常蓄水位的马鞍形山口或岸坡平缓，又能很快使下泄洪水回归原河道时，应采用正槽溢洪道。若河岸很陡，宜采用泄洪洞或井式溢洪道。若溢洪道与大坝紧邻，应修建导水墙将二者隔开，临近的坝体要加强防冲保护和做好防渗连接。溢洪道控制段应靠近水库，以减少水头损失。溢洪道布置还应仔细考虑出渣、堆渣及石渣的利用，做到与其他建筑物相互协调，避免干扰。

多泥沙河流应设排沙建筑物，并在进水口设防淤和防护措施。泄水和引水建筑物进、出口附近的坝坡和岸坡，应有可靠的防护措施。泄水建筑物出口应采用合理的消能措施，并使消能以后的水流离开坝脚一定距离。

泄水建筑物应布置在岸边岩基上。对高、中坝不应采用坝下涵管，低坝采用软基上埋管时，必须进行技术论证。

6. 土石坝枢纽布置的实例

土石坝枢纽布置是在满足地质条件的前提下，充分利用有利的地形条件，即利用河道的弯曲段，把土石坝布置在弯道上，在河道的凸岸布置引水洞、泄洪洞、溢洪道等建筑物，不但缩短泄水建筑物长度，降低工程量，便于施工，而且水流条件良好。

【实例1-3】　图1-1所示的土石坝枢纽平面布置，其特点是：坝址附近及其上游均无合适布置溢洪道的地方，坝址地形狭窄，左岸山势陡峻，但右岸在坝顶高程附近的山坡较平缓；灌区在右岸，要求的坝后渠首高程与原河床有较大的高差。针对这种情况，采用了图1-1的布置方案，这在技术上是可行的，经济上也是合理的。这一方案利用了右岸山坡比较平缓这个条件布置了坝肩溢洪道。溢洪道在平面上顺直，出口离坝脚有较大的距离，且方向与原河道大致平行；在溢洪道与右坝头之间留出了一段距离，其下布置灌溉、发电相结合的引水隧洞，隧洞后部用压力管道接水电站，尾水渠后接总干渠；在溢洪道出口段下面的山岩内布置输水隧洞，以解决泄洪与灌溉引水交叉问题。从右岸的工程布置来看，尽可能地利用了地形条件，保证了土石坝、溢洪道、灌溉及发电等建筑物安全而正常地运行。由于右岸灌溉、发电取水隧洞的进、出口高程较高，不能兼作施工导流之用，故在左岸布置了施工导流隧洞，导流结束改建成泄洪洞，并使其与泄洪相结合，且进、出口的位置和方向也是较合适的，施工导流与泄洪时的运用条件均较好；同时，也为土石坝及右岸工程的施工安排（工期和施工程序）提供了很好的条件，既能解决施工干扰，又能缩短枢纽的施工工期。

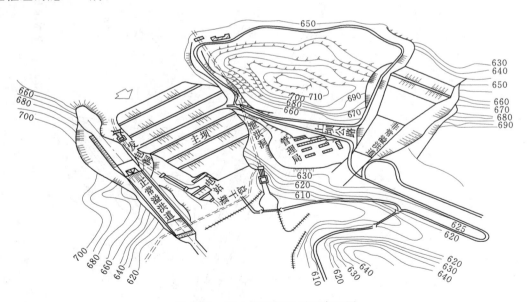

图1-1　某土石坝枢纽平面布置图

【实例1-4】　某水库位于低山丘陵区。坝址左岸有一垭口，其下有冲沟，利用这一天然的地形优势布置溢洪道，泄洪洞布置在右岸山体中。枢纽布置如图1-2所示。

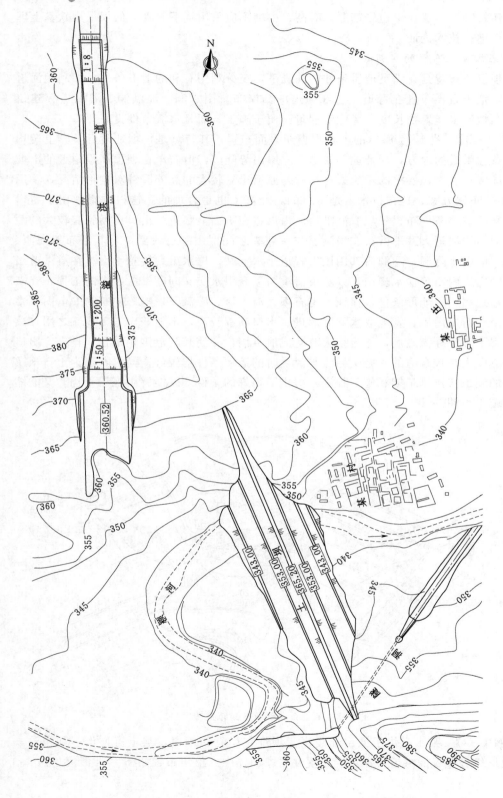

图 1－2　某水库土石坝枢纽布置图

【实例1-5】 瀑布沟水电站是一座以发电为主，兼有防洪、拦沙等综合利用效益的大型水电工程。工程为一等工程，由拦河大坝、溢洪道、泄洪洞、水库放空洞、引水发电系统等主要建筑物构成。

工程总布置为：河床中建砾石土心墙堆石坝，左岸布置引水发电建筑物及1条岸边开敞式溢洪道、1条深孔无压泄洪洞，右岸布置1条放空洞和尼日河引水入库隧洞（图1-3）。

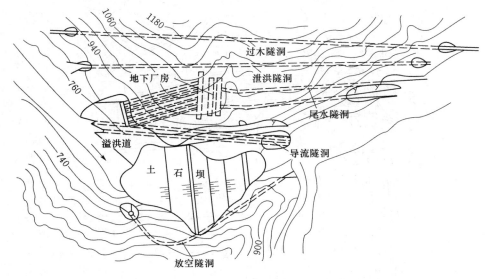

图1-3 瀑布沟水电站枢纽布置图

坝址处于河湾中部，坝轴线走向N29°E，枢纽布置可充分利用河湾地形；坝轴线和心墙范围内覆盖层中皆无砂层分布，上、下游砂层均处于坝体压重之下，有利于抗砂层液化；两岸接头条件好，谷坡稳定，无不利地质构造；导流洞洞线短，进出口稳定条件较好。

为适应枢纽区的地形地质条件，除放空洞布置于右岸外，其他水工建筑物及导流洞均布置在左岸。因在尼日河汇口以下主河床中存在一个急滩，急滩上、下游枯水期水位差达3m以上，为充分利用其天然落差，将尾水隧洞的出口延至急滩下游，距坝轴线980～1300m，形成地下厂房长尾水布置方案，其枢纽布置及泄洪消能方式可行，下游河道的冲淤变化对尾水出口无大的影响。

初步设计阶段确定的过木建筑物为过木隧洞，布置于深孔泄洪洞内侧，1998年长江中、下游发生特大洪灾后，为保护生态环境，综合治理长江水患和减少水土流失，因此，瀑布沟工程不再承担过木任务，过木建筑物予以取消。

【实例1-6】 小浪底水利枢纽位于黄河中游最后一个峡谷的出口段，上游距三门峡水库大坝130km，是控制黄河下游洪水和泥沙的关键工程。小浪底工程开发目标为：以防洪（包括防凌）、减淤为主，兼顾供水、灌溉和发电，蓄清排浑，除害兴利，综合利用。

小浪底水利枢纽工程自1975年选定高坝方案开始研究枢纽总布置至1992年最终选定枢纽总布置方案为止经历了漫长的18年，最终选定的枢纽总布置方案由以下建筑物组成：拦河大坝、左岸垭口副坝、10座进水塔、3条孔板泄洪洞（由3条导流洞改建而成）、3条明流泄洪洞、3条排沙排污洞、1条灌溉洞、1条溢洪道、1条非常溢洪道（缓建）、6

条发电洞、地下主厂房、开关站及地下副厂房。枢纽总布置如图1-4所示。

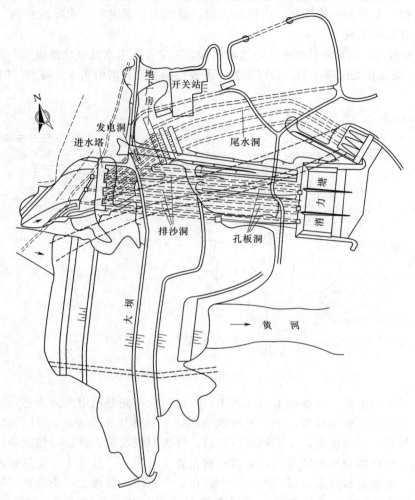

图1-4 小浪底水利枢纽总布置平面图

拦河大坝的布置：坝轴线与两岸连接段稍带弯曲，右岸略向上游弯曲，左岸略向下游弯曲。上游坝坡基本上不影响泄洪、发电等建筑物的进水口布置。

发电系统布置：根据小浪底坝址地质情况，对四种厂房位置的布置方案进行比较和充分论证，最终选定地下厂房方案。

主厂房位于左岸T形山梁交会处的腹部，山体较厚，地质条件属坝址区最好的。厂房顶部岩层厚度在70m以上，地层比较稳定。主厂房轴线方向在适应进水口的前提下，综合考虑尽量避免与围岩主要构造面走向平行、流道不要过分弯曲以及避免设置调压塔等因素，选定接近南北走向，与主厂区主要节理走向成25°夹角。

主变室曾比较过地面布置和地下布置两种方案，最终选定地下布置方案，与主厂房及尾水管闸门室平行。发电尾水出闸室后，1号、3号、5号机组尾水直接流入3条长尾水洞，2号、4号、6号机组的尾水用短洞分别接上3条尾水洞，然后接尾水明渠，明渠末端设防淤闸，防淤闸后设尾水导墙防止桥沟河砂卵石及砾石淤堵尾水。防淤闸紧靠泄洪建筑物的消力塘尾部，避免闸后淤积影响发电尾水位。

副厂房布置采取集中与分散相结合、地下与地面相结合的原则，将必须靠近主机的电气附属设备布置在地下紧靠安装间的左端地下副厂房内，其余布置在开关站西侧的地面副厂房内。开关站设在对应地下主变室东偏北方向、距主变室左端水平投影距离约100m的地面石渣压实平台上，高程230m。

泄水建筑物布置：泄水建筑物布置最终选用组合泄洪洞方案。组合泄洪洞方案共包括16条隧洞，根据高水位用高洞，低水位用低洞，以减轻泥沙对低位泄洪排沙洞的磨损的运用原则，势必有部分泄洪排沙洞在汛期不一定过水或不一定全汛期过水，发电洞、灌溉

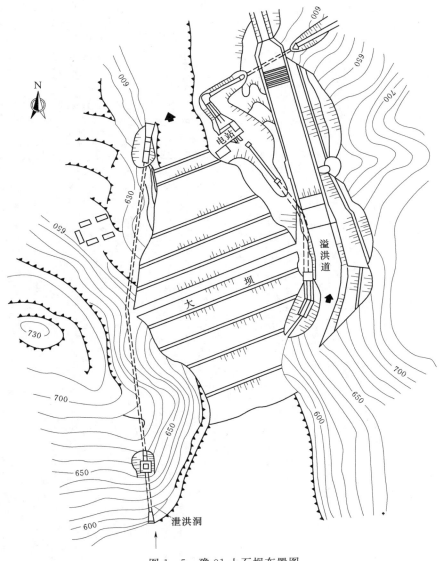

图 1-5　豫 01 土石坝布置图

洞在洪水期也不一定都过水。又因黄河泥沙的特点，这些隧洞的进水口若无有效的冲沙措施，则很快被淤堵。因此，必须将所有进水口集中布置，互相保护，防止泥沙淤堵。右岸地形地质条件不适宜布置隧洞，16条隧洞只能集中布置在左岸，进水塔布置在风雨沟内。

【实例1-7】　豫01土石坝位于峡谷区，坝高77m，由于河流流量小，泄水与引水建筑物规模小，故均布置在顺直河段岸坡，在右岸山体开挖溢洪道及发电引水洞，发电引水洞引水至厂房，尾水通过溢洪道消力池底部的隧洞至灌区。其布置如图1-5所示。

项目二 土石坝结构设计

项 目 任 务 书

项目名称		土石坝结构设计	参考课时/天	
学习型工作任务		任务一 土石坝坝型选择	0.5	10
		任务二 土石坝剖面设计	1.5	
		任务三 土石坝渗流分析	1	
		任务四 土石坝稳定分析	2	
		任务五 土石坝基础处理	1	
		任务六 土石坝细部构造设计	1	
		任务七 绘制设计图、整理设计报告	2	
		任务八 考核	1	
项目任务		让学生学会设计土石坝，识读绘制土石坝设计图		
教学内容		(1) 资料分析； (2) 坝型选择； (3) 剖面设计；	(4) 渗流分析； (5) 稳定分析； (6) 地基处理与细部构造设计	
教学目标	知识	(1) 熟悉资料分析的方法； (2) 掌握坝型选择的思路； (3) 掌握剖面设计的方法；	(4) 掌握渗流分析的方法； (5) 掌握稳定分析的方法； (6) 掌握地基处理的方法	
	技能	(1) 会设计土石坝；	(2) 会绘制土石坝设计图	
	素质	(1) 具有科学创新精神； (2) 具有团队合作精神； (3) 具有工匠精神；	(4) 具有报告书写能力； (5) 具有质量意识、环保意识、安全意识； (6) 具有应用规范能力	
教学实施		对某土石坝水利工程实地考察参观，然后进行土石坝设计		
项目成果		(1) 土石坝设计计算书；(2) 土石坝设计说明书；(3) 土石坝设计图		
技术规范		SL 274—2020《碾压式土石坝设计规范》		

任务一 土石坝坝型选择

目　　标： (1) 理解不同类型土石坝的特点。

(2) 理解不同类型土石坝的材料要求。

(3) 合理选择土石坝坝型。

(4) 具有敬业精神。

执行过程： 进行资料分析→选择土石坝的类型→选择土石坝各组成部分的材料→坝型

选择实训。

要　　点：不同类型土石坝的特点。

提交成果：设计报告1份。

土石坝可在以下三类基本坝型中选择：均质坝、土质防渗体分区坝、人工材料防渗体坝。坝型选择应综合考虑坝高、筑坝材料、施工条件、枢纽布置、总工程量、总造价、总工期等因素，经技术经济比较后确定。

（1）坝高。高坝宜采用土质防渗体分区坝，低坝可采用均质坝。岩基上高度200m以下的坝宜优先考虑钢筋混凝土面板坝。

（2）筑坝材料。料场开采的材料或枢纽建筑物开挖材料的种类、性质、数量和运输条件。

（3）坝址区地形地质条件。

（4）施工导流、施工进度与分期、填筑强度、气象条件、施工场地、运输条件和初期度汛等施工条件。

（5）枢纽布置、坝基处理形式、坝体与泄水引水建筑物等的连接。

（6）枢纽的开发目标和运行条件。

（7）土石坝以及枢纽的总工程量、总工期和总造价。

对3级及其以下的低坝，可采用土工膜防渗体坝。

下面介绍几种常见的坝型及其特点。

（1）均质坝。材料单一、施工简单、干扰不大、便于群众性施工。这种坝所用的土料渗透系数较小，施工期坝体内会产生空隙水压力，土料的抗剪强度较低，所以坝坡较缓，工程量大，填筑施工容易受降雨和冰冻影响，不利于加快进度、缩短工期。只适用于中、低坝，当坝址附近有数量足够的黏性土料时可以选用。

（2）心墙坝。心墙坝便于与坝基内的垂直和水平防渗体相连接。这种坝型不仅适用于建低坝，也适用于建高坝。心墙位于坝体的中央，适应变形的条件较好，特别是当坝肩很陡时，较斜墙坝优越。但是，心墙在施工时宜于两侧坝壳同时上升，施工干扰大，受气候条件的影响也大。另外，心墙土料的压缩性比坝壳高，当下部心墙继续向下压缩变形时，上部心墙却被上、下游两侧砂砾石或堆石体所夹持，向下部沉降量远远小于下部心墙，因而容易产生水平裂缝或较大的竖向拉应力，严重地影响大坝的安全。

（3）斜墙坝。斜墙坝便于与坝基内的垂直和水平防渗体相连接。这种坝型不仅适用于建低坝，也适用于建高坝。斜墙坝的砂砾石或堆石坝壳可以超前于防渗体填筑，而且不受气候条件限制，施工干扰小。但是斜墙坝的防渗体位于上游面，故上游坝坡较缓，坝的工程量也相对较大。上游坡较缓，坝脚伸出较远，对溢洪道和输水洞进口布置有一定影响。斜墙对坝体的沉降变形比较敏感，与陡峻河岸连接较困难，故高坝中斜墙坝所占比例较小。

（4）斜心墙坝。为了解决心墙坝与斜墙坝的上述问题，近年来很多高坝采用斜心墙坝，既避免了坝体沉降过大引起斜墙开裂的问题，又有利于克服拱效应和改善坝顶附近心墙的受力条件。

（5）堆石坝。堆石坝坝坡较陡，工程量小，施工干扰相对较小。适合建在河床地质较好、坝址附近有足够的石料储存量且开采条件好的地方。

任务二　土石坝剖面设计

目　　标：（1）理解土石坝的工作特点。

（2）掌握土石坝的类型。

（3）理解不同类型土石坝的剖面要求。

（4）掌握剖面设计的方法。

（5）会拟订土石坝各部分尺寸。

（6）具有敬业精神。

执行过程：资料分析→土石坝的坝顶高程确定→土石坝的坝顶宽度确定→土石坝的坝坡选择→防渗体型式与尺寸确定→排水体型式与尺寸确定→土石坝剖面设计实训。

要　　点：（1）土石坝坝顶高程确定。

（2）土石坝防渗与排水型式选择与尺寸确定。

提交成果：（1）设计报告1份。

（2）土石坝典型剖面图2～3张。

土石坝的基本剖面根据坝高和坝的等级、坝型和筑坝材料特性，坝基情况以及施工、运行条件等参照现有工程的实践经验初步拟定，然后通过渗流和稳定分析检验，最终确定合理的剖面形状。由于土石坝的基本剖面是梯形，所以土石坝剖面的基本尺寸主要包括：坝顶高程、坝顶宽度、坝坡，以及防渗结构、排水设备的型式等。

一、坝顶高程

坝顶高程根据正常运用和非常运用的静水位加相应的超高 Y 予以确定，应分别按以下四种情况进行计算，然后取其中最大值为坝顶高程。

（1）正常高水位＋正常运用情况的坝顶超高。

（2）设计洪水位＋正常运用情况的坝顶超高。

（3）校核洪水位＋非常运用情况的坝顶超高。

（4）正常高水位＋非常运用情况的坝顶超高＋地震安全加高。

坝顶在静水位以上的超高 Y 按式（2-1）计算。坝顶超高计算如图2-1所示。

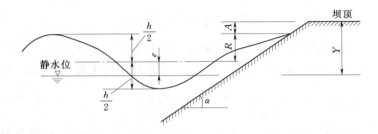

图2-1　坝顶超高计算图

$$Y = R + e + A \tag{2-1}$$

$$e = \frac{Kw^2 D}{2gH_m}\cos\beta \tag{2-2}$$

式中　R——最大波浪在坝坡上的爬高，m；

　　　e——最大风壅水面高度，即风壅水面超出原库水位高度的最大值，m；

　　　H_m——坝前水域平均水深，沿风向做出地形剖面图求得，计算水位与相应的设计状况下的静水位一致，m；

　　　K——综合摩阻系数，其值变化在（1.5～5.0）× 10^{-6}，计算时一般取 $K = 3.6 \times 10^{-6}$；

　　　β——风向与水域中线（或坝轴线的法线）的夹角，（°）；

　　　w——计算风速，m/s；正常运用条件下 1 级、2 级坝，取多年平均最大风速的 1.5～2.0 倍；正常运用条件下 3 级、4 级和 5 级坝，取多年平均最大风速的 1.5 倍；非常运用条件下，取多年平均最大风速；

　　　D——风区长度或吹程，m；

　　　A——安全加高，m；根据坝的等级和运用情况，按表 2-1 确定。

表 2-1　　　　　　　　　　　　安　全　加　高　A　　　　　　　　　　　　单位：m

计算情况	坝的级别	1	2	3	4、5
设　计		1.5	1.0	0.7	0.5
校核	山区、丘陵区	0.7	0.5	0.4	0.3
	平原、海滨区	1.0	0.7	0.5	0.3

1. 确定波浪爬高 R

波浪爬高与坝前的波浪要素（波高和波长）、坝坡坡度、坡面糙率、坝前水深、风速等因素有关。波浪爬高 R 的计算，土石坝设计规范推荐采用蒲田试验站公式，其具体计算方法如下。

（1）计算波浪的平均爬高 R_m。当坝坡系数 $m = 1.5 \sim 5.0$ 时，平均爬高 R_m 为

$$R_m = \frac{K_\Delta K_w}{\sqrt{1 + m^2}}\sqrt{h_m L_m} \tag{2-3}$$

$$\frac{1}{m} = \frac{1}{2}\left(\frac{1}{m_\pm} + \frac{1}{m_\mp}\right) \tag{2-4}$$

式中　K_Δ——斜坡的糙率渗透性系数，根据护面的类型查表 2-2；

　　　K_w——经验系数，由计算风速 v_0（m/s）、水域平均水深 H_m（m）和重力加速度 g 组成的无维量 $\dfrac{v_0}{\sqrt{gH_m}}$ 按表 2-3 确定；

　　　m——单坡的坡度系数，若单坡坡角为 α，则 $m = \cot\alpha$；在带有马道的复坡上，马道上下游坡度不一致，且位于静水位以下 $0.5h_{1\%}$ 范围内，可按式

（2-4）确定该坝坡的折算单坡坡度；

h_m、L_m——平均波高和波长，m；

$m_上$、$m_下$——马道以上坡度系数、马道以下坡度系数，$m_上$、$m_下$ 都应不小于 1.5。

表 2-2　　　　　　　　　　糙率渗透系数 K_Δ

护面类型	K_Δ	护面类型	K_Δ
光滑不透水护面（沥青混凝土）	1.00	砌石护面	0.75～0.80
混凝土板护面	0.90	抛填两层块石（不透水基础）	0.60～0.85
草皮护面	0.85～0.90	抛填两层块石（透水基础）	0.50～0.55

表 2-3　　　　　　　　　　经验系数 K_w

$\dfrac{v_0}{\sqrt{gH_m}}$	$\leqslant 1$	1.5	2.0	2.5	3.0	3.5	4.0	>5.0
K_w	1	1.02	1.08	1.16	1.22	1.25	1.28	1.30

波浪的平均波高和平均周期应采用莆田试验站公式，按式（2-5）～式（2-9）计算。

$$\frac{gh_m}{W^2}=0.13\tanh\left[0.7\left(\frac{gH_m}{W^2}\right)^{0.7}\right]\tanh\left[\frac{0.0018\left(\frac{gD}{W^2}\right)^{0.45}}{0.13\tanh\left[0.7\left(\frac{gH_m}{W^2}\right)^{0.7}\right]}\right] \tag{2-5}$$

$$T_m=4.438h_m^{0.5} \tag{2-6}$$

$$L_m=\frac{gT_m^2}{2\pi}\tanh\left(\frac{2\pi H}{L_m}\right) \tag{2-7}$$

式中　　h_m——平均波高，m；

T_m——平均波周期，s；

W——计算风速，m/s；

D——风区长度，m；

H_m——水域平均水深，m；

g——重力加速度，取 9.81m/s²；

L_m——平均波长，m；

H——坝迎水面前水深，m；

$\tanh$——双曲正切函数，$\tanh x=\dfrac{\sinh x}{\cosh x}=\dfrac{e^x-e^{-x}}{e^x+e^{-x}}$。

对于丘陵、平原地区水库，当 $W<26.5$m/s，$D<7500$m 时，波浪的波高和平均波长可采用鹤地水库公式计算，即

$$\frac{gh_p}{W^2}=0.00625W^{1/6}\left(\frac{gD}{W^2}\right)^{1/3} \tag{2-8}$$

$$\frac{gL_m}{W^2} = 0.0386\left(\frac{gD}{W^2}\right)^{1/2} \qquad (2-9)$$

式中 h_p——累积频率 P 为 2% 的波高，m。

对于内陆峡谷水库，当 $W<20\text{m/s}$，$D<20000\text{m}$ 时，波浪的波高和平均波长可采用官厅水库公式，按式（2-10）和式（2-11）计算。$gD/W^2 = 20\sim250$ 时，h_p 为累积频率 5% 的波高 $h_{5\%}$，$gD/W^2 = 250\sim1000$ 时，h_p 为累积频率 10% 的波高 $h_{10\%}$。

$$\frac{gh_p}{W^2} = 0.0076W^{-1/12}\left(\frac{gD}{W^2}\right)^{1/3} \qquad (2-10)$$

$$\frac{gL_m}{W^2} = 0.331W^{-1/2.15}\left(\frac{gD}{W^2}\right)^{1/3.75} \qquad (2-11)$$

不同累积频率 P 下的波高 h_p，由平均波高与平均水深的比值和相应的累积频率按表 2-4 规定的系数计算求得。

表 2-4 不同累积频率下的爬高与平均爬高比值（R_p/R_m）

平均波高/坝前水深	累积频率 P/%									
	0.1	1	2	4	5	10	14	20	30	50
<0.1	2.66	2.23	2.07	1.90	1.84	1.64	1.53	1.39	1.22	0.96
0.1~0.3	2.44	2.08	1.94	1.80	1.75	1.57	1.48	1.36	1.21	0.97
>0.3	2.13	1.86	1.76	1.65	1.61	1.48	1.39	1.31	1.19	0.99

（2）计算设计爬高值 R。不同累积频率的爬高 R_p 与 R_m 的比，可根据表 2-5 确定。

表 2-5 爬高统计分布（R_p/R_m 值）

h_m/H_m	0.1	1	2	4	5	10	14	20	30	50
<0.1	2.66	2.23	2.07	1.90	1.84	1.64	1.54	1.39	1.22	0.96
0.1~0.3	2.44	2.08	1.94	1.80	1.75	1.57	1.48	1.36	1.21	0.97
>0.3	2.13	1.86	1.76	1.65	1.61	1.48	1.42	1.31	1.19	0.99

设计爬高值按建筑物的级别而定，对Ⅰ级、Ⅱ级、Ⅲ级土石坝取累积频率 $P=1\%$ 的爬高值 $R_{1\%}$；对Ⅳ级、Ⅴ级坝取 $P=5\%$ 的 $R_{5\%}$。

当风向与坝轴的法线成一夹角 β 时，波浪爬高应乘以折减系数 K_β，其值由表 2-6 确定。

表 2-6 斜向坡折减系数 K_β

$\beta/(°)$	0	10	20	30	40	50	60
K_β	1	0.98	0.96	0.92	0.87	0.82	0.76

2. 坝顶高程确定

计算时，按式（2-1）～式（2-11），分设计洪水位、校核洪水位、正常高水位三种工况分别计算，成果汇总表见表 2-7。

表 2-7			坝 顶 高 程 计 算 表				单位：m
计算工况	静水位	R	e	A	Δh	防浪墙顶高程	坝顶高程
设计洪水位							
校核洪水位							
正常高水位							

当坝顶上游设防浪墙时，坝顶超高可改为对防浪墙顶的要求。但此时在正常运用条件下，坝顶应高出静水位 0.5m，在非常运用条件下，坝顶应不低于静水位。

二、坝顶宽度

坝顶宽度应根据运行、施工、构造和抗震等方面的要求综合研究后确定。当沿坝顶设置公路或铁路时，坝顶宽度应按照有关的交通规定选定。当无特殊要求时，高坝的坝顶最小宽度可选用 10～15m，中低坝可选用 5～10m。地震设计烈度为Ⅷ度、Ⅸ度时，坝顶应加宽。

坝顶宽度必须考虑心墙或斜墙顶部及反滤层布置的需要。在寒冷地区，坝顶还需有足够的厚度以保护黏性土料防渗体免受冻害。

三、坝坡

土石坝的坝坡初选一般参照已有工程的实践经验拟定，最终坝坡需要经过坝体渗流、稳定计算后确定。

一般情况下，上游坡比下游坡缓，下部坡比上部坡缓。中、低高度的均质坝，其平均坡度约为 1：3。其他坝坡一般在 1：2～1：4。表 2-8、表 2-9 分别给出心墙坝、均质坝坝坡参考值。

土质防渗体的心墙坝，当下游坝壳采用堆石时，常用坡度为 1：1.5～1：2.5，采用土料时，常用 1：2～1：3.0；上游坝壳采用堆石时，常用 1：1.7～1：2.7，采用土料时，常用 1：2.5～1：3.5。斜墙坝的下游坝坡坡度可参照上述数值选用，取值宜偏陡；上游坝坡则可适当放缓，石质坝坡放缓 0.2，土质坝坡放缓 0.5。

表 2-8			心 墙 坝 坝 坡 参 考 值			
坝 壳 部 分					心 墙 部 分	
坝高 /m	平台顶宽 /m	平台级数	上游坡 （由上而下）	下游坡 （由上而下）	顶宽 /m	边 坡
<15			1：(2.0～2.25) 1：(2.25～2.5)	1：(1.75～2.0) 1：(2.0～2.25)	1.5	1：0.2
15～25	2.0	1～2	1：(2.25～2.5) 1：(2.5～2.75)	1：(2.0～2.25) 1：(2.25～2.50)	2.0	1：(0.15～0.25)
25～35	2.0	2	1：(2.5～2.75) 1：(2.75～3.0) 1：(3.0～3.50)	1：(2.25～2.50) 1：(2.5～2.75) 1：(2.75～3.0)	2.5	1：(0.15～0.25)

表 2 - 9　　　　　　　　　　　　　　　均 质 坝 坝 坡 参 考 值

塑性指数较高的亚黏土					塑性指数较低的亚黏土				
坝高 /m	平 台		上游坡	下游坡	坝高 /m	平 台		上游坡	下游坡
	顶宽 /m	级数	（由上而下）	（由上而下）		（由上而下）	（由上而下）	（由上而下）	（由上而下）
<15	1.5	1	1：2.5 1：2.75	1：2.25 1：2.5	<15	1.5	1	1：2.25 1：2.50	1：2.00 1：2.25
15～25	2	2	1：2.75 1：3.0	1：2.5 1：2.75	15～25	2	2	1：2.50 1：2.75	1：2.25 1：2.50
25～35	2	3	1：2.75 1：3.0 1：3.50	1：2.5 1：2.75 1：3.50	25～35	2	3	1：2.50 1：2.75 1：3.25	1：2.25 1：2.50 1：2.75

人工材料面板坝，采用优质石料分层碾压时，上游坝坡坡度一般采用 1：1.4～ 1：1.7；良好堆石的下游坝坡可为 1：1.3～1：1.4；如为卵砾石时，可放缓至 1：1.5～ 1：1.6；坝高超过 110m 时，也宜适当放缓。人工材料心墙坝，均可参照上述数值选用，并且上、下游可采用同一坡率。

碾压式土石坝一般在坡度变化处设置马道。下游坝坡亦常设 1～2 条马道，土石坝上游坝坡视情况亦可增设马道。

根据建筑材料、坝高、坝型等参照已有工程的实践经验选择适当的坝坡。

四、防渗体型式及尺寸确定

1. 坝体防渗

坝体防渗体型式常见的有：黏土心墙、黏土斜墙、黏土斜心墙、钢筋混凝土或沥青混凝土心墙、复合土工膜等。

防渗体的尺寸以满足构造、施工、防止开裂等要求为原则，还要满足渗透稳定和坝体稳定的要求。心墙或斜墙底部的厚度由黏土的允许渗透坡降而定。

【案例 2 - 1】　某一心墙坝，其黏土的允许渗透坡降 $[J]=5$，承受的最大水头为 72.6m，墙厚需大于 14.5m。参考以往的工程经验，心墙或斜墙顶宽取 5m，底宽取 34m，上游坡度为 1：1.2，下游坡度为 1：0.15。心墙或斜墙的顶部高程不低于以设计洪水位为原则，取 388.5m，其上面有 1.5m 厚的保护层。

2. 坝基防渗

根据坝基处的地质条件确定坝基防渗处理方案。

覆盖层厚 15m 以内，可开挖截水槽，挖至弱风化层 0.5m 深处，内填中粉质壤土。截水槽横断面拟定：边坡采用 1：1.5～1：2.0，底宽渗径不小于 (1/3～1/5)H，H 为最大作用水头。

坝体与岩基结合面，是防渗的薄弱环节，需设混凝土齿墙，以增加接触渗径。延长后的渗径 L 长为 1.05～1.10 倍原渗径，一般可布置 4 排。

五、排水体型式及尺寸确定

常用的坝体排水有以下几种型式：贴坡排水、棱体排水、褥垫式排水。

（1）贴坡排水不能降低浸润线，多用于浸润线很低和下游无水的情况。

（2）棱体排水可降低浸润线，防止坝坡冻胀和渗透变形，保护下游坝脚不受尾水淘刷，且有支撑坝体增加稳定的作用，是效果较好的一种排水型式。顶宽不小于 1m，内坡一般为 1∶1.5；外坡一般为 1∶2.0；顶部高程须高出下游最高水位 1.0～2.0m。

（3）褥垫式排水，对不均匀沉陷的适应性差，不易检修。

在排水设备与坝体和土基接合处，设置反滤层。

六、土石坝剖面图实例

图 2-2～图 2-10 土石坝实例均为近些年来国内外建成并运行良好的坝。

图 2-2 为石头河水库黏土心墙砂卵石坝，坝高 114m，坝长 590m，土石方量约 835 万 m³。

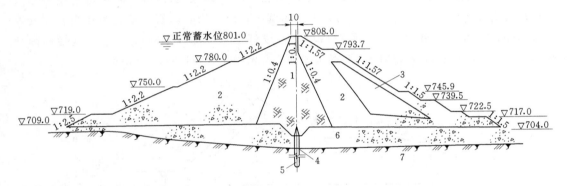

图 2-2　石头河水库黏土心墙砂卵石坝断面图（单位：m）

1—黏土心墙；2—砂卵石；3—石渣及超径卵漂石；4—混凝土防渗墙；5—灌浆帷幕；
6—砂卵石覆盖层；7—基岩

图 2-3 为毛家村土坝，坝高 79.5m，填筑方量 690 万 m³，坝长 467m，河床覆盖 33m 厚砂砾石冲积层，渗透系数 1×10^{-2} cm/s，采用混凝土防渗墙，墙厚 95cm。基岩为玄武岩，防渗墙嵌入半风化岩 0.5m。

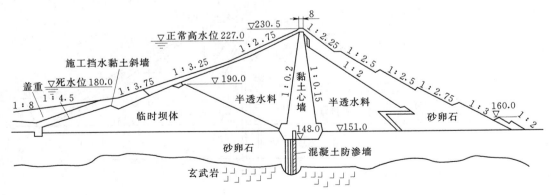

图 2-3　毛家村土坝（单位：m）

图 2-4 为横山土坝，填筑土石方 109.3 万 m^3，坝高 48.6m，坝长 310m。

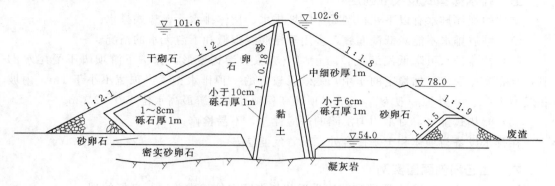

图 2-4　横山土坝（高程单位：m）

图 2-5 为昭平台土坝。河槽段土坝，坝高 34m，坝长 2170m。坝基覆盖层厚 8～17m，河槽段为砂卵石，台地段顶部为重粉质壤土，以下为砂卵石。基岩为花岗岩、云煌岩和石英岩。斜墙和铺盖为中、重粉质壤土，设计干重度为 17kN/m^3，总强度指标内摩擦角为 14.6°，凝聚力为 33kPa，渗透系数为 1.3×10^{-6}～6.4×10^{-6}cm/s。

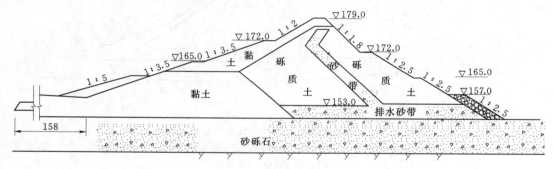

图 2-5　昭平台土坝（单位：m）

图 2-6 为甘 01 土石坝，坝高 101m，坝顶长 300m，填筑方量 395 万 m^3。

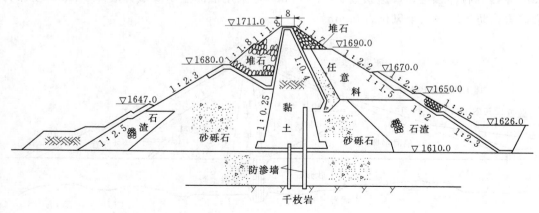

图 2-6　甘 01 土石坝（单位：m）

图 2-7 为辽 02 土坝。坝高 40.5m，坝长 973m，填筑土石方 400 万 m³，坝基砂砾石冲积层厚 3m，基岩为花岗片麻岩，截水槽开挖到弱风化岩，浇混凝土盖板，上面回填黏土。

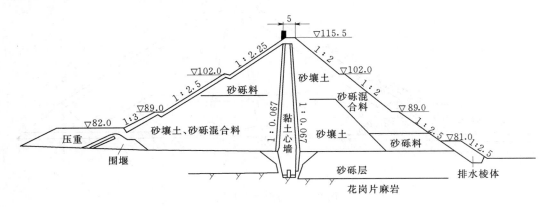

图 2-7　辽 02 土坝（单位：m）

图 2-8 为陆浑水库拦河土坝。坝顶高程 333.0m，坝高 52m，顶部宽度 8m，坝顶长 500m。上游坝坡坡度为 1：（3.25～3.5），在高程 308.0m 和 321.0m 处设有马道。下游坝坡 1：（2.4～2.7），在高程 320.0m、310.0m、299.5m、293.0m 处设有马道。下游坝址处设有贴坡排水，其顶部高程 281.5m。

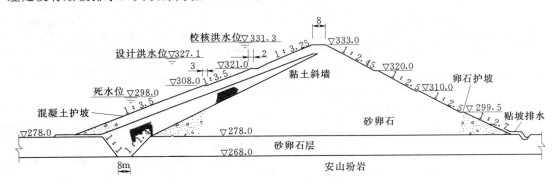

图 2-8　陆浑水库拦河土坝（单位：m）

图 2-9 为努列克土石坝。坝顶高程 310.0m，坝长 700m，坝顶宽 20m。坝体填筑 5600 万 m³，其中心墙 780 万 m³，过渡层 340 万 m³，坝壳 3380 万 m³。地震烈度 Ⅷ～Ⅸ 度。

图 2-10 为小浪底枢纽拦河主坝。该拦河主坝是一座坝顶长 1667m，坝底宽 864m，坝顶高程为 281.0m。最大坝高 154m 的带有水平内铺盖的斜心墙堆石坝，总填筑方量 5185 万 m³。小浪底拦河大坝心墙底部做一道厚 1.2m，最深达 80m 的混凝土防渗墙。上游围堰是大坝的一部分，围堰基础防渗也采用厚 0.8m 的混凝土防渗墙。大坝上游设内铺盖，两岸做灌浆帷幕，帷幕后设排水幕。

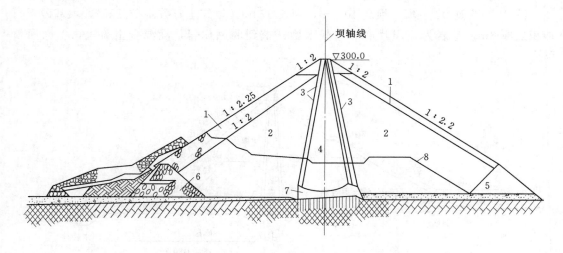

图 2-9 努列克土石坝

1—上下游边坡抛石护坡；2—砾石体；3—过渡层；4—心墙；5—下游堆石护脚；

6—堆石体；7—基础混凝土垫；8—第一期坝体轮廓线

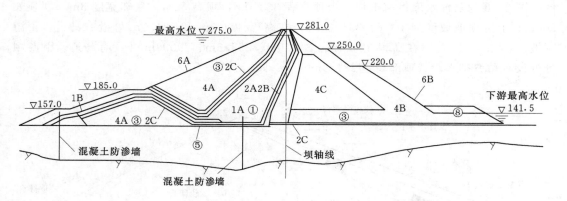

图 2-10 小浪底枢纽拦河主坝典型剖面图

①、1B—壤土；1A—高塑性土；2A—下游第一层反滤；2B—下游第二层反滤；2C—反滤；

③—过渡料；4A、4B、4C—堆石；⑤—掺合料；6A、6B—护坡块石；⑧—石渣

任务三 土石坝渗流分析

目 标：（1）理解土石坝渗流分析的目的。

（2）了解土石坝渗流分析的方法。

（3）掌握水力学法计算土石坝的浸润线、渗流量、渗透坡降。

（4）掌握手绘均质坝流网图。

（5）掌握合理选用防止渗透破坏的措施。

（6）具有刻苦学习、团结协作精神。

执行过程：渗流分析目的→渗流分析的方法→水力学法计算各种类型土石坝的浸润

线、渗流量、渗透坡降→渗流总量计算→手绘均质坝流网图→防止渗透破坏措施→渗流分析实训。

要　　点：（1）土石坝渗流分析的水力学法、流网法。

（2）土石坝防止渗透变形的措施。

提交成果：（1）设计报告1份。

（2）按比例绘制不同计算工况土石坝浸润线2～3张。

一、渗流分析的目的

（1）确定坝体浸润线和下游渗流出逸点的位置。

（2）确定坝体与坝基的渗流量，以便估计水库渗漏损失和确定坝体排水设备的尺寸。

（3）确定坝坡出逸段和下游地基表面的出逸坡降，以及不同土层之间的渗透坡降，以判断该处的渗透稳定性。

二、渗流分析的水力学法

用水力学法进行土石坝渗流计算时，可将坝内渗流分为若干段，应用达西定律和杜平假设，建立各段的运动方程式，然后根据水流的连续性求解渗透流速、渗透流量和浸润线等。

进行渗流计算时，应考虑水库运行中可能出现的不利条件。SL 274—2020《碾压式土石坝设计规范》规定，需计算下列工况：①上游正常蓄水位与下游相应的最低水位；②上游设计洪水位与下游相应的水位；③上游校核洪水位与下游相应的水位；④库水位降落时上游坝坡稳定最不利的情况。

计算断面一般选择若干个典型断面，如最大坝高断面、岩基断面、地基覆盖层变化较大的断面等。

1. 渗流基本公式

不透水地基上矩形土体内的渗流，如图2-11所示。

应用达西定律，渗透流速 $V=kJ$，k 为渗透系数，J 为渗透坡降。假定任一铅直过水断面内各点渗流坡降均相等，则全断面的平均流速 v 为

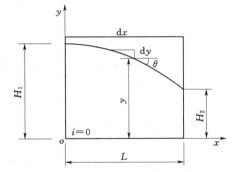

图2-11　不透水地基上矩形土体内的渗流计算图

$$v=-k\frac{\mathrm{d}y}{\mathrm{d}x} \tag{2-12}$$

设 q 为单宽流量，则

$$q=vy=-ky\frac{\mathrm{d}y}{\mathrm{d}x} \tag{2-13}$$

将式（2-13）变为

$$q\mathrm{d}x=-ky\mathrm{d}y \tag{2-14}$$

等式两端积分，x 由0变化到 L，y 由 H_1 变化到 H_2，经整理则得

$$q=\frac{k(H_1^2-H_2^2)}{2L} \tag{2-15}$$

若将式（2-13）两端积分的上、下限改为：x 由 0 到 x，y 由 H_1 到 y，则得浸润线方程为

$$q = \frac{k(H_1^2 - y^2)}{2x}$$

即

$$y = \sqrt{H_1^2 - \frac{2q}{k}x} \qquad (2-16)$$

由式（2-16）可知，浸润线是一个二次抛物线。式（2-15）和式（2-16）为渗流基本公式，当 q 已知时，即可绘制浸润线，若边界条件已知，即可计算单宽渗流量。

2. 均质土石坝的渗流计算

（1）均质土坝在不透水地基上，无排水设备的情况。无排水设备和设有贴坡排水时的渗流计算方法相同。

根据分段法及其修正，单宽流量 q 和逸出高度 a_0 可由式（2-17）、式（2-18）联立用试算法解出。

$$q = k\frac{H_1^2 - (H_2 + a_0)^2}{2(\lambda H_1 + s)} \qquad (2-17)$$

$$q = ka_0(\sin\beta)\left(1 + 2.3\lg\frac{H_2 + a_0}{a_0}\right) \qquad (2-18)$$

$$s = l - m_2(a_0 + H_2) \qquad (2-19)$$

$$\lambda = \frac{m_1}{2m_1 + 1} \qquad (2-20)$$

式中　k——渗透系数；

　　　s——浸润线水平投影长度；

　　　λ——系数；

其他符号意义如图 2-12 所示。

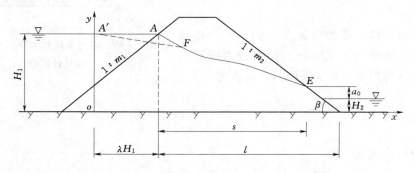

图 2-12　均质坝无排水设备时的渗流计算图

浸润线方程为

$$y = \sqrt{H_1^2 - \frac{2q}{k}x} \qquad (2-21)$$

用式（2-21）求出的浸润线是通过 A' 点的，但是，实际渗入点是 A 点，因而应从 A 点做一垂直于上游坡面而切于浸润线的弧线 AF，则曲线 AFE 即为所求的浸润线。

在初步计算中，可以假定浸润线逸出点就是下游坝坡与下游水面的交点，即 $a_0=0$，此时的单宽流量仍可由式（2-17）求出。

下游坝坡渗出段的最大渗流坡降为

$$J=\frac{1}{m_2} \qquad (2-22)$$

（2）均质土坝在不透水地基上，下游有排水设备的情况。当有棱体排水，其浸润线逸出与下游水面相交的情况，如图 2-13 所示，此时的渗流计算与上述无排水设备时的结果相似。单宽渗流量为

$$q=k\frac{H_1^2-H_2^2}{2(\lambda H_1+s)} \qquad (2-23)$$

如图 2-13 所示，$s=d-m_1H_1+e$，$e=(0.05\sim0.06)H_1$，初步计算时可将 e 忽略；λ 仍由式（2-20）确定。

浸润线方程仍可由式（2-21）计算。

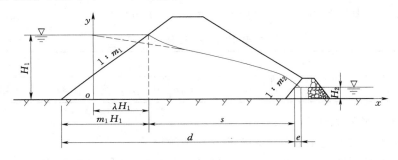

图 2-13　均质土坝有排水设备时的渗流计算

当设置褥垫式排水，下游无水时（图 2-14），浸润线逸出点距排水设备的首端的距离为 e。当设置管式排水，下游无水（图 2-15），浸润线逸出点通过管的中点。以上两种情况均可以用式（2-21）、式（2-23）进行计算，但对其中的 e 值：当管式排水，$e=0$；褥垫式排水，e 由式（2-24）计算。

$$e=\frac{h_1}{2}=\frac{1}{2}(\sqrt{d_1^2+H_1^2}-d_1) \qquad (2-24)$$

其中 h_1、d_1 如图 2-14 所示。

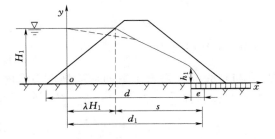

图 2-14　设置褥垫式排水时的渗流计算

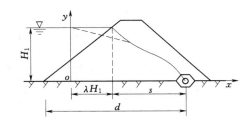

图 2-15　设置管式排水时的渗流计算

（3）均质土坝在透水地基上，下游有排水设备或无排水设备的情况。如图 2-16 所示，沿坝基面将坝分为坝体和坝基两部分，假设两部分的渗流互不影响，坝体和坝基的渗透系数分别为 k_1、k_2。

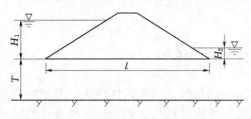

图 2-16　均质土坝在透水地基上的计算简图

计算坝体的渗流量时，假定坝基为不透水，应用不透水地基上的均质土坝的渗流计算方法确定。计算坝基渗流时，假定坝体为不透水，按有压渗流考虑，其单宽渗流量按式（2-25）、式（2-26）确定。

$$q = k_2 \frac{T(H_1 - H_2)}{nl} \tag{2-25}$$

$$n = 1 + 0.87 \frac{T}{l} \tag{2-26}$$

式中各符号意义如图 2-16 所示；n 值可由表 2-10 查得。

表 2-10　　　　　　　　　　　参 数 n 的 取 值 表

l/T	20	15	10	5	4	3	2	1
n	1.05	1.06	1.09	1.18	1.23	1.30	1.44	1.87

3. 心墙土坝的渗流计算

（1）心墙土坝在不透水地基上，无排水设备的情况。

先将心墙的梯形断面简化为矩形，如图 2-17 所示，即心墙厚度为

$$\delta = \frac{\delta_1 + \delta_2}{2} \tag{2-27}$$

式中　δ_1、δ_2——心墙在库水位、地基位置的厚度。

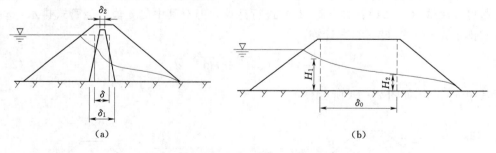

(a)　　　　　　　　　　　　　　　　(b)

图 2-17　无排水设备的心墙坝渗流计算

将具有渗流系数为 k_2 的心墙，转化成具有与坝壳同一渗透系数的均质坝，心墙的化引厚度 δ_0 如图 2-17（b）所示，由式（2-28）确定，即

$$\delta_0 = \frac{k_1}{k_2} \delta \tag{2-28}$$

化为均质坝以后，心墙坝的渗流计算便可以按均值坝的渗流计算方法进行。计算得到

的浸润线高度 H_1、H_2，即为原心墙上、下游的浸润线高度。

（2）心墙土坝在不透水地基上，有排水设备的情况。由于心墙上游的坝体部分对渗流影响较小，故可以假设库水位在上游坝壳部分没有影响。

对于设置棱体排水的心墙坝（图 2-18），单宽渗流量和心墙浸润线逸出高度 h 可由式（2-29）、式（2-30）联立用试算法解出，即

$$q = k_2 \frac{H_1^2 - h^2}{2\delta} \tag{2-29}$$

$$q = k_1 \frac{h - H_2^2}{2s} \tag{2-30}$$

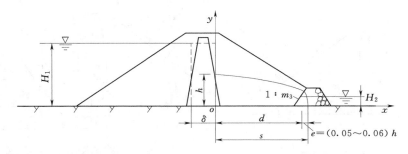

图 2-18　心墙坝的渗流计算

浸润线的方程为

$$y = \sqrt{h^2 - \frac{2q}{k_1}x} \tag{2-31}$$

式中　h——心墙浸润线的逸出高度；

其余符号意义同前。

褥垫式排水、下游无水的情况如图 2-19 所示，管式排水、下游无水的情况如图 2-20 所示。这两种情况均可用式（2-29）～式（2-31）计算。褥垫式排水的 e 值可以用式（2-24）计算，但是，其中的 H_1 应改为图 2-18 中的 h。

（3）心墙土坝在有限透水地基上，设置有黏土截水墙，无排水设备的情况。如图 2-21 所示，不考虑心墙上游坝体对渗流的影响，其渗流计算可用式（2-32）～式（2-34）求出。

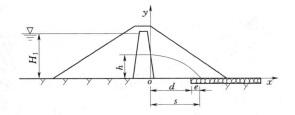

图 2-19　带有褥垫式排水的心墙坝

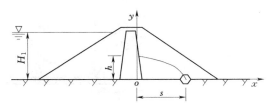

图 2-20　带有管式排水的心墙坝

$$q = k_2 \frac{(H_1 + T)^2 - (h + T)^2}{2\delta} \tag{2-32}$$

$$q = k_1 \frac{h^2 - a_0^2}{2(l - m_2 a_0)} + k_3 \frac{T(h - a_0)}{l - a_0(m_2 + 0.5)} \tag{2-33}$$

$$q = k_1 \frac{a_0}{m_2 + 0.5} + k_3 \frac{a_0 T}{a_0(m_2 + 0.5) + 0.44T} \tag{2-34}$$

式中　k_1、k_2、k_3——坝壳、心墙和坝基的渗透系数；

　　　　T——透水地基的厚度；

其余符号意义如图 2-21 所示。

浸润线方程为

$$2qx = k_1 h^2 + 2k_3 Th - k_1 y^2 - 2k_3 Ty \tag{2-35}$$

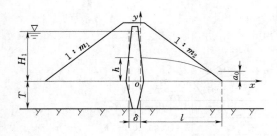
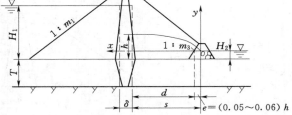

图 2-21　无排水设备的情况　　　　　　　图 2-22　有棱体排水的情况

（4）心墙土坝在有限透水地基上，设置有黏土截水墙，有排水设备。如图 2-22 所示，不考虑心墙上游坝壳对渗流影响，其渗流计算可由式（2-36）、式（2-37）联立求解。

$$q = k_2 \frac{(H_1 + T)^2 - (h + T)^2}{2\delta} \tag{2-36}$$

$$q = k_1 \frac{h^2 - H_2^2}{2s} + k_3 \frac{T(h - H_2)}{s + 0.44T} \tag{2-37}$$

浸润线方程为

$$y = \sqrt{\frac{(h - H_2^2)^2}{s} x} \tag{2-38}$$

对于褥垫式排水和管式排水，其浸润线逸出部分如图 2-23 所示。渗流计算仍可采用式（2-35）～式（2-37），褥垫式排水中的 e 值可用式（2-23）计算，但是，其中的 H_1 应改为图 2-19 中的 h。

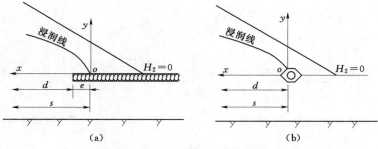

图 2-23　土石坝下游无水情况

（a）褥垫式排水；（b）管式排水

4. 斜墙土坝的渗流计算

（1）斜墙土坝在不透水地基上，有排水设备。将变厚的斜墙（斜墙的厚度常垂直于斜墙的上游坡量取）化为等厚的斜墙，则厚度为

$$\delta = \frac{\delta_1 + \delta_2}{2} \tag{2-39}$$

式中　δ_1、δ_2——斜墙在库水位、地基位置的厚度，如图 2-24 所示。

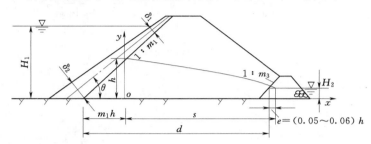

图 2-24　斜墙坝渗流计算

斜墙坝带有棱体排水，如图 2-24 所示。其渗流计算由式（2-40）和式（2-41）求出。

$$q = k_2 \frac{H_1^2 - h^2}{2\delta \sin\theta} \tag{2-40}$$

$$q = k_1 \frac{h^2 - H_2^2}{2(d - m_1 h + e)} \tag{2-41}$$

式中　k_1、k_2——坝体和斜墙的渗透系数；

其余符号如图 2-24 所示。

浸润线方程为

$$y = \sqrt{h^2 - \frac{2q}{k_1} x} \tag{2-42}$$

褥垫式排水（下游无水）和管式排水（下游无水），其浸润线逸出部分如图 2-25 所示。渗流计算可以采用式（2-40）～式（2-42）。褥垫式排水中 e 的计算与心墙坝渗流计算中相同。

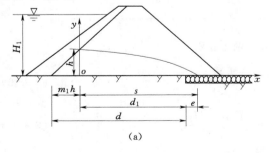
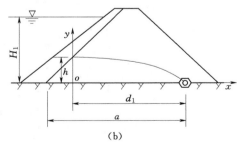

图 2-25　斜墙土坝下游无水
（a）褥垫式排水；（b）管式排水

（2）斜墙土坝在有限透水地基上，设有黏土截水墙，有排水设备。将斜墙的厚度转化为等厚度 δ。对于棱体排水，如图 2-26 所示。渗流计算用式（2-43）～式（2-45）求解。

$$q = k_2 \frac{H_1^2 - h^2}{2\delta\sin\theta} + k_2 \frac{T(H_1 - h)}{t} \qquad (2-43)$$

$$q = k_1 \frac{h^2 - H_2^2}{2(d - m_1 h + e)} + k_3 \frac{T(h - H_2)}{d - m_1 h + 0.44T} \qquad (2-44)$$

$$y^2 = \frac{(h - H_2)^2}{d - m_1 h + e} x \qquad (2-45)$$

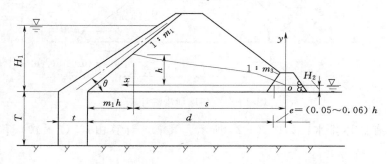

图 2-26　带有黏土截水墙、棱体排水的斜墙坝

对于褥垫式排水（下游无水）和管式排水（下游无水），其浸润线逸出部分如图 2-25 所示，仍可用式（2-43）～式（2-45）进行渗流计算。

（3）斜墙土坝在有限透水地基上，设有水平铺盖和排水设备。一般情况下，斜墙和水平铺盖的渗透系数比坝体、坝基的渗透系数小 1% 以上。此时，可以近似地认为斜墙、水平铺盖不透水。对于棱体排水，如图 2-27 所示。其渗流计算公式为

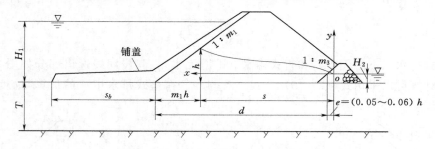

图 2-27　设有水平铺盖情况

$$q = k_3 \frac{T(H_1 - h)}{n_1(s_b + m_1 h)} \qquad (2-46)$$

$$q = k_1 \frac{h^2 - H_2^2}{2s} + k_3 \frac{T(h - H_2)}{s} \qquad (2-47)$$

$$y^2 = \frac{(h - H_2)^2}{d - m_1 h + e} x \qquad (2-48)$$

$$n_1 = \frac{s_b + m_1 h + n}{2}$$

式中 s_b——铺盖的长度；

n_1——系数；

n——见表 2-10，表中的 $l = s_b + m_1 h$；

其余符号如图 2-27 所示。

对于褥垫式排水（下游无水）和管式排水（下游无水），其浸润线逸出部分如图 2-23 所示，仍可用式（2-46）～式（2-48）进行渗流计算。

5. 透水坝基，设有混凝土防渗墙等型式土坝的渗流计算

透水地基上填筑土石坝，常用混凝土防渗墙、黏土截水墙、板桩以及各种灌浆等防渗措施进行地基防渗处理。以下介绍有限透水地基上设置混凝土防渗墙等的土坝渗流计算方法。

根据试验证明，当防渗墙的位置在坝基中线至上游坡脚范围内（图 2-28），此时的浸润线位置最低，相应的单宽流量可以近似由式（2-49）计算。

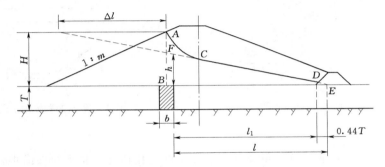

图 2-28 坝基设有混凝土防渗墙的土坝渗流计算

$$q = k_2 T \frac{h}{l} \tag{2-49}$$

其中

$$h = \frac{A_0 \left(1 + \dfrac{\alpha_2}{\alpha_3}\right) - \dfrac{\alpha_2^2}{2\alpha_3}}{A_1 \left(A_0 + \dfrac{\alpha_1 \alpha_2}{\alpha_3}\right) + A_2 (1 + A_0)} H \tag{2-50}$$

$$\alpha_1 = \frac{k_1}{k_2} \frac{\Delta l}{T}; \quad \alpha_2 = \frac{1.36}{\lg \dfrac{3H}{b}}; \quad \alpha_3 = \frac{k_1}{k_3} \frac{b}{T}; \quad \alpha_4 = \frac{k_1}{k_2} \frac{l}{T}$$

$$A_1 = 1 - \frac{\alpha_1}{\alpha_4}; \quad A_2 = \frac{\alpha_1}{\alpha_4} + \frac{\alpha_2}{2\alpha_4} + \frac{\alpha_1}{2\alpha_3}\left(1 + \frac{\alpha_2}{\alpha_4}\right)$$

$$A_0 = 1 + 2\alpha_1 + \alpha_2; \quad \Delta l = m H f(Z); \quad Z = 2m \sqrt{\frac{k_1 H}{k_2 T}}$$

式中 k_2——透水坝基的渗透系数；

h——混凝土防渗墙下游面的渗流水头；

$f(Z)$——函数，如图 2-29 所示。

对于透水性很小（可以忽略）的混凝土防渗墙，当 $k_3 \rightarrow \varepsilon$（无穷小）、$\alpha_3 \rightarrow \infty$（无穷大）时，仍可以用上法计算 h；对考虑透水的板桩，k_3 为

$$k_3 = \eta k_2 \qquad (2-51)$$

式中　η——系数，对于金属板桩取 0.0025～0.0050，木板桩可取 0.02～0.03。

浸润线的做法如下：如图 2-28 所示，将 E 点与 F 点连成直线，该线分别于坝基中线和排水棱体上游面交于 C 和 D 点，将 A、C 连成光滑的曲线（曲线的 A 端垂直于上游坡），则得到浸润线 ACD。

当下游设置褥垫式排水或管式排水时，上述方法仍然适用，但是，其中的 l_1 为混凝土防渗墙下游面至褥垫式排水上游端或管式排水管中点的距离。

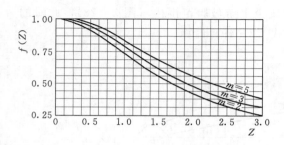

图 2-29　$f(Z)$-Z 关系曲线图

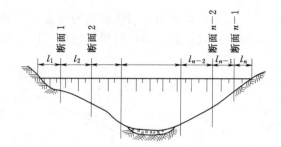

图 2-30　总渗流量计算示意图

6. 总渗流量计算

计算总渗流量时，应根据地形及透水层厚度的变化情况，将土石坝沿坝轴线分为若干段，如图 2-30 所示，然后分别计算各段的平均单宽流量，则全坝的总渗透流量 Q 可按下式计算，即

$$Q = \frac{1}{2}\left[q_1 l_1 + (q_1 + q_2) l_2 + \cdots + (q_{n-2} + q_{n-1}) l_{n-1} + q_{n-1} l_n \right] \qquad (2-52)$$

式中　l_1、l_2、$\cdots$、l_n——各段坝长；

q_1、q_2、$\cdots$、q_n——断面 1、断面 2 处的单宽流量。

渗流计算结果应列表表示。渗流计算结果汇总表格式见表 2-11。

表 2-11　　　　　　　　　　　渗流计算结果汇总表

计算情况	上游水深/m			下游水深/m			渗流流量 /[m³/（s·m）]			总渗流量 /（m³/d）
	1—1	2—2	…	1—1	2—2	…	1—1	2—2	…	
正常蓄水位										
设计洪水位										
1/3 坝高水位或死水位										

三、手绘流网法分析渗流

手绘流网并辅以简单的计算，除了可以得到土石坝在稳定渗流情况下的浸润线、渗透流量、渗流出逸坡降等数据，供渗流分析以外，还可以得到坝体内的孔隙水压力，供坝坡稳定分析用。

1. 流网的特性

在土石坝的渗流范围内充满了运动着的水质点。在稳定渗流的层流中，水质点的运动轨迹即为流线，各条流线上测压管水头相同点的连线称为等水位线或等势线。流线与等势线组成的网状图形叫作流网。

绘制的流网是否正确，要看它是否符合以下的流网特性。

（1）流线和等势线都是圆滑的曲线。

（2）流线和等势线是互相正交的，即在相交点，二曲线的切线互相垂直。这一点可用下面的简单推断来说明：假设等势线上某一点速度的方向不垂直于等势线，则该点速度必有平行于等势线的分速，但等势线各点水头都相等，不可能产生沿等势线的运动，故平行于等势线的分速为零，所以流线与等势线必须互相正交。

为了应用方便和便于绘制、检查流网，一般把流网的网格画成曲线正方形，即其网格的中线互相正交且长度相等。这样可使流网中各流带的流量相等，各相邻等势线间的水头差相等。

2. 流网的绘制

以不透水地基上均质坝为例说明流网的绘制方法，如图 2-31 所示。

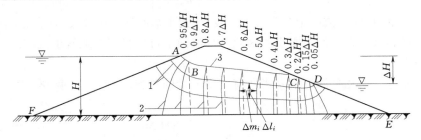

图 2-31　流网绘制
1—流线；2—等势线；3—浸润线

首先确定渗流区的边界。上、下游水下边坡线 AF 和 DE 均为等势线，初拟的浸润线 AC 及坝体与不透水地基接触线 FE 均为流线。下游坡出逸段 CD 既不是等势线，也不是流线，所以流线与等势线均不与它垂直正交，但其上各点反映了该处逸出渗流的水面高度。其次，将上、下游水头差 ΔH 分成 n 等分，每段为 $\dfrac{\Delta H}{n}$（如图中分为 10 等分，每段为 $0.1\Delta H$），然后引水平线与浸润线相交（参照图 2-32），从交点处按照等势线与流线正交的原则绘制等势线，形成初步的流网。最后，不断修改流线（包括初拟浸润线）与等势线，必要时可插补流线和等势线，直至使它们构成的网格符合要求，通常使之成为扭曲正方形。

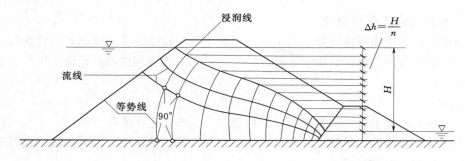

图 2-32　具有堆石排水时土石坝的流网

3. 流网的应用

流网绘制后，就可以根据流网求得渗透范围内各点的水力要素。

（1）渗透坡降与渗透流速。在图 2-23 中任取一网格 i，两等势线相距为 ΔL_i，两流线间相距为 ΔM_i，水头差为 $\dfrac{\Delta H}{n}$，则该网格的平均渗透坡降为

$$J_i = \frac{\dfrac{\Delta H}{n}}{\Delta L_i} = \frac{\Delta H}{n \Delta L_i} \tag{2-53}$$

通过该网格两流线间（流带）的平均渗透流速为

$$V_i = K J_i = \frac{K \Delta H}{n \Delta L_i} \tag{2-54}$$

由于 K、ΔH 在同一流网中为常数，J_i 及 V_i 大小与网格的中线长 ΔL_i 成反比，故网格小的地方坡降和流速大，反之则小。因此，从流网中可以很清楚地看出流速的分布情况和水力坡降的变化。

（2）渗流量。单宽总渗流量 q 为所有流带流量的总和。图 2-31 网格 i 所在流带中的渗流量为

$$\Delta q_i = K J \Delta m_i = \frac{K \Delta H \Delta m_i}{n \Delta L_i}$$

如果绘制的网格是扭曲正方形（$\Delta m_i = \Delta l_i$），则

$$\Delta q = \frac{K \Delta H}{n}$$

如整个流网分成 m 个流带（图中分为 3 个），则单宽总渗透流量为

$$q = \sum_{i=1}^{m} \Delta q_i \tag{2-55}$$

（3）渗透动水压力 W_φ。因为任意两相邻等势线的水头差为 $\dfrac{\Delta H}{n}$，所以任一网格 i 范围内的土体所承受的渗透动水压力为

$$W_\varphi = \gamma \frac{\Delta H}{n} \Delta l_i \times 1 = \gamma \frac{\Delta H}{n \Delta L_i} \Delta l_i^2 \times 1 = \gamma J_i A_i \tag{2-56}$$

式中　A_i——网格 i 的面积；

γ——水的重度。

四、土石坝的渗透变形及其防止措施

土石坝及地基中的渗流，由于机械或化学作用，可能使土体产生局部破坏，称为渗透变形。渗透变形严重时会导致工程失事，必须采取有效的控制措施。

渗透变形的型式可能是单一型的，也可能是多种型式同时出现于不同部位。设计时应进行分析判别，采取合适的防护措施。

为防止渗透变形，常采用的工程措施有：全面截阻渗流、延长渗径、设置排水设施、反滤层或排渗减压井等。

这里只介绍反滤层的有关问题，其他措施在其他任务中介绍。

设置反滤层是提高土体的抗渗变形能力、防止各类渗透变形特别是防止管涌的有效措施。反滤层的作用是既安全又顺利地排除坝体和地基中的渗透水流。在土质防渗体（包括心墙、斜墙、铺盖和截水墙等）与坝壳和坝基透水层之间以及下游渗流溢出处，渗流流入排水设施处，均应设置反滤层。下游坝壳与坝基透水层接触区及与岩基中发育的断层破碎带、裂隙密集带接触部位，应设反滤层。土质防渗体分区坝的坝壳内不同性质的材料分区之间，应满足反滤要求。防渗体下游和渗流出逸处的反滤层，在防渗体出现裂缝的情况下土颗粒不应被带出反滤层。防渗体上游反滤层材料的级配、层数和厚度相对于下游反滤层可简化。

1. 反滤层的结构

反滤层一般是由2~3层不同粒径的非黏性土组成、层次排列应尽量与渗流的方向垂直、各层次的粒径则按渗流方向逐层增加或采用土工织物的滤水设施，如图2-33所示。

土质防渗体上游、下游侧的反滤层的最小厚度不小于1.00m。土质防渗体上游、下游侧以外的反滤层，人工施工时，水平反滤层的最小厚度为0.3m，垂直或倾斜反滤层的最小厚度可采用0.5m。采用机械施工时，最小厚度应根据施工方法确定。

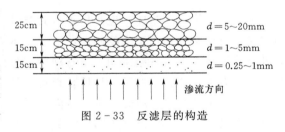

图2-33　反滤层的构造

2. 反滤层的材料

反滤层的材料首先应该是耐久的、能抗风化的砂石料。为保证反滤层滤土排水的正常工作，必须符合下列要求：

（1）使被保护土不发生渗透变形。

（2）各层的颗粒不得发生移动。

（3）渗透性大于被保护土，能通畅地排出渗透水流。

（4）不致被细粒土淤塞失效。

3. 反滤层级配的设计

反滤层级配的设计根据《碾压式土石坝设计规范》（SL 274—2020）中提出的设计方法进行。

反滤料、过渡层料、排水体料应有较高的抗压强度，良好的抗水性、抗冻性和抗风化性，符合要求的级配和透水性。反滤料和排水体料中粒径小于 0.075mm 的颗粒含量应不超过 5%。

任务四　土石坝稳定分析

目　　　标:（1）掌握不同类型土石坝失稳破坏的表现形式。
　　　　　　（2）掌握瑞典圆弧法进行土石坝稳定分析。
　　　　　　（3）理解折线法分析土石坝稳定。
　　　　　　（4）掌握最小稳定安全系数的确定方法。
　　　　　　（5）掌握土石坝边坡稳定的判别方法。
　　　　　　（6）具有刻苦学习、诚实守信精神。

执行过程:　不同类型土石坝失稳破坏的表现形式→瑞典圆弧法进行土石坝稳定分析步骤→最小稳定安全系数的确定方法→土石坝稳定的折线分析法→坝坡稳定的判别→上游坝坡稳定计算实训→下游坝坡稳定计算实训。

要　　　点:（1）不同类型土石坝的滑裂面型式。
　　　　　　（2）瑞典圆弧法进行土石坝稳定分析方法与步骤。
　　　　　　（3）折线法进行土石坝稳定分析的计算步骤。

提交成果:　（1）设计报告 1 份。
　　　　　　（2）按比例绘制不同计算工况土石坝坝坡稳定计算图 2～3 张。

一、概述

土石坝作为一个整体，也是依靠重力维持稳定的。但土石坝由于是散粒体堆筑而成，坝坡稳定要求必须采用肥大的剖面，所以坝体不可能产生水平滑动，其失稳形式主要是坝坡滑动或坝坡与坝基一起滑动。土石坝稳定分析的目的就是核算土石坝在自重、各种情况的孔隙压力和外荷载作用下，坝坡是否具有足够的稳定性。

坝坡稳定计算时，应先确定滑裂面的形状，土石坝滑坡的型式与坝体结构、土料和地基的性质以及坝的工作条件等密切相关。图 2-34 所示为可能滑动的各种形式，大体可归纳为如下几种。

（1）曲线滑裂面。当滑裂面通过黏性土的部位时，其形状常是上陡下缓的曲面，由于曲线近似圆弧，因而在实际计算中常用圆弧代替，如图 2-34（a）、（b）所示。

（2）直线或折线滑裂面。滑裂面通过无黏性土时，滑裂面的形状可能是直线或折线形。当坝坡干燥或全部浸入水中时呈直线形；当坝坡部分浸入水中时呈折线形［图 2-34（c）］。斜墙坝的上游坡失稳时，通常是沿着斜墙与坝体交界面滑动，如图 2-34（d）所示。

（3）复合滑裂面。当滑裂面通过性质不同的几种土料时，可能是由直线和曲线组成的复合形状滑裂面。图 2-34（e）所示为通过黏土心墙的圆弧和通过砂砾坝壳直线组成的复合滑裂面；图 2-34（f）所示为坝基存在软弱夹层的情况，有两段圆弧和一段直线组合成的复合滑裂面。

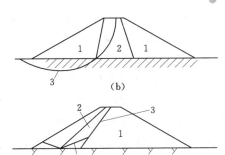

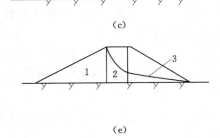

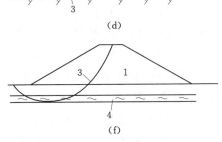

图 2-34　坝坡滑裂面形状

1—坝壳；2—防渗体；3—滑裂面；4—软弱层

二、荷载组合及稳定安全系数的标准

1. 荷载

土石坝稳定计算必须考虑的荷载有自重、渗透动水压力和孔隙水压力等。

（1）自重。坝体自重一般在浸润线以上的土体按湿重度计算，浸润线以下、下游水位以上的按饱和重度计算，下游水位以下的按浮重度计算。

（2）渗透动水压力。动水压力的方向与渗透方向相同，作用在单位土体上的渗透动水压力为 γJ，γ 为水的重度，J 为该处的渗透坡降。

（3）孔隙水压力。这是黏性土体中常存在的一种力。黏性土在外荷载作用下产生压缩时，由于土内空气和水一时来不及排除，外荷载便由土粒及空隙中水和空气共同承担。土粒骨架承担的应力称为有效应力，它在土体滑动时能产生摩擦力，而水和空气承担的应力称为孔隙压力，它是不能产生摩擦力的。土壤中的有效应力 σ' 为总应力 σ 与孔隙压力 u 之差，所以土壤的有效抗剪强度为

$$\tau = c + (\sigma - u)\tan\varphi' = c' + \sigma'\tan\varphi'$$

式中　φ'、c'——内摩擦角和凝聚力。

孔隙压力的存在使土的抗剪强度降低，对于黏性填土或坝基，在施工期和水库水位降落期必须计算相应的孔隙压力，必要时，还要考虑施工末期孔隙压力消散的情况。

孔隙压力的大小及消散速度，主要随土料性质、填土含水量、填筑速度、坝内各点荷载和排水条件不同而异，并随时间变化，因而孔隙压力的计算一般都较复杂。

目前考虑孔隙压力的方法有两种：一种是采用总应力法，即采用不排水剪的总强度指标 φ_u、c_u 来确定土的抗剪强度，即 $\tau_u = c_u + \sigma\tan\varphi_u$。显然，欲使试验的总应力与土壤实际总应力状态相符，一般是难以做到的。另一种是有效应力法，即先计算孔隙压力，再把

它当作一组作用在滑弧上的外力来考虑，采用与有效应力相应的由排水剪或固结快剪试验求得的有效强度指标 φ'、c'。

2. 稳定计算情况

根据经验，应对以下几种荷载组合情况进行稳定计算。

（1）正常运用情况（设计情况）包括：①上游为正常蓄水位、下游为相应的最低水位或上游为设计洪水位、下游为相应的水位时，在稳定渗流情况下的上、下游坝坡的稳定计算；②水库水位正常降落时，上游坝坡的稳定计算。

（2）非常运用情况（校核情况）包括：①施工期，凡黏性填土均应考虑孔隙水压力的影响，考虑孔隙水压力消散的条件为填筑密度低、饱和度大于 80%，K 在 $10^{-7} \sim 10^{-3}\mathrm{cm/s}$ 之间的大体积填土；②水库水位非常降落，如自校核洪水位降落、降落至死水位以下，大流量泄空等情况下的上游坝坡稳定计算；③校核洪水位下有可能形成稳定渗流时的下游坝坡稳定计算。

稳定计算典型断面包括：最大坝高断面、两岸岸坡坝段的代表性断面、坝体不同分区的代表性断面、坝基不同地形地质条件的代表性断面。

3. 稳定安全系数标准

采用计及条块间作用力的计算方法时，坝坡的抗滑稳定安全系数应不小于表 2-12 所规定的数值。采用不计及条块间作用力的瑞典圆弧法计算坝坡抗滑稳定安全系数，对 I 级坝正常运用条件最小安全系数应不小于 1.30，其他情况最小安全系数应比表 2-12 中的规定值降低 8%。采用滑楔法进行稳定计算时，若假定滑楔之间作用力平行于坝坡面和滑底斜面平均坡度，安全系数应符合表 2-12 的规定；若滑楔之间作用力为水平方向，安全系数应比表 2-12 中的规定值降低 8%。

表 2-12　　　　　　　　　　容许最小抗滑稳定安全系数

运用条件 ＼ 工程等级	I	II	III	IV、V
正常运用	1.50	1.35	1.30	1.25
非常运用	1.30	1.25	1.20	1.15
正常运用加地震	1.20	1.15	1.15	1.10

三、土料抗剪强度指标的选取

土石坝从施工期到运用期，坝体填土及地基土的抗剪强度都在不断变化。所以，土料的抗剪强度指标（内摩擦角 φ、凝聚力 c）的选用是否合理，关系到坝体的工程量和安全程度，至为重要。

一般情况下，黏性土的抗剪强度随固结度的增加而增加，稳定计算时应该采用黏性土固结后的强度指标。确定抗剪强度指标的方法有前述的有效应力法和总应力法两种，SL 271—2001《碾压式土石坝设计规范》规定，对 I 级坝和 II 级以下高坝在稳定渗流期必须采用有效应力法作为依据。III 级以下中低坝可采用两种方法的任一种。规范中还提出了不同情况下抗剪强度指标的测定和应用方法，见表 2-13。

四、稳定分析方法

现行的边坡稳定分析方法很多，基本上都属于刚体极限平衡法。首先选定一种（或几种）破坏面的型式（如圆弧、直线、折线或复合滑动面），再在其中选取若干个可能的破坏面，分别计算出它们的安全系数，其中安全系数最小的滑动面即为最危险滑动面，相应的安全系数即为所求的安全系数。

表 2-13　　　　　　　　　　　　　抗剪强度指标的测定和应用

控制稳定的时期	强度计算方法	土 类		使用仪器	试验方法与代号	强度指标	试样起始状态
施工期	有效应力法	无黏性土		直剪仪	慢剪	c'、φ'	填土用填筑含水量和填筑密度的土，地基用原状土
				三轴仪	排水剪（S 或 CD）		
		黏性土	饱和度小于 80%	直剪仪	慢剪		
				三轴仪	不排水剪测孔隙压力（Q 或 uu）		
			饱和度大于 80%	直剪仪	慢剪		
				三轴仪	固结不排水剪测孔隙压力（Q 或 cu）		
	总应力法	黏性土	渗透系数< 10^{-7} cm/s	直剪仪	慢剪	c_u、φ_u	
			任何渗透系数	三轴仪	不排水剪（Q 或 uu）		
稳定渗流期和水库水位降落期	有效应力法	无黏性土		直剪仪	慢剪	c'、φ'	填土用填筑含水量和填筑密度的土，地基用原状土，但要预先饱和，而浸润线以上的土不需饱和
				三轴仪	排水剪（S 或 CD）		
		黏性土		直剪仪	慢剪	c_{cu}、φ_{cu}	
水库水位降落期	总应力法	黏性土		三轴仪	固结不排水剪测孔隙压力（R 或 uu）		

1. 圆弧滑动面稳定计算

基本原理：假定滑动面为圆柱面，将滑动面内土体看作刚体脱离体，土体绕滑动面的圆心转动即为边坡失稳。分析时在坝轴线方向取单位坝长 1m，按平面问题研究。工程实践中常采用条分法，即将脱离体按一定的宽度分成若干铅直土条，分别计算各土条对圆心的抗滑力矩 M_r 和滑动力矩 M_s，再求和，最后相除即得该滑动面的安全系数。

$$K = \sum M_r / \sum M_s$$

目前最常见的有瑞典圆弧法和简化的毕肖普（Bishop）法。瑞典圆弧法计算简单，但理论上有缺陷，且当孔隙压力较大和地基软弱时误差较大。简化的毕肖普法计算比瑞典圆弧法复杂，但由于计算机的广泛应用，目前应用较多。

下面以不计条块间作用力的瑞典圆弧法在渗流稳定期下游坝坡为例说明如下。

（1）将土条编号。土条宽度常取半径 R 的 1/10，即 $b=0.1R$。以过圆心的垂线为 0 号土条的中心线，向上游（对下游坝坡）各土条的顺序为 1，2，3，…；向下游的顺序为 -1，-2，-3，…。如图 2-35 所示。

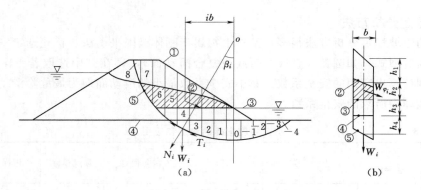

图 2-35　圆弧滑动计算简图

①—坝坡线；②—浸润线；③—下游水面；④—地基面；⑤—滑裂面

（2）土条的重量 W_i。计算抗滑力时，浸润线以上部分用湿重度，浸润线以下部分用浮重度。

$$W_i = [\gamma_1 h_1 + \gamma_3 (h_2 + h_3) + \gamma_4 h_4] b \qquad (2-57)$$

式中　$h_1 \sim h_4$——土条各分段的中线高度；

γ_1、γ_3、γ_4——坝体土的湿重度、浮重度和坝基土的浮重度。

计算滑动力时，下游水位与浸润线之间的土体用饱和重度，浸润线以上仍用湿重度计算，下游水位以下土体仍用浮重度计算。

（3）安全系数。计算公式为

$$K = \frac{\sum \{[(W \pm V) \cos\beta_i - ub \sec\beta_i - Q \sin\beta_i] \tan\varphi_i' + c_i' b \sec\beta_i\}}{\sum [(W \pm V) \sin\beta_i + M_C / R]} \qquad (2-58)$$

式中　W——土条重量；

Q、V——水平和垂直地震惯性力（向上为负，向下为正）；

u——作用于土条底面的孔隙压力；

β_i——条块重力线与通过此条块底面中点的半径之间的夹角；

b——土条宽度；

c_i'、φ_i——土条底面的有效应力抗剪强度指标；

M_C——水平地震惯性力对圆心的力矩；

R——圆弧半径。

用总应力法分析坝体稳定时，略去公式含孔隙压力 u 的项，并将 c_i'、φ_i' 换成总应力强度指标。

当不考虑地震荷载时，土石坝的坝坡安全系数计算可采用式（2-59）

$$K = \frac{\sum W_i \cos\beta_i \tan\varphi_i + \dfrac{1}{b} \sum c_i l_i}{\sum W_i' \sin\beta_i} \qquad (2-59)$$

$$W_i' = \gamma_1 h_1 + \gamma_2 h_2 + \gamma_3 h_3 + \gamma_4 h_4 \qquad (2-60)$$

式中　　　W_i——土条的重量，按式（2-57）计算；

W_i'——考虑渗流动水压力的土条重量，按式（2-60）计算；

$h_1 \sim h_4$——土条各分段的中线高度；

γ_1、γ_2、γ_3、γ_4——坝体土的湿重度、饱和重度、浮重度和坝基土的浮重度。

　　2. 简化的毕肖普法

　　瑞典圆弧法不满足每一土条力的平衡条件，一般计算出的安全系数偏低。毕肖普法在这方面做了改进，近似考虑了土条间相互作用力的影响，其计算简图如图 2-36 所示。图中 E_i 和 X_i 分别表示土条间的法向力和切向力；W_i 为土条自重，在浸润线上、下分别按湿重度和饱和重度计算；Q_i 为水平力，如地震力等；N_i 和 T_i 分别为土条底部的总法向力和总切向力，其余符号意义如图 2-36 所示。

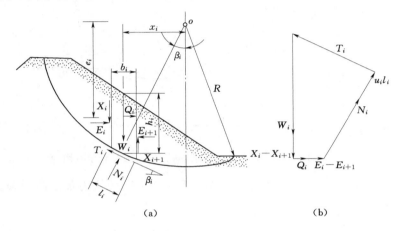

图 2-36　简化毕肖普法计算简图

　　为使问题可解，毕肖普假设 $X_i = X_{i+1}$，即略去土条间的切向力，使计算工作量大为减少，而成果与精确法计算的仍很接近，故称简化的毕肖普法。安全系数计算公式为

$$K = \frac{\sum\{[(W_i \pm V)\sec\beta_i - ub\sec\beta_i]\tan\beta_i' + c_i'b\sec\beta_i\}[1/(1+\tan\beta_i\tan\varphi_i'/K)]}{\sum[(W_i \pm V)\sin\beta_i + M_c/R]}$$

$$(2-61)$$

式中符号意义同上。

　　3. 最危险圆弧位置的确定

　　上述滑动圆弧的圆心和半径都是任意选定的，求得的安全系数一般不是最小的，需经多次试算才能找到最小安全系数，如何能用最少的试算次数，寻到最小的安全系数，过去不少学者进行过研究，下面介绍适合均质坝的两种常用方法。

　　(1) B.B 方捷耶夫法。B.B 方捷耶夫认为最小安全系数的滑弧圆心在扇环形 $bcdf$ 范围内（图 2-37）。

　　此扇环形面积的两个边界为由坝坡中点 a 引出的两条线：一条为铅直线；另一条与坝坡线成 85°角。另外两个边界是以 a 为圆心所作的两个圆弧，内外圆弧的 R 值见表 2-14。

　　(2) 费兰钮斯法。如图 2-37 所示，H 为坝高，定出距坝顶为 $2H$，距坝趾为 $4.5H$ 的 M_1 点；再从坝趾 B_1 和坝顶 A 引出 B_1M_2 和 AM_2，它们分别与下游坡及坝顶成 β_1、β_2

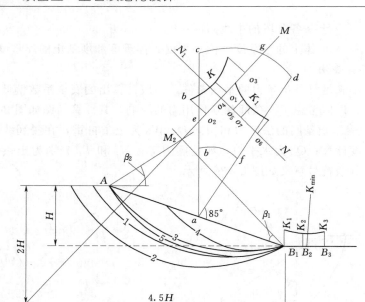

图 2 - 37　B.B 方捷耶夫法确定最危险滑弧位置示意图

角（表 2 - 15）并相交于 M_2 点，连接 M_1M_2 线，费兰钮斯认为最危险滑弧的圆心位于 M_1M_2 的延长线附近。

表 2 - 14　　　　　　　　　　　　$R_内$、$R_外$ 值 表

坝　　坡		1：1	1：2	1：3	1：4	1：5	1：6
$\dfrac{R}{H}$	$R_内$	0.75	0.75	1.0	1.5	2.2	3.0
	$R_外$	1.50	1.75	2.30	3.75	4.80	5.50

表 2 - 15　　　　　　　　　　　　$β_1$、$β_2$ 值 表

坝　　坡	1：1.5	1：2	1：3	1：4
$β_1$ /(°)	26	25	25	25
$β_2$ /(°)	35	35	35	36

以上两种方法，适用于均质坝，其他坝型也可参考。实际运用时，常将两者结合应用，即认为最危险的滑弧圆心在扇形面积中 eg 线附近，并按以下步骤计算最小的安全系数。

首先在 eg 线上选取 o_1、o_2、o_3、…为圆心，分别作通过 B_1 点的滑弧并计算各自的安全系数 K，按比例将 K 值标在相应的圆心上，连成曲线找出相应最小 K 的圆心，例如 o_4 点。

再通过 eg 线上 K 最小的点 o_4，作 eg 的垂线 N_1-N，在 N_1-N 线上选 o_5、o_6、…为圆心，同样分别过 B_1 点作滑弧，找出最小的安全系数，例如 B_1 点对应 K_1 即是。一般认为 K_1 值即为通过 B_1 点的最小安全系数，按比例将 K_1 标在 B_1 点的上方。

然后根据坝基土质情况，在坝坡或坝趾外再选 B_2、B_3、…，同上述方法求出最小安全系数 K_2、K_3、…，分别按比例标在 B_2、B_3 点的上方，连接标注 K_1、K_2、K_3 诸短线的端点，即可找出相应于计算情况的坝坡稳定安全系数 K_{min}。一般至少要计算15个滑弧才能求得 K_{min}，现在常用计算机解决。

【例题 2-1】 某均质土坝如图 2-12 所示，3 级建筑物，坝高 31.85m，坝顶宽 7m，上下游坝坡分别为 1:3、1:3.25、1:3.5 及 1:2.75、1:3、1:3.25，筑坝土料为中粉质壤土，土料设计指标为：$\varphi = 20.1°$，$c = 15\text{kPa}$，湿重度 $\gamma_m = 19.5\text{kN/m}^3$，浮重度 $\gamma' = 10.5\text{kN/m}^3$，饱和重度 $\gamma_{sat} = 20.5\text{kN/m}^3$，试求上游为正常高水位（水深 $H_1 = 27.52\text{m}$），下游无水（假设下游水位与地基平）时，下游坝坡的稳定安全系数。

解： 按本节所述替代法，取 1m 坝长，采用列表的方法进行计算。

（1）按一定比例绘出坝体横剖面图，将计算的浸润线绘于图上。

（2）确定危险滑弧圆心的范围，如图 2-38 所示。

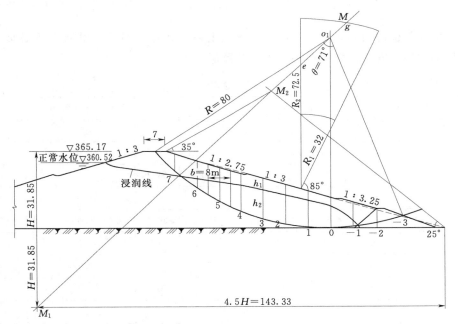

图 2-38　某均质土坝稳定计算图（单位：m）

（3）在 eg 线上任选一点 o_1 为圆心，以半径 $R = 80\text{m}$ 作圆弧。取土条宽度 $b = 8\text{m}$，以通过圆心 o_1 的铅垂线作为 0 号土条的中线，向左右两侧量取土条，以左的编号为 1，2，…，8；以右的编号为 -1，-2，-3，各土条的 $\sin\beta_i$ 和 $\cos\beta_i$ 值填入计算表 2-15 中第②、第③栏内。

（4）量出各土条中心线的各种土体高度 h_{1i}，h_{2i}，并填入计算表 2-16 中的第④、第⑤栏内。第 8 号土条量出宽度 $b' = 3\text{m}$，高度 $h' = 2.5\text{m}$，不足一条土条 $b = 8\text{m}$ 的宽度，要将其换算成宽度 $b = 8\text{m}$，高度 $h = b'h'/b = 3 \times 2.5/8 = 0.94$（m）的土条；$-3$ 号土条量出的宽度 $b' = 5\text{m}$，高为 $h' = 2.5\text{m}$，同理换算成宽度 $b = 8\text{m}$，高度 $h = b'h'/b = 5 \times 2.5/8 = 1.6$（m）。

下游排水设备对于低坝可近似地采用与坝体相同的重度（偏安全）。

（5）计算表中各土条的重量。

（6）计算：$\tan\varphi = \tan 20.1° = 0.3819$；

弧长 $\sum l_i = \dfrac{\pi R}{180}\theta = \dfrac{3.14 \times 80}{180} \times 71 = 99.0844$。

（7）将有关数值代入式（2-57）中，求坝坡稳定安全系数为

$$K = \frac{\sum b_i(\gamma_m h_{1i} + \gamma' h_{2i})\cos\beta_i \tan\varphi_i + \sum c_i l_i}{\sum b_i(\gamma_m h_{1i} + \gamma_{sat} h_{2i})\sin\beta_i}$$

$$= \frac{\sum(\gamma_m h_{1i} + \gamma' h_{2i})\cos\beta_i \tan\varphi_i + \dfrac{1}{b}\sum c_i l_i}{\sum b_i(\gamma_m h_{1i} + \gamma_{sat} h_{2i})\sin\beta_i}$$

$$= \frac{644.89 + \dfrac{1}{8} \times 15 \times 99.0844}{647.4} = 1.28$$

（8）再取其他的圆心 o_1、o_2、o_3、…重复上述的计算，即可求得最小稳定安全系数。其坝坡最小的稳定安全系数不得小于规定的数值。

表 2-16　　　　　　　　　　　下游坝坡稳定计算表

土条编号	$\sin\beta_i$	$\cos\beta_i$	h_{1i}	h_{2i}	$\gamma_m h_{1i}$	$\gamma' h_{2i}$	$\gamma_{sat} h_{2i}$	（⑥+⑦）$\cos\beta_i\tan\varphi_i$	（⑥+⑧）$\sin\beta_i$
①	②	③	④	⑤	⑥	⑦	⑧	⑨	⑩
0	0	1	4.05	8.75	78.99	91.88	179.38	65.59	0
1	0.1	0.99	4	10.5	78	110.25	215.25	71.17	29.33
2	0.2	0.98	4.5	11.5	87.75	120.75	235.75	78.03	64.70
3	0.3	0.95	4.5	11.5	87.75	120.75	235.75	75.65	97.05
4	0.4	0.92	5.5	10	107.25	105	205	74.57	124.90
5	0.5	0.87	7	7	136.5	73.5	143.5	69.77	140.0
6	0.6	0.80	7.5	3.5	146.25	36.75	71.75	55.91	130.80
7	0.7	0.71	7		136.5			37.01	95.55
8	0.8	0.60	0.94		18.33			4.2	14.66
-1	-0.1	0.99	7	2.5	136.5	26.25	51.25	61.53	-18.78
-2	-0.2	0.98	5.5		107.25			40.14	-21.45
-3	-0.3	0.95	1.6		31.2			11.32	-9.36
合计								644.89	647.40

4. 折线滑动面法

非黏性土的坝坡，例如心墙坝的上、下游坝坡和斜墙坝的下游坝坡，以及斜墙坝的上游保护层和保护层连同斜墙一起滑动时，常形成折线滑动面。

折线法常采用两种假定：①滑楔间作用力为水平向，采用与圆弧滑动法相同的安全系

数；②滑楔间作用力平行滑动面，采用与毕肖普法相同的安全系数。

（1）非黏性土坝坝坡部分浸水的稳定计算。对于部分浸水的非黏性土坝坡，由于水上与水下土的物理性质不同，滑裂面不是一个平面，而是近似折线面，今以图 2 - 39 所示心墙坝的上游坝坡为例，说明折线法按极限平衡理论计算安全系数的方法。

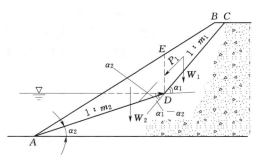

图 2 - 39　非黏性土坝坝坡稳定计算图

图中 ADC 为任一滑裂面，折点 D 在上游水位处，以铅直线 DE 将滑动土体分为两块，其重量分别为 W_1、W_2，假定条块间作用力为 P_1，其方向平行 DC 面，两块土体底面的抗剪强度分别为 φ_1、φ_2，则土块 $BCDE$ 的平衡式为

$$P_1 = W_1\sin\alpha_1 + \frac{1}{K}W_1\cos\alpha_1\tan\varphi_1 = 0 \qquad (2-62)$$

土体 ADE 的平衡式为

$$\frac{1}{K}W_2\cos\alpha_2\tan\varphi_2 + \frac{1}{K}P_1\sin(\alpha_1-\alpha_2)\tan\varphi_2 - W_2\sin\alpha_2 - P_1\cos(\alpha_1-\alpha_2) = 0$$

$$(2-63)$$

联立式（2 - 62）和式（2 - 63），可以求得安全系数 K。

若 $\varphi_1 = \varphi_2 = \varphi$，并令 $\dfrac{\tan\varphi}{K} = f$，则 $\sin\alpha_1 = \dfrac{1}{\sqrt{1+m_1^2}}$；$\cos\alpha_1 = \dfrac{m_1}{\sqrt{1+m_1^2}}$；$\sin\alpha_2 = \dfrac{1}{\sqrt{1+m_2^2}}$；$\cos\alpha_2 = \dfrac{m_2}{\sqrt{1+m_2^2}}$。

再将式（2 - 62）和式（2 - 63）联解得

$$f = \frac{A+B}{2} - \sqrt{\left(\frac{A+B}{2}\right)^2 - \left(\frac{B}{m_2}+C\right)} \qquad (2-64)$$

其中

$$A = \frac{1+m_1^2}{m_2-m_1}\frac{m_2}{m_1} \qquad (2-65)$$

$$B = \frac{W_2}{W_1}A \qquad (2-66)$$

$$C = \frac{1+m_1 m_2}{m_1(m_2-m_1)} \qquad (2-67)$$

安全系数

$$K = \frac{\tan\varphi}{f} \qquad (2-68)$$

为求得坝坡的稳定安全系数，应假定不同的 α_1、α_2 和上游水位，即先求出在某一水位和 α_2 下不同 α_1 值时的最小稳定安全系数，然后在同一水位下再假定不同的 α_2 值，重复上述计算可求出在这种水位下的最小稳定安全系数。一般还必须至少再假设两个水位，才能最后确定坝坡的最小稳定安全系数。

（2）斜墙坝上游坝坡的稳定计算。斜墙坝上游坝坡的稳定计算，包括保护层沿斜墙和保护层连同斜墙沿坝体滑动两种情况，因为斜墙同保护层和斜墙同坝体的接触面是两种不同的土料填筑的，接触面处往往强度低，有可能斜墙和保护层共同沿斜墙底面折线滑动，如图 2 - 40 所示，对厚斜墙还应计算圆弧滑动稳定。

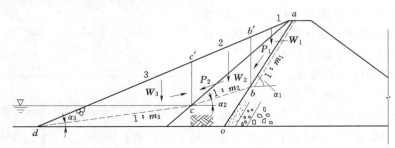

图 2 - 40　斜墙同保护层一起滑动的稳定计算图

斜墙与下游坝壳接触面的抗剪强度，可用直剪仪做两种接触面的抗剪强度试验得到，也可根据两种土料的强度包线 oad，确定接触面的抗剪强度。

设试算滑动面 $abcd$（图 2 - 39），将滑动土体分成三块。如 abb' 土体重量为 W_1，ab 面的砂料内摩擦角为 φ_1（按图 2 - 40 原理决定），abb' 土体作用在 bb' 面上的土压力为 P_1，P_1 的方向假定与底面平行。令

$$
\left.
\begin{aligned}
n_1 &= \frac{\tan\varphi_1}{\tan\varphi_3} = \frac{f_1}{f_3} \\
n_2 &= \frac{\tan\varphi_2}{\tan\varphi_3} = \frac{f_2}{f_3} \\
n_3 &= \frac{c_2}{\tan\varphi_3} = \frac{c_2}{f_3}
\end{aligned}
\right\}
\tag{2-69}
$$

式中　φ_2、φ_3——bc 及 cd 面上的实际内摩擦角；

　　　　c_2——bc 面上斜墙土料的实际单位凝聚力；

　f_1、f_2、f_3——各滑动面为维持极限平衡所需的摩擦系数。

式（2 - 69）的意义是：各滑动面为维持极限平衡所需的摩擦系数之比值应与相应的土料抗剪强度之比值一致。也就是说各滑动面的安全系数相等。

由于 f_1、f_2、f_3 未知，故先用已知的 φ_1、φ_2、φ_3 及 c_2 由式（2 - 69）算出 n_1、n_2、n_3，然后列出维持土体 $cc'd$ 极限平衡时方程式，求出 f_3，由图 2 - 39 可知

$$
P_1 = W_1 \sin\alpha_1 - n_1 W_1 f_3 \cos\alpha_1 \tag{2-70}
$$

$$
\begin{aligned}
P_Z &= W_2 \sin\alpha_2 - n_2 W_2 f_3 \cos\alpha_2 - n_3 f_3 l_2 \\
&\quad + P_1 \cos(\alpha_1 - \alpha_2) - P_1 n_2 f_3 \sin(\alpha_1 - \alpha_2)
\end{aligned}
\tag{2-71}
$$

式中　l_2——bc 面的长度。

维持土体 $cc'd$ 极限平衡的平衡方程式为

$$
W_3 \sin\alpha_3 - f_3 W_3 \cos\alpha_3 + P_2 \cos(\alpha_2 - \alpha_3) - P_2 f_3 \sin(\alpha_2 - \alpha_3) = 0 \tag{2-72}
$$

将式（2 - 70）、式（2 - 71）代入式（2 - 72），经整理后得

$$Af_3^3 + Bf_3^2 + Cf_3 - D = 0 \tag{2-73}$$

其中

$$
\left.\begin{aligned}
A &= n_1 n_2 m_1 a_1 a_2 \\
B &= n_1 n_2 m_1 a_1 a_2 + n_2 \frac{W_2}{W_1} m_2 a_2 c_1 + \frac{n_3 l_2}{W_1} a_2 c_1 c_2 + n_1 m_1 a_2 b_1 + n_2 a_1 a_2 \\
C &= n_2 \frac{W_2}{W_1} m_2 b_2 c_1 + n_3 \frac{l_2}{W_1} b_2 c_1 c_2 + n_1 m_1 b_1 b_2 + n_2 a_1 b_2 + \frac{W_2}{W_1} a_2 c_1 \\
&\quad + a_2 b_1 + \frac{W_3}{W_1} m_3 c_1 c_2 \\
D &= \frac{W_3}{W_1} c_1 c_2 + \frac{W_2}{W_1} b_2 c_1 + b_1 b_2
\end{aligned}\right\} \tag{2-74}
$$

$$
\left.\begin{aligned}
a_1 &= \frac{m_2 - m_1}{\sqrt{1 + m_1^2}} ; \quad a_2 = \frac{m_3 + m_2}{\sqrt{1 + m_2^2}} \\
b_1 &= \frac{1 + m_1 m_2}{\sqrt{1 + m_1^2}} ; \quad b_2 = \frac{1 + m_2 m_3}{\sqrt{1 + m_2^2}} \\
c_1 &= \sqrt{1 + m_1^2} ; \quad c_2 = \sqrt{1 + m_2^2}
\end{aligned}\right\} \tag{2-75}
$$

由式（2-76）求出 f_3 值，稳定安全系数 K 为

$$K = \frac{\tan\varphi_3}{f_3} \tag{2-76}$$

为求得最危险滑动面，须用试算的方法。如图 2-41 所示，先假定某一上游水位，然后假定 c 点位置（随即得出 m_3），再假定不同的 b 点位置（随即得出 m_2），求出不同 b 点处的安全系数，绘出曲线，得出最小值，即为所设 c 点的最小安全系数。再假设不同 c 点，重复以上步骤，得出不同 c 点的安全系数，绘出曲线找出最小值，此值即为所设水位的安全系数。假设不同水位，重复以上步骤，得出不同安全系数，绘成曲线找出最小值，即为所求的安全系数。

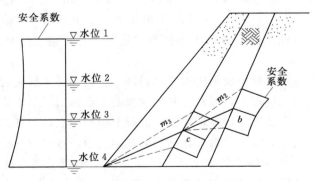

图 2-41　求安全系数步骤的示意图

当上游有水时，水位以上土体以湿重度计，上游水位与下游水位之间的斜墙黏性土以饱和重度计，上游水位以下的坝壳以浮重度计，下游水位以下的全部土体均以浮重度计。

任务五　土石坝基础处理

目　　标:　(1) 理解土石坝不同地基的特点。

(2) 了解土石坝不同地基处理方法。

(3) 对不同厚度砂卵石地基选择正确的地基处理方法。

(4) 掌握混凝土防渗墙、黏土截水墙法地基处理运用。

(5) 会合理选择坝基处理方法。

(6) 具有敬业精神。

执行过程:　土石坝不同地基的特点→土石坝不同地基处理方法的特点→砂卵石地基选择正确的地基处理方法→混凝土防渗墙使用条件、构造→黏土截水墙使用条件、构造→地基处理实训。

要　　点:　(1) 不同地基的特点。

(2) 混凝土防渗墙使用条件、构造。

(3) 黏土截水墙使用条件、构造。

提交成果:　(1) 设计报告 1 份。

(2) 绘制土石坝地基防渗处理图 1 张。

土石坝对地基的要求虽然比混凝土坝低,可不必挖除地表面透水土和砂砾石等,但地基的性质对土石坝的构造和尺寸仍有很大影响。据国外资料统计,土石坝失事约有 40% 是由于地基问题引起的,可见地基处理的重要性。

一、地基部分

清基是地基处理的第一步。清除深度一般为 0.3～1.0m,然后再根据不同地基情况采取不同的处理措施。

二、河床部分

条件允许时优先考虑垂直防渗方案。覆盖层深度在 15m 以内时,可采用黏土截水墙方案,如图 2-42、图 2-43 所示。截水墙结构简单、工作可靠、防渗效果好,得到了广泛的应用。缺点是槽身挖填和坝体填筑不便同时进行,若汛前要达到一定的坝高拦洪度汛,工期较紧。

截水墙底部与不透水层接触面是防渗的薄弱环节。当不透水层是岩基时,为了防止槽底发生集中渗流而造成冲刷破坏,可在岩基上建混凝土或钢筋混凝土齿墙,如图 2-44 所示。若岩石破碎,应在齿墙下进行帷幕灌浆。混凝土齿墙应嵌入岩基内,上部伸入截水墙内,伸入截水墙内的尺寸应根据接触面允许坡降确定,且不少于 1.5m,齿墙的两侧坡度不陡于 1:0.1,混凝土齿墙的详图如图 2-45 所示。中小型工程,也可在槽底的基岩面上挖一条齿槽,以延长接触面的渗径,如图 2-44 (a) 所示。若不透水层为土层,则将槽底嵌入不透水层 0.5～1.0m 即可,如图 2-44 (b) 所示。

覆盖层深度超过 15m 以上时,采用混凝土防渗墙方案,如图 2-46 所示。此方案特点是:施工快、材料省、防渗效果好,对于深透水地基是比较合适的。但是修建混凝土防

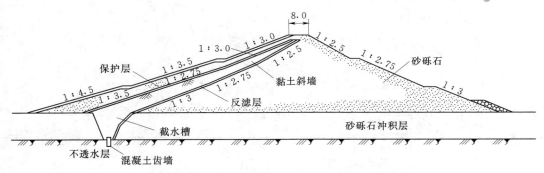

图 2-42　带有黏土截水墙的斜墙坝（单位：m）

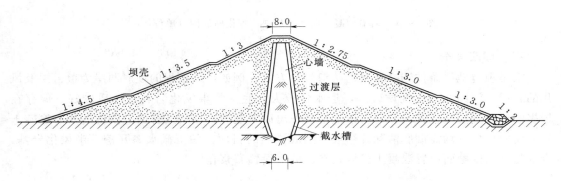

图 2-43　带有黏土截水墙的心墙坝（单位：m）

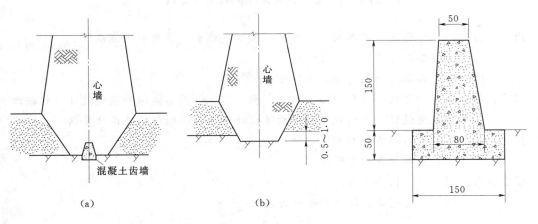

图 2-44　截水墙底部与不透水层结合（单位：m）　　图 2-45　混凝土齿墙

（a）在截水墙底部设置混凝土齿墙；（b）截水墙嵌入不透水层　　（单位：cm）

渗墙需要一定的造孔设备。

透水层较厚时，也可采用板桩截水。钢板桩可以穿过砾石类土和软弱或风化的岩石，但是钢板桩难以穿过含有大卵石的土层。当土层中含有大卵石或孤石时，由于孤石的阻力，容易使板桩歪斜、脱缝或挠曲变形，严重的影响其防渗性能。

透水层以下的岩石地基如果存在严重的断层与破碎带，应进行帷幕灌浆处理。

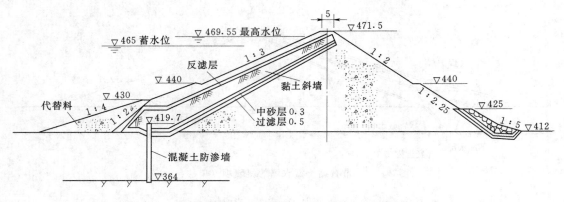

图 2-46　具有混凝土防渗墙的斜墙坝横断面图（单位：m）

三、坝肩部分

根据坝肩地质条件选择合适的防渗处理方案。例如：某工程的坝肩两岸为覆盖层及风化的岩层，深约 20m，性质较差，透水性较大。底部为半风化岩石，性质较好，但存在较多的节理透水性也较大。针对以上情况作出以下处理：坝肩结合面范围内的所有腐殖土层的树根草根，均需彻底清除。岸坡应削成平顺的斜面。黏土截水墙开挖至半风化岩基，岩基与黏土接触面设置混凝土齿墙，在齿墙下设置灌浆孔。

任务六　土石坝细部构造设计

目　　标：（1）掌握土石坝坝顶、护坡、防渗体、排水体等细部构造设计。

（2）绘制土石坝细部设计图。

（3）具有敬业精神和诚实守信。

执行过程：坝顶细部构造设计→防渗体细部构造设计→排水体细部构造设计→护坡细部构造设计→坝坡排水细部构造设计→土石坝细部构造设计实训。

要　　点：（1）土石坝各细部构造设计。

（2）土石坝各细部图绘制。

提交成果：（1）设计报告 1 份。

（2）按比例绘制细部构造设计图 5～6 张。

一、坝顶

坝顶做护面，护面的材料可采用密实的砂砾石、碎石、单层砌块等柔性材料，坝体沉降基本稳定后，可采用混凝土路面。

坝顶上游侧设防浪墙，防浪墙采用混凝土或钢筋混凝土结构。下游侧宜设缘石。为了排除雨水，坝顶应做成向下游倾斜的横向坡度，坡度宜采用 2‰～3‰。在坝顶下游侧设纵向排水沟，将汇集的雨水经坝面排水沟排至下游。

防浪墙的基础应牢固的埋入坝内，当土石坝有防渗体时，防浪墙墙基要与防渗体可靠的连接起来，以防高水位时漏水。防浪墙的墙顶高出坝顶 1.0～1.2m（图 2-47）。

防浪墙应不透水，并有足够的强度；应设置伸缩缝和止水。中坝、高坝坝顶下游侧和不设防浪墙的上游侧，应设置护栏等安全防护措施。坝顶应按照运行管理要求设置照明设施和停车场地。坝面布置与坝顶结构力求经济实用，在建筑艺术处理方面要美观大方。

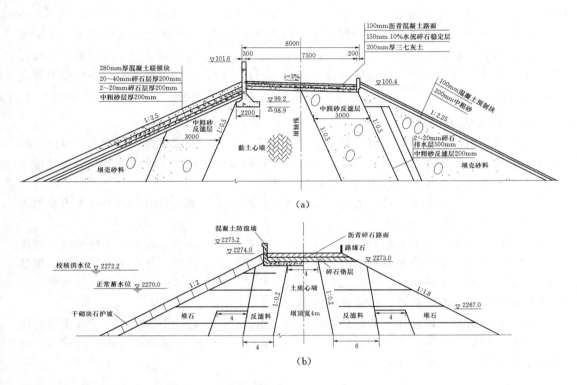

图 2-47　坝顶细部设计

(a) 出山店水库土石坝坝顶设计（高程：m；其他尺寸：mm）；

(b) 水牛家水电站土石坝坝顶设计（单位：m）

二、防渗体

防渗体主要是心墙、斜墙、铺盖、截水墙等，它的结构和尺寸应能满足防渗、构造、施工和管理方面的要求。防渗体的顶部高程不低于非常运用条件下的静水位。

1. 黏性土心墙

心墙一般布置在坝体中部，有时稍偏上游并稍为倾斜，以便于和坝顶的防浪墙相连接，并可使心墙后的坝壳先期施工，得到充分的先期沉降，以避免或减少裂缝。心墙顶与坝顶之间应设有保护层，厚度不小于该地区的冰结或干燥深度，同时按结构要求不宜小于1m。心墙与坝壳之间应设置过渡层，过渡层的结构虽比反滤层的要求低一些，但也应采用级配良好的、抗风化的细粒石料和砂砾石料，以使整个坝体内应力传递均匀，并保证坝壳的排水效果良好。心墙与地基和两岸必须有可靠的连接。岩石地基上的心墙一般还要设混凝土垫座，或修建1～3道混凝土齿墙。齿墙的高度约1.5～2.0m，切入岩基的深度常为0.2～0.5m，有时还要在下部进行帷幕灌浆。心墙顶部水平宽度不小于3.0m，底部厚度不小于作用水头的 1/4。

2. 黏土斜墙

斜墙顶部和上游坡都必须设保护层，以防冲刷、冰冻和干裂。保护层常用砂、砾石、卵石或碎石等砌成，厚度不得小于冰冻和干燥深度，一般用 2～3m。斜墙及保护层的坡度取决于土坝稳定计算的结果，一般内坡不宜陡于 1：2.0，外坡常在 1：2.5 以上。斜墙与保护层以及下游坝体之间，应根据需要分别设置过渡层。上游的过渡层可简单一些，保护层的材料合适时，可只设一层，有时甚至不设；与坝体连接的过渡层，与心墙后的过渡层相似，但为了使应力均匀并适应变形，要求还应高一些，常需设置两层。斜墙底部厚度不小于作用水头的 1/5。

三、坝体排水

土石坝虽有防渗体，但仍有一定水量渗入坝体内。土石坝应设置坝体排水，可以将渗入坝体内的水有计划地排出坝外，降低浸润线和孔隙水压力，改变渗流方向，防止渗流出逸处产生渗透变形，保护坝坡土不产生冻胀破坏。

坝体排水应具有充分的排水能力，以保证在任何情况下都能自由地向坝外排出全部渗水，按反滤要求设计，便于监测和检修。

常用的坝体排水有贴坡排水、棱体排水、坝体内排水、综合式排水等 4 种型式。坝体排水型式的选择，应结合坝基排水的需要及型式，坝型、坝体填土和坝基土的性质、坝基的工程地质和水文地质条件、下游水位高低及其持续时间、施工情况、排水体的材料、筑坝地区的气候条件等，经技术经济比较后确定。

（1）贴坡排水。将坝体下游坡脚附近渗水排出并保护土石坝下游边坡不受冲刷的表层排水设施。贴坡排水紧贴下游坝坡的表面设置，由 1～2 层堆石或砌石筑成，在石块与坝坡之间设置反滤层，如图 2-48 所示。

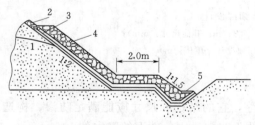

图 2-48　贴坡排水
1—浸润线；2—护坡；3—反滤层；
4—排水体；5—排水沟

贴坡排水顶部应高于坝体浸润线的逸出点，对 1 级坝、2 级坝超出下游最高水位不小于 2.0m，对 3 级坝，4 级、5 级中坝、高坝超出下游最高水位不小于 1.5m，应超过波浪沿坡面的爬高，并保证坝体浸润线位于冻结深度以下。贴坡排水底部必须设排水沟或排水体，其深度要满足结冰后仍有足够的排水断面，材料应满足防浪护坡的要求。

贴坡排水具有构造简单、节省材料、便于维修，但不能降低浸润线等特点。多用于浸润线很低和下游无水的情况，当下游有水时还应满足波浪爬高的要求。

（2）棱体排水。在土石坝下游坡脚处用块石、砾石或碎石堆筑而成的棱形排水体。其顶部高程应超出下游最高水位，超出高度应大于波浪沿坡面的爬高，且对 1 级坝、2 级坝超出下游最高水位不小于 1.0m；对 3 级坝，4 级、5 级中坝、高坝超出下游最高水位不小于 0.5m，并使坝体浸润线距坝坡的距离大于冰冻深度。堆石棱体内坡一般为 1：1.5～

1：1.25，外坡为1：2.0～1：1.5或更缓。顶宽应根据施工条件及检查观测需要确定，但不得小于1.0m，在棱体上游坡脚处不应出现锐角。如图2-49所示。

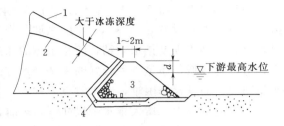

图2-49　棱体排水

1—下游坝坡；2—浸润线；3—棱体排水；4—反滤层；
d—棱体排水的顶部高程与下游最高水位之间的高差

棱体排水可降低浸润线，防止坝坡冻胀和渗透变形，保护下游坝脚不受尾水淘刷，且有支撑坝体增加稳定的作用，是效果较好的一种排水型式。多用于河床部分的下游坝脚处。但石料用量较大、费用较高，与坝体施工有干扰，检修也较困难。

（3）坝体内排水。坝体内排水包括下列型式：

1）坝体内竖式排水。坝体内竖式排水指位于土石坝坝体中部或偏下游处的竖向（或倾斜）排水设施（图2-50）。可选择直立式排水、上倾或下倾式排水等型式，使渗透进入坝体的水通过它及早排至下游，保持排水体后坝体干燥，有效地降低坝体的浸润线，并防止渗透水在坝坡出逸。竖式排水是控制渗流的有效型式，均质坝应选用竖式排水。竖式排水在国外也称为烟囱式排水，顶部通到坝顶附近，底部与坝底水平排水层连接，通过水平排水层排至下游。

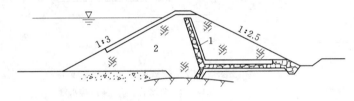

图2-50　坝体内排水

1—竖式排水；2—均质坝

对于下游坝壳用弱透水材料填筑的分区坝，反滤层和过渡层作为竖式排水，底部设水平排水将渗水引出坝外。当反滤层和过渡层不能满足排水要求时，可加厚过渡层或增设排水层。均质坝和下游坝壳用弱透水材料填筑的土石坝应选用竖式排水，因为许多均质坝采用风化料或砾石土筑成，常因土料的不均匀性而形成局部的渗水通道，使下游浸润线抬高，甚至渗透水在下游坡面出逸造成险情；即使是相对均质的土料，因为水平碾压而使水平向渗透系数大于垂直向渗透系数，也会使实际浸润线偏高，这在国内外屡见不鲜。采用竖式排水能有效避免这种现象。

2）坝体内水平排水。可选择坝体不同高程的水平排水层，坝底部的褥垫式排水、网状排水带、管式排水等型式。

水平排水层是由砂、卵砾石组成的，其厚度和伸入坝体内的长度应根据渗流计算确定，排水层中每层料的最小厚度应满足反滤层最小厚度的要求。坝内水平排水伸进坝体的极限尺寸，黏性土均质坝应为坝底宽的1/2，砂性土均质坝应为坝底宽的1/3，土质防渗体分区坝应与防渗体下游的反滤层或竖式排水相连接。

网状排水带中，平行于坝轴线的排水带的厚度和宽度及伸入坝体内的深度应根据渗流计算确定。网状排水带中，垂直于坝轴线的排水带宽度应不小于0.5m，其坡度不应超过1%，或按不产生接触冲刷的要求确定。

褥垫式排水（图 2-51）是在土坝下游坝体与坝基之间用排水反滤料铺设的水平排水体，向下游方向设有 0.005～0.01 的纵坡。当下游水位低于排水设施时，降低浸润线的效果显著，有助于坝基排水固结，防止土体的渗透破坏和坝坡土的冻胀，增加坝基的渗透稳定，造价也较低，还是一种较好的坝基排水方式，但当坝基产生不均匀沉陷时，褥垫式排水易断裂，而且检修困难，施工时有干扰。

当渗流量很大，增大排水带尺寸不合理时，可采用排水管，管周围应设反滤层，形成管式排水。管式排水的构造如图 2-52 所示。埋入坝体的暗管可以是带孔的陶瓦管、混凝土管或钢筋混凝土管，还可以由碎石堆筑而成。平行于坝轴线的集水管收集渗水，经由垂直于坝轴线的横向排水管排向下游。横向排水管的间距为 15～20m。管式排水的优缺点与水平排水相似。排水效果不如水平排水好，但用料少。一般用于土石坝岸坡及台地地段，因为这里坝体下游经常无水，排水效果好。

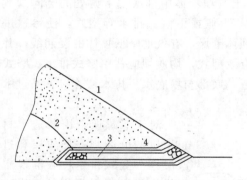

图 2-51　褥垫式排水

1—护坡；2—浸润线；3—排水；4—反滤层

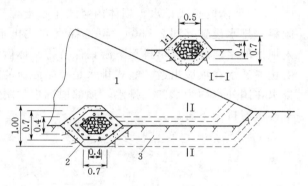

图 2-52　管式排水（单位：m）

1—坝体；2—集水管；3—横向排水管

（4）综合式排水。为发挥各种排水型式的优点，在实际工程中常根据具体情况采用几种排水型式组合在一起的综合式排水。例如若下游高水位持续时间不长，为节省石料可考虑在下游正常高水位以上采用贴坡排水，以下采用棱体排水。还可以采用贴坡与棱体排水结合，褥垫式与棱体排水结合等综合式排水，如图 2-53 所示。

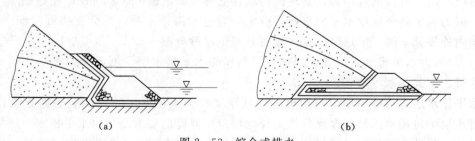

（a）　　　　　　　　　　　　　　　　（b）

图 2-53　综合式排水

（a）贴坡与棱体排水结合；（b）褥垫式与棱体排水结合

四、土石坝的护坡与坝坡排水

1. 上游护坡

上游护坡的型式有抛石护坡、干砌石护坡（图 2-54）、浆砌石护坡、混凝土或钢筋混凝土护坡、沥青混凝土护坡或水泥土护坡等。

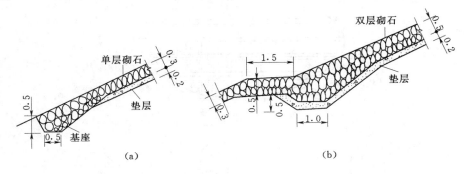

图 2-54 干砌石护坡构造（单位：m）

(a) 单层干砌石；(b) 双层干砌石

护坡覆盖的范围，应由坝顶起护至水库最低水位以下一定距离，一般为最低水位以下 2.5m。对最低水位不确定的坝应护至坝底。

以上各种护坡的垫层按反滤层要求确定。垫层厚度一般对砂土可用 15cm 以上，卵砾石或碎石可用 30cm 以上。

2. 下游护坡

下游护坡主要是为防止被水冲蚀和人为破坏，一般宜采用简化形式。适用于下游护坡的型式有堆石、卵石和碎石、草皮或生态护坡、堆石或抛石、钢筋混凝土框格内填石或植草等。其护坡范围为由坝顶护至排水棱体，无排水棱体时护至坝脚。

堆石、干砌石和干砌混凝土块等护坡与土、砂、砂砾石、软岩、风化料等被保护料之间应按反滤要求设置垫层，护坡垫层的厚度与粒径有关，一般砂土为 0.15~0.3m，卵砾石或碎石为 0.3~0.6m，与施工方法相结合，堆石坝壳采用堆石或抛石护坡时，一般不设专门垫层。混凝土或钢筋混凝土板、沥青混凝土和浆砌石等透水性小于被护坡材料透水性的护坡应设排水孔，排水孔应做好反滤。寒冷地区的上游护坡结构应根据冰压力大小和类似工程经验确定。

除堆石和抛石护坡外，在马道、坝脚或护坡末端均应设置基座。

3. 坝坡排水

在下游坝坡上常设置纵横向连通的排水沟（图 2-55）。沿土石坝与岸坡的结合处，也应设置排水沟以拦截山坡上的雨水。坝面上的纵向排水沟沿马道内侧布置，用浆砌石或混凝土板铺设成矩形或梯形。若坝较短，纵向排水沟拦截的雨水可引至两岸的排水沟排至下游。若坝较长，则应沿坝轴线方向每隔 50~100m 左右设一横向排水沟，以便排除雨水。排水沟的横断面，一般深 0.2m，宽 0.3m。

4. 马道与步梯

(1) 马道。坝坡马道设置应根据坝坡坡度变化、坝面排水、检修维护、监测巡查、增加护坡和坝基稳定等需要确定。马道宽度根据用途确定，最小宽度不小于 1.5m。当马道设排水沟时，排水沟以外马道宽度不小于 1.5m。

根据土石坝的发展，土质防渗体分区坝和均质坝上游坝坡少设或不设马道，非土质防

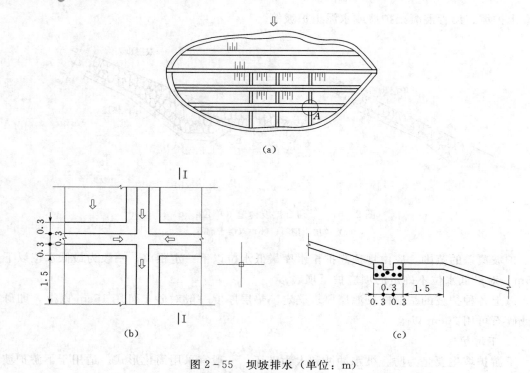

图 2-55　坝坡排水（单位：m）

(a) 土石坝平面图；(b) A 详图；(c) Ⅰ—Ⅰ 断面图

渗材料面板坝上游坡不宜设马道。下游坝坡也趋向于不设和少设马道。特别是在狭窄高陡河谷中的高土石坝，在下游坝坡设 Z 字形马道，作为上坝公路。

（2）步梯。根据大坝观测、巡视和维护需要，下游坝坡设置一道或多道坝顶至坝脚步梯，净宽度不小于 1.5m，两侧设置栏杆。

项目三　溢洪道设计

项目任务书

项 目 名 称	溢 洪 道 设 计		参考课时/天
学习型工作任务	任务一　溢洪道选线	1	8
	任务二　溢洪道布置	2	
	任务三　水力设计	1	
	任务四　结构设计	1	
	任务五　地基及边坡处理设计	0.5	
	任务六　绘制设计图、整理设计报告	1.5	
	任务七　考核	1	
项目任务	让学生学会设计溢洪道，识读绘制溢洪道设计图		
教学内容	(1) 溢洪道布置； (2) 溢洪道尺寸确定；	(3) 水力设计； (4) 细部设计	
教学目标 知识	(1) 熟悉溢洪道布置的方法； (2) 掌握溢洪道尺寸确定的方法；	(3) 掌握溢洪道水力设计的方法； (4) 合理设计溢洪道细部	
教学目标 技能	(1) 会设计溢洪道；	(2) 会绘制溢洪道设计图	
教学目标 素质	(1) 具有科学创新精神； (2) 具有团队合作精神； (3) 具有工匠精神；	(4) 具有报告书写能力； (5) 具有质量意识、环保意识、安全意识； (6) 具有应用规范能力	
教学实施	对某土石坝水利工程实地考察参观，然后进行溢洪道设计		
项目成果	(1) 溢洪道设计计算书；(2) 溢洪道设计说明书；(3) 溢洪道设计图		
技术规范	SL 253—2018《溢洪道设计规范》		

任务一　溢洪道选线

目　　标：（1）了解溢洪道选线原则。

（2）掌握溢洪道布置的方法。

（3）合理定出溢洪道轴线。

（4）具有团结协作精神。

执行过程：资料分析→溢洪道选线原则→溢洪道进出口布置方法→溢洪道选线实训。

要　　点：（1）溢洪道选线考虑因素。

（2）本设计溢洪道线路选择。

提交成果：（1）设计报告 1 份。

（2）绘制溢洪道轴线图 1 张。

河岸溢洪道在枢纽中的位置，应根据地形、地质、枢纽布置的要求、坝型、施工生态及环境、运行条件、经济指标等综合因素进行考虑。

溢洪道的布置应结合枢纽总体布置全面考虑，避免与泄洪、发电、航运、过鱼、生态供水及灌溉等建筑物在布置上相互干扰；正常溢洪道与非常溢洪道应分开布置。

溢洪道位置应选择有利的地形和地质条件。对坝址处的地形进行分析，在坝址附近左岸存在垭口，其后又有一条冲沟，适宜修建溢洪道。溢洪道尽量避免深开挖而形成高边坡，以免造成边坡失稳或处理困难；溢洪道轴线一般宜取直线，如需转弯时，应尽量在进水渠或出水渠段内设置弯道。溢洪道应布置在稳定的地基上，并考虑岩层及地质构造的性状，还应充分注意建库后水文地质条件的变化对建筑物及边坡稳定的影响。

溢洪道进、出口的布置，应使水流顺畅。进口不宜距土石坝太近，以免冲刷坝体；出口水流应与下游河道平顺连接，避免下泄水流对坝址下游河床和河岸的严重淘刷、冲刷以及河道的淤积，保证枢纽中其他建筑物的正常运行。当其靠近坝肩时，其布置及泄流不得影响坝肩及岸坡的稳定，与土石坝连接的导墙、接头、泄槽边墙等必须安全可靠。

从施工条件考虑，应便于出渣路线及堆渣场所的布置；尽量避免与其他建筑物施工相互干扰。

任务二　溢洪道布置

目　　标：（1）掌握溢洪道进水渠布置及尺寸。

（2）会确定溢洪道控制段位置。

（3）能拟定溢洪道控制段净宽并合理分孔。

（4）掌握泄槽宽度、长度及底坡等尺寸确定。

（5）掌握消能防冲形式选择及尺寸确定。

（6）出水渠尺寸确定。

（7）具有团结协作、诚信、刻苦学习精神。

执行过程：土石坝布置及坝址地形图分析→选择溢洪道的类型→确定溢洪道控制段布置→堰型选择→尺寸拟定→控制段布置训练→泄槽段布置→进水渠布置→扩散消能段布置→布置实训。

要　　点：（1）溢洪道各个部分布置的方法。

（2）溢洪道各个部分布置、轮廓尺寸确定方法。

提交成果：（1）设计报告 1 份。

（2）绘制溢洪道布置图 1 张。

正槽溢洪道一般由进水渠、控制段、泄槽、消能防冲设施及出水渠等部分组成。

一、进水渠

进水渠的轴线方向，应使水流顺畅、流态良好。在溢流堰前宜设置不小于 2 倍堰前水深的渐变段或直线翼墙。进水渠的进口布置应使水流平顺入渠。当进口布置在坝肩时，靠坝一侧应设置顺应水流的曲面导水墙，另一侧可开挖或衬护成规则曲面。

进水渠底宽为等宽或顺水流方向收缩，进口底宽与溢流堰宽之比宜为 1～3。渠道设计流速宜采用 3～5m/s。岩基上进水渠的横断面接近矩形，边坡根据稳定要求确定，新鲜岩石一般为 1：0.1～1：0.3，风化岩石可用 1：0.5～1：1.0。在土基上采用梯形，边坡一般选用 1：1.5～1：2.5。

进水渠的纵断面一般做成平底坡或坡度不大的逆坡。

进水渠断面尺寸拟订计算见表 3-1。

表 3-1　　　　　　　　　　　　进水渠断面尺寸拟订计算表

水位/m	泄量/(m³/s)	水深 H/m	底宽 B/m	计算公式（假设 v）
设计工况				$Q=vA$
校核工况				

由表 3-1 可以拟定进水渠底宽。进水渠与控制段之间设置渐变段，采用圆弧翼墙或扭曲面翼墙。

二、控制段

溢洪道的控制段包括溢流堰及两岸连接建筑物，是控制溢洪道泄流能力的关键部位。

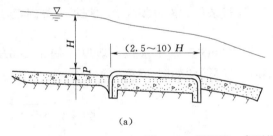

图 3-1　宽顶堰、实用堰示意图

(a) 宽顶堰；(b) 实用堰

1. 溢流堰的型式

溢流堰应根据地形、地质条件、水力条件、运用要求，通过技术经济比较选定。通常选用开敞式溢流堰，包括宽顶堰（$2.5H<\delta<10H$）、实用堰（$0.67H<\delta<2.5H$）（图 3-1）、驼峰堰、折线形堰。开敞式溢流堰具有较大的超泄能力，宜优先选用。

开敞式实用堰堰顶的下游堰面宜优先采用 WES 型幂曲线，堰顶上游可采用双圆弧、三圆弧或椭圆曲线。当采用低实用堰时，上游堰高 $P_1 \geqslant 0.3H_d$，下游堰高 $P_2 \geqslant 0.6H_d$，H_d 为堰面曲线的定型设计水头。堰面曲线下接直线段，坡度一般陡于 1：1。

堰高小于 3m 的低堰可采用宽顶堰或驼峰堰。驼峰堰的剖面如图 3-2 所示。其体型参数见表 3-2。

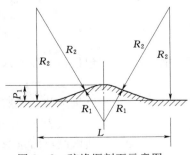

图 3-2　驼峰堰剖面示意图

表 3 - 2　　　　　　　　　　　驼 峰 堰 体 型 参 数

类　　型	上游堰高 P_1	中圆弧半径 R_1	上、下圆弧半径 R_2	总长度 L
a 型	$0.24H_d$	$2.5P_1$	$6P_1$	$8P_1$
b 型	$0.34H_d$	$1.05P_1$	$4P_1$	$6P_1$

中、小型水库溢洪道，特别是小型水库溢洪道常不设闸门，堰顶高程就是水库的正常蓄水位；溢洪道设闸门时，堰顶高程低于水库的正常蓄水位。堰顶是否设置闸门，应从工程安全、洪水调度、水库运行、工程投资等方面论证确定。侧槽式溢洪道的溢流堰一般不设闸门。

当水库水位变幅较大时，常采用带胸墙的溢流堰。这种布置型式，堰顶高程比开敞式的要低，在库水位较低时即可泄流，因而有利于提高水库的汛期限制水位，充分发挥水库效益；此外，还可以减小闸门尺寸。但在高水位时，超泄能力不如开敞式溢流堰大。

2. 溢流孔口尺寸的拟定

溢洪道的溢流孔口尺寸，主要由溢流堰堰顶高程和溢流前沿宽度确定。但由于溢洪道出口一般离坝脚较远，其单宽流量可以选取大一些。闸墩的型式和尺寸应满足闸门（包括门槽）、交通桥和工作桥的布置、水流条件、结构及运行检修等的要求。当有防洪抢险要求时，交通桥与工作桥必须分开设置，桥下净空应满足泄洪、排凌及排漂要求。

堰顶高程，溢流前缘长度，堰顶是否设置闸门，闸门的型式、尺寸及数量，闸墩的型式及尺寸等，应从工程安全、洪水调度、运行条件、淹没损失、工程投资等因素，经技术经济比较确定。

（1）不设闸门的宽顶堰。堰顶高程为水库的正常蓄水位，堰厚 δ 满足 $2.5H<\delta<10H$。溢流堰总宽度可由式（3-1）计算，计算简图如图 3-3 所示。

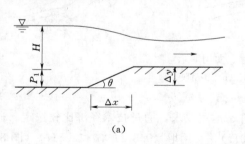
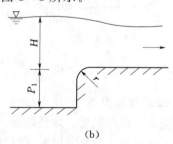

　　　　　　（a）　　　　　　　　　　　　　　　　　　　（b）

图 3-3　宽顶堰计算简图

（a）底坎为斜面的宽顶堰；（b）底坎为带圆角的宽顶堰

P_1—上游堰高；H—堰上水头；θ—斜坡坡脚；r—圆弧半径

$$Q = \varepsilon m B \sqrt{2g}\, H_0^{3/2} \qquad (3-1)$$

式中　H_0——包括行近流速水头的堰上水头，m；

　　　B——总宽度，m；

　　　m——流量系数，平底板宽顶堰，$m=0.385$，其他型式宽顶堰的流量系数可按表
　　　　　3-3、表 3-4 查得；

　　　ε——闸墩侧收缩系数；

　　　Q——流量，m³/s。

表 3 - 3 底坎为直角和斜面形的宽顶堰流量系数值

P_1/H \ $\cot\theta(\Delta x/\Delta y)$	0	0.5	1.0	1.5	2.0	≥2.5
≈0	0.385	0.385	0.385	0.385	0.385	0.385
0.2	0.366	0.372	0.377	0.380	0.382	0.382
0.4	0.356	0.365	0.373	0.377	0.380	0.381
0.6	0.350	0.361	0.370	0.376	0.379	0.380
0.8	0.345	0.357	0.368	0.375	0.378	0.379
1.0	0.342	0.355	0.367	0.374	0.377	0.378
2.0	0.333	0.349	0.363	0.371	0.375	0.377
4.0	0.327	0.345	0.361	0.370	0.374	0.376
6.0	0.325	0.344	0.360	0.369	0.374	0.376
8.0	0.324	0.343	0.360	0.369	0.374	0.376
≈∞	0.320	0.340	0.358	0.368	0.373	0.375

表 3 - 4 底坎为带圆角的宽顶堰流量系数值

P_1/H \ r/H	0.025	0.05	0.10	0.20	0.40	0.60	0.80	≥1.00
≈0	0.385	0.385	0.385	0.385	0.385	0.385	0.385	0.385
0.2	0.372	0.374	0.375	0.377	0.379	0.380	0.381	0.382
0.4	0.365	0.368	0.370	0.374	0.376	0.377	0.379	0.381
0.6	0.361	0.364	0.367	0.370	0.374	0.376	0.378	0.380
0.8	0.357	0.361	0.364	0.368	0.372	0.375	0.377	0.379
1.0	0.355	0.359	0.362	0.366	0.371	0.374	0.376	0.378
2.0	0.349	0.354	0.358	0.363	0.368	0.371	0.375	0.377
4.0	0.345	0.350	0.355	0.360	0.366	0.370	0.373	0.376
6.0	0.344	0.349	0.354	0.359	0.366	0.369	0.373	0.376
≈∞	0.340	0.346	0.351	0.357	0.364	0.368	0.372	0.375

式 (3 - 1) 适用于非淹没出流溢洪道的总宽度计算。在计算时分别按设计、校核工况,计算结果列表,见表 3 - 5。

表 3 - 5 控制段尺寸计算表 (忽略行近水头 $v^2/2g$)

水位/m	泄量/(m³/s)	堰上水头 H_0/m	孔口净宽 B/m
设计洪水位			
校核洪水位			

(2) 带有闸门的宽顶堰。先确定单宽流量。单宽流量的大小是溢流重力坝设计中一个很重要的控制性指标。单宽流量一经选定,就可以初步确定溢流坝段的净宽和堰顶高程。

单宽流量愈大,下泄水流的动能愈集中,消能问题就愈突出,下游局部冲刷会愈严重,但溢洪道溢流前缘短,对枢纽布置有利。因此,一个经济而又安全的单宽流量,必须综合地质条件、下游河道水深、枢纽布置和消能工设计多种因素,通过技术经济比较后选定。工程实证明对于软弱岩石常取 $q = 20 \sim 50 \mathrm{m^3/(s \cdot m)}$;中等坚硬的岩石取 $q = 50 \sim 100 \mathrm{m^3/(s \cdot m)}$;特别坚硬的岩石 $q = 100 \sim 150 \mathrm{m^3/(s \cdot m)}$;地质条件好、堰面铺铸石防冲、下游尾水较深和消能效果好的工程,可以选取更大的单宽流量。

其次,初步确定溢流坝段的净宽。最后确定溢洪道控制段底板高程。

当闸门全开时,溢洪道下泄水流为非淹没堰流时,仍按式(3-1)估算出堰上水头,用计算情况水位减去堰上水头,即可知道堰顶高程。

(3)带有胸墙孔口式平底板宽顶堰。带有胸墙孔口式平底板宽顶堰的泄流能力为

$$Q = \mu A \sqrt{2g(H_0 - D)} \tag{3-2}$$

式中　　Q——流量,$\mathrm{m^3/s}$;

　　　　A——孔口面积,$\mathrm{m^2}$;

　　　　H_0——包括行近流速水头的堰上水头,m;

　　　　D——孔口高度,m;

　　　　μ——自由出流时的流量系数,取 $0.6 \sim 0.8$。

孔口尺寸计算步骤同带有闸门的宽顶堰。

3.控制段的结构

控制段一般由闸底板、闸墩、闸门、工作桥、交通桥组成。当溢流堰顶常年位于水下时,应设置检修闸门。

设置闸门的控制段,需要设置闸墩。闸墩的型式和尺寸应满足闸门、交通桥和工作桥的布置、水流条件、结构及运行检修等要求。堰上工作桥、交通桥布置,应根据工程运行、观测、检修和交通等要求确定。

控制段的闸墩、岸墙的顶部高程,在宣泄校核洪水时不应低于校核洪水位加安全超高值;挡水时应不低于设计洪水位或正常蓄水位加波浪的计算高度和安全超高值;溢洪道紧靠坝肩时,控制段闸墩或岸墙的顶部高程与大坝坝顶高程协调。波浪的计算高度取平均波高加上波浪中心线与设计水位的高差。安全超高的下限值见表3-6。平原地区水库平均波高按莆田试验站公式计算,内陆峡谷水库平均波高按官厅水库公式计算。

表3-6　　　　　　　　　安全超高下限值

运用情况 \ 控制段建筑物级别	1	2	3
挡水	0.7	0.5	0.4
泄洪	0.5	0.4	0.3

三、泄槽

正槽溢洪道在溢流堰后通常布置泄槽,以便将过堰水流迅速安全地泄向下游。河岸溢洪道的落差主要集中在该段。

为了减小溢洪道的工程量,在工程中,常在溢洪道控制段之后布置过渡段(收缩段),

其作用是用来连接控制段和泄槽，它把单宽流量小溢流前缘长的宽浅式进口与宽深合适，开挖、衬砌工程量有机地结合起来。

1. 过渡段布置

过渡段大多是变宽度、变底坡，有的甚至是改变方向的明槽。过渡段可布置在陡槽上（也称渐变槽），平面布置如图 3-4 所示。也可采用缩窄陡槽过渡段：先用斜坡缩窄底宽降低槽底高程，再由调整段调整水水流，使其平顺流入下游陡槽，如图 3-5 所示。

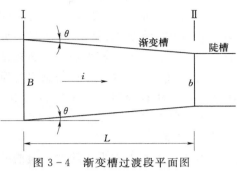

图 3-4　渐变槽过渡段平面图

过渡段的水力设计应考虑以下要求：不能影响控制段的设计过流能力；不能因收缩或改变流向而引起水流扰动（如冲击波等）传向下游泄槽和消能防冲设施；在满足前两点的情况下，尽可能简化过渡段型式，减小长度、宽度和深度。

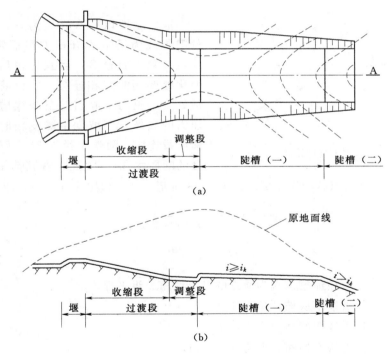

图 3-5　缩窄陡槽过渡段示意图

(a) 平面图；(b) A—A 剖面

渐变槽式过渡段，其水平方向长度 L 为

$$L = \frac{B-b}{2\tan\theta} \qquad (3-3)$$

2. 泄槽段的布置

泄槽在平面上宜尽可能采用直线、等宽、对称布置，力求使水流平顺、结构简单、施

工方便。

泄槽在平面上需要设置弯道时，应满足以下要求：横断面内流速分布均匀，冲击波对水流扰动影响小，在直线段和弯道之间可设置缓和过渡段，为降低边墙高度和调整水流，宜在弯道和缓和过渡段渠底设置横向坡，弯道半径宜采用 6～10 倍泄槽宽度。弯道段宜设置在流速小、水流比较平稳、底坡较缓且无变化部位。

为了减少工程量，常在溢洪道的泄槽段首段布置收缩段。收缩段的收缩角越小，冲击波也越小。工程经验和试验资料表明：收缩角小于 6°的，具有较好的水流流态，可以不进行冲击波验算。

3. 泄槽的纵坡

泄槽段的底坡常采用陡坡。泄槽的纵剖面应尽量按地形、地质以及工程量少、结构安全稳定、水流流态良好的原则进行布置。泄槽纵坡必须保证槽中的水位不影响溢流堰自由泄流和泄水时槽中不发生水跃，使水流处于急流状态。因此，泄槽纵坡必须大于水流临界坡度。常用的纵坡为 1%～5%，有时可达 10%～15%，坚硬的岩石上可以更大，实践中有用到 1：1 的。

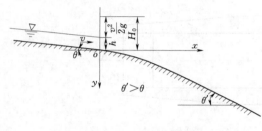

图 3-6　变坡处的连接

泄槽纵坡以一次底坡为好，当受地形条件限制或为了节省开挖方量而需要变坡时，变坡次数不宜过多，且宜先缓后陡。在坡度变化处要用曲线相连接，以免高速水流在变坡处发生脱离槽底引起空蚀或槽底遭到动水压力的破坏。当坡度由陡变缓时，可采用圆弧曲线连接，圆弧半径为 $3h\sim6h$（h 为变坡处的断面水深），流速大者宜选用大值；当底坡由缓变陡时，可采用抛物线连接，如图 3-6 所示。其方程按式（3-4）计算。

$$y = x\tan\theta + \frac{x^2}{K(4H_0\cos^2\theta)} \tag{3-4}$$

$$H_0 = h + \frac{\alpha v^2}{2g}$$

式中　x、y——以缓坡泄槽末端为原点的抛物线横、纵坐标，m；

　　　　θ——缓坡泄槽底坡坡角，(°)；

　　　　H_0——抛物线起始断面比能，m；

　　　　h——抛物线起始断面平均水深，m；

　　　　v——抛物线起始断面流速，m/s；

　　　　α——流速分布不均匀系数，通常取 $\alpha = 1.0$；

　　　　K——系数，对于落差较大的重要工程，取 $K = 1.5$；对于落差较小者，取 $K = 1.1\sim1.3$。

4. 泄槽的横断面

泄槽横断面形状在岩基上宜做成矩形；若采用梯形断面，考虑结合开挖边坡衬砌作边坡，边坡也不宜过缓。坡比为 1：0.1～1：0.3。

四、消能防冲设施

消能防冲设施应根据地形、地质条件、泄流条件、运行方式、下游水深及河床抗冲能力、消能防冲要求、下游水流衔接及对其他建筑物的影响等因素，通过技术经济比较选定。

河岸式溢洪道一般采用挑流消能、底流消能、面流消能、消力戽消能、台阶式消能。

1. 挑流消能

挑流消能是一种经济的消能方式，它主要借助于挑坎使高速水流沿着抛物线射流。一般适用于较好岩石地基的高水头枢纽。挑坎可采用连续式、差动式、窄缝等型式。挑坎的结构型式一般有重力式、衬砌式两种，后者适用坚硬完整岩基。在挑坎的末端做一道深齿墙，以保证挑坎的稳定。齿墙的深度根据冲刷坑的形状和尺寸决定，一般可达 7～8m。若冲坑加深，齿墙也应加深。挑坎与岩基常用锚筋连为一体。在挑坎的下游常做一段短护坦，以防止小流量时产生贴壁流而冲刷齿墙底脚。对于大泄量、窄河谷和地质条件差的工程，应采用窄缝挑坎或异型挑坎。

2. 底流消能

底流消能可适用于各种地基，但不适用于有排漂和排凌要求的情况。在河岸式溢洪道中底流消能一般适用于土基上或破碎软弱的岩基上。

3. 窄缝式挑坎消能

适用于高水头、大单宽流量、狭窄河谷等工程条件。其特点是射流水股厚度大而宽度小、水面和底部的挑角相差大，水股在空气中的紊动掺气扩散作用强烈，射流跌入下游水体时，外缘挑距和内缘挑距相差大、横向宽度小。国内采用窄缝式挑流消能的工程有水布垭、龙羊峡、东江、隔河岩等。窄缝式挑坎的应用提高的挑流消能的泄洪量，溢洪道出口的单宽流量得到了较大的提高。在进行枢纽布置设计时应注意泄洪雾化、下游冲刷、冲刷坑下游堆积物抬高电站尾水、下游产生回流或波浪，淘刷岸坡或电站尾水堤等不利影响。

4. 台阶式消能

台阶式消能是指利用水流流经台阶面时形成旋滚、碰撞、掺气等，逐步消耗、分散能量的一种消能方式。在塘坝和跌水上应用已有数千年历史，如福建省莆田市的木兰陂（图 3-7）。20 世纪 60 年代一些国家开始将此技术应用于中、小型水利工程中。20 世纪 80 年代以后，台阶式溢洪道也逐渐增多。位于甘肃省甘南州迭部县的达拉河口水电站工程的侧槽溢洪道采用的就是台阶式消能。

此外，还有异形挑坎消能。异形挑坎底面和边墙是由多种曲面组合而成，挑坎型式各异。当下游河道狭窄，泄槽轴线与河道中心线夹角较大时，为了使挑流水舌挑落在预定的位置，减轻挑流水舌对岸坡的影响，可选用异形挑坎。异形挑坎的体型需经水工模型试验验证。如三板溪水电站溢洪道出口采用了扩散式扭曲挑坎；龙羊峡水电站溢洪道采用差动式对称曲面贴角窄缝挑坎。

面流消能、消力戽消能的使用条件较为严格，要求下游尾水较深、水位变幅不大、河床及两岸有较高的抗冲能力。国内外的河岸式溢洪道的出口消能采用这种型式的很少。

五、出水渠

溢洪道下泄水流经消能后，不能直接泄入河道而造成危害时，应设置出水渠。选择出

图 3-7　福建省莆田木兰陂

水渠线路应经济合理，其轴线方向应尽量顺应河势，利用天然冲沟或河沟。当溢洪道的消能设施与下游河道距离很近时，也可不设出水渠。

任务三　水　力　设　计

目　　标：（1）掌握溢洪道五大组成部分水力计算的任务。

（2）掌握溢洪道五大组成部分水力计算的方法。

（3）会验算溢洪道五大组成部分布置合理性。

（4）具有刻苦学习精神。

执行过程：溢洪道进水渠水力计算方法→绘制库水位与溢洪道泄流能力关系曲线→验算溢洪道泄流能力→泄槽段水面线计算→泄槽段边墙高度确定→扩散消能段水力计算方法→五大组成部分水力计算实训。

要　　点：（1）溢洪道泄流能力校核。

（2）水面线及边墙高度计算。

（3）消能防冲验算。

提交成果：设计报告1份。

溢洪道水力设计的内容包括以下方面。

（1）泄流能力计算。

（2）进水渠水力设计。

（3）控制段水力设计。

（4）泄槽水力设计。

（5）消能防冲水力设计。

（6）高速水流区防空蚀设计。

对于大型工程及水力条件复杂的中型工程，上述各项水力设计内容，均应经溢洪道水工模型试验验证。

溢洪道的水力设计应满足下列要求。

（1）泄流能力必须满足设计和校核工况下所要求的泄量。

（2）溢洪道的洪水标准按水库工程永久性水工建筑物洪水标准确定；而山区、丘陵地区的溢洪道的消能防冲设计的洪水标准为：1级建筑物按100年一遇洪水设计；2级建筑物按50年一遇洪水设计；3级建筑物按30年一遇洪水设计；平原、滨海地区溢洪道消能防冲洪水标准与溢洪道的一致。

（3）体型合理、简单，水流平顺、稳定，并避免发生空蚀。

（4）下泄水流的流态不影响坝肩及岸坡的稳定。

一、进水渠的水力设计

进水渠水力设计应使渠内水流平顺、稳定，水面波动及横向水面比降小，并应避免回流与漩涡。渠道内的设计流速应大于不淤流速，小于渠道不冲流速，且水头损失较小。渠道设计流速宜采用 $3 \sim 5\text{m/s}$。

进水渠水力计算内容是：根据渠内流速的大小，求库水位与下泄流量关系曲线，校核泄流能力；求渠内水面曲线，确定进水渠边墙高。

（1）根据堰流公式（3-5）求 H_0（已知 B、Q），即

$$H_0 = \left(\frac{Q}{\varepsilon \sigma_s m B \sqrt{2g}} \right)^{2/3} \qquad (3-5)$$

式中　H_0——包括行近流速水头的堰上水头，m；

B——闸孔总净宽，m；

m——流量系数；

ε——侧收缩系数；

σ_s——淹没系数；

Q——流量，m^3/s。

（2）联立求解下列方程，计算堰前水深 h 和流速 v。

$$\left. \begin{array}{l} h = H_0 + P_1 - \dfrac{v^2}{2g} \\[2mm] v = \dfrac{Q}{bh + m_1 h^2} \end{array} \right\} \qquad (3-6)$$

进水渠为梯形断面，b 为渠底宽，m_1 为进水渠边坡系数，其余参数如图 3-8 所示。

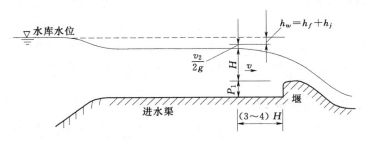

图 3-8　进水渠段水力计算图一

（3）计算水库水位。

当 $v \leqslant 0.5 \mathrm{m/s}$ 时，进水渠水头损失很小，可忽略不计，则

$$水库水位＝堰顶高程＋H_0 \tag{3-7}$$

当 $v = 0.5 \sim 3.0 \mathrm{m/s}$，并且进水渠沿程断面、糙率不变（或变化很小）、平面布置比较顺直时，进水渠水头损失所占比重也很小，这时仍可按明渠均匀流公式进行近似计算，计算误差并不是很大，且偏于安全。则

$$水库水位＝堰顶高程＋H＋\frac{\alpha v^2}{2g}＋h_w \tag{3-8}$$

$$h_w＝h_j＋h_f$$

$$h_j＝\zeta \frac{v^2}{2g}$$

$$h_f＝JL＝\frac{v^2 n^2 L}{R^{4/3}}$$

式中　　h_w——进水渠总水头损失；

　　　　R——水力半径，m；

　　　　h_f——沿程水头损失；

　　　　h_j——局部水头损失；

　　　　ζ——局部水头损失系数，参见有关水力学教材；

　　　　L——进水渠长度，m；

　　　　α——动能改正系数，一般采用 $\alpha=1.0$。

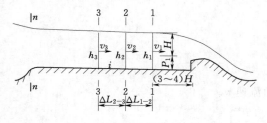

图 3-9　进水渠段水力计算图二

其他符号如图 3-8 所示。

当进水渠流速 $v \geqslant 3.0 \mathrm{m/s}$，进水渠沿程断面糙率变化较大，则要用明渠非均匀流公式进行计算。

首先计算起始断面的水力要素——水深、流速。进水渠的起始断面一般可选择在堰前 $3H \sim 4H$ 处，如图 3-9 中的 1—1 断面。起始断面水深为 h_1，流速为 v_1［用式（3-6）试算］。

然后假定分段末端水深为 h_2，流速 v_2 可以求出 $v_2＝Q/\omega_2$；根据式（3-9）计算流段内的平均摩阻坡降 $\overline{J}$ 为

$$\overline{J}＝\frac{\overline{v}^2}{\overline{C}^2 \overline{R}} \tag{3-9}$$

其中　　　　　$\overline{v}＝\frac{v_1+v_2}{2}$；$\overline{C}＝\frac{C_1+C_2}{2}$；$\overline{R}＝\frac{R_1+R_2}{2}$

将 $\overline{J}$ 代入式（3-7）求得 ΔL_{1-2} 为

$$\Delta L_{1-2}＝\frac{\left(h_2\cos\theta+\frac{\alpha_2 v_2^2}{2g}\right)-\left(h_1\cos\theta+\frac{\alpha_1 v_1^2}{2g}\right)}{i-\overline{J}} \tag{3-10}$$

式中　ΔL_{1-2}——分段的长度，m；

$\qquad \theta$——引渠底坡角度，(°)；

$\qquad i$——引渠纵坡；$i = \tan\theta$；

$\qquad \alpha_1$、α_2——动能修正系数，一般采用 $\alpha = 1.0$。

重复上述步骤求得 ΔL_{2-3}，ΔL_{3-4}，…直至 $\sum \Delta L$ 等于引渠全长，推算到渠首断面 $n—n$ 计算 h_n 和 v_n，即可推求引渠的水面线。则水库水位为

$$水库水位 = 渠底高程 + h_n + \frac{\alpha v_n^2}{2g} + \zeta \frac{\alpha v_n^2}{2g} \qquad (3-11)$$

最后，根据计算结果（表 3-7）绘制库水位与溢洪道泄流能力关系曲线。

表 3-7　　　　　　　　　　库水位与溢洪道泄流能力计算表

流量 $Q/(\text{m}^3/\text{s})$	堰上水头	水头损失	堰顶高程	库水位/m
100				
200				
…				

二、控制段水力设计

控制段水力计算主要是校核溢流堰过流能力。需要绘制库水位与溢洪道泄流量的关系曲线。

溢流堰选用实用堰（$0.67H < \delta < 2.5H$）或宽顶堰（$2.5H < \delta < 10H$），其堰上水头 H_0 都可用式（3-5）计算。

闸墩的侧收缩系数 ε 计算见式（3-12）：

当 $b/B < 0.2$，取 $b/B = 0.2$；$P_1/H_0 > 0.3$，取 $P_1/H_0 = 0.3$。

（1）对单孔宽顶堰：

$$\varepsilon = 1 - K \frac{1 - b/B_1}{\sqrt[3]{0.2 + P_1/H_0}} \sqrt[4]{b/B_1} \qquad (3-12)$$

式中　B_1——堰上游引水渠的宽度；

$\qquad b$——堰孔宽度；

$\qquad K$——闸墩形状影响系数，矩形取 0.19，圆弧取 0.10。

（2）对多孔宽顶堰：

$$\varepsilon = [\varepsilon_Z(n-1) + \varepsilon_B]/n \qquad (3-13)$$

$$\left. \begin{array}{l} \varepsilon_Z = 1 - K \dfrac{1 - b/(b+d)}{\sqrt[3]{0.2 + P_1/H_0}} \sqrt[4]{b/(b+d)} \\[3mm] \varepsilon_B = 1 - K \dfrac{1 - b/(b+\Delta b)}{\sqrt[3]{0.2 + P_1/H_0}} \sqrt[4]{b/(b+\Delta b)} \end{array} \right\} \qquad (3-14)$$

式中　n——孔数；

$\qquad b$——各孔净宽；

$\qquad d$——中墩厚度；

Δb——边墩边缘至引水渠水边线的距离，其余同单孔宽顶堰。

实用堰、宽顶堰、驼峰堰泄流能力的校核可采用 $Q = \varepsilon \sigma_s mB\sqrt{2g}\,H_0^{3/2}$ 进行验算。驼峰堰的流量系数 m 按式（3-15）和式（3-16）计算。

a 型：
$$\left.\begin{array}{l} 当\ P_1/H_0 \leqslant 0.24\ 时，m = 0.385 + 0.171\ (P_1/H_0)^{0.657} \\ 当\ P_1/H_0 > 0.24\ 时，m = 0.414\ (P_1/H_0)^{-0.0652} \end{array}\right\} \qquad (3-15)$$

b 型：
$$\left.\begin{array}{l} 当\ P_1/H_0 \leqslant 0.34\ 时，m = 0.385 + 0.224(P_1/H_0)^{0.934} \\ 当\ P_1/H_0 > 0.34\ 时，m = 0.452(P_1/H_0)^{-0.032} \end{array}\right\} \qquad (3-16)$$

当宽顶堰顺水流方向的长度 $\delta > 10H$ 时，水流流态已不属于宽顶堰流，而是明渠非均匀流，它的沿程水头损失已不能忽略。如图 3-10 所示，当一个平坡或缓坡接一陡坡时，渠中水流由缓流变为急流，在两坡的交接断面处，水深可以近似看成是临界水深 h_k。对该情况可用下述方法求得其泄流量。

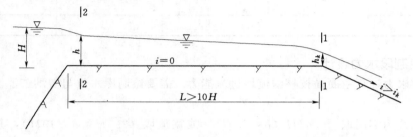

图 3-10　水力计算示意图

取断面 1—1 和断面 2—2 列能量方程如下。

$$h + \frac{v^2}{2g} = h_k + \frac{v_k^2}{2g} + h_f \qquad (3-17)$$

式中　h、v、h_k、v_k——断面 2—2 和断面 1—1 的水深和流速；

　　　　h_f——断面 2—2 和断面 1—1 两断面间的能量损失。

计算时，假定 h，流量 Q 为

$$Q = \varphi Bh\sqrt{2g(H-h)} \qquad (3-18)$$

式中　φ——流速系数，视进口形状而定，一般为 0.96 左右；

　　　B——进口断面 2—2 的渠底宽；

　　　H——库水位与渠底高差。

求得 Q 后，即可求得式（3-17）中的 v、h_k、v_k 及 h_f（$v = \dfrac{Q}{Bh}$，$h_k = \sqrt[3]{\dfrac{Q^2}{B_k^2 g}}$，$v_k = \dfrac{Q}{B_k h_k}$，$h_f = \dfrac{\overline{v}^2 n^2 L}{\overline{R}^{4/3}}$，$\overline{v}$、$\overline{R}$ 为两断面间的平均流速和水力半径，B_k 为断面 1—1 的渠底宽）。将以上各值代入式（3-18），如左右相等，h、Q 即为所求值，如不相等则再设 h

重新试算。

三、过渡段水力设计

过渡段的水力设计应考虑以下要求：不能影响控制段的设计过流能力；不能因收缩或改变流向而引起水流扰动（如冲击波等）传向下游泄槽和消能防冲设施；在满足前两点的情况下，尽可能简化过渡段型式，减小长度、宽度和深度。

（1）渐变槽式过渡段。如图 3-10 所示，断面 1—1 水深认为近似等于临界水深 h_k，断面 1—1 到断面 2—2 水深，按式（3-19）能量方程求解。

$$E_1 + i_1 L = E_2 + h_f \qquad (3-19)$$

其中
$$E_1 = h_1 + \frac{\alpha v_1^2}{2g}; \quad E_2 = h_2 + \frac{\alpha v_2^2}{2g}; \quad h_f = \frac{\overline{v}^2 L}{\overline{C}^2 \overline{R}}$$

式中　v_1、v_2、h_1、h_2——两断面的流速及水深；

$\overline{v}$、$\overline{C}$、$\overline{R}$——两断的平均流速、平均谢才系数、平均水力半径。

计算步骤：先求 h_1（h_k）验算 i_1，i_1 应大于 i_k，再设 h_2，试算 E_2，直至满足能量方程。

（2）缩窄陡槽式过渡段。其水力计算基本假定为：上游控制段为宽顶堰或平底渠，通过设计流量 Q_k 时，上下游断面水深都等于临界水深 h_k，中间不存在水跃。设计条件为：已知 Q_k，以及上下游断面尺寸（可假设 Q_k 为设计流量或校核流量）。水力计算内容是确定过渡段各部分尺寸。水力计算示意图如图 3-11 所示。

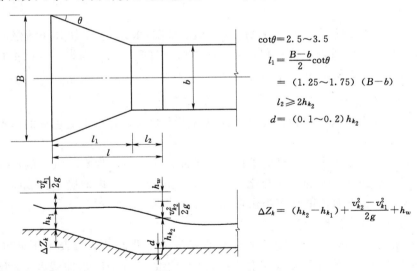

$$\cot\theta = 2.5 \sim 3.5$$
$$l_1 = \frac{B-b}{2}\cot\theta$$
$$= (1.25 \sim 1.75)(B-b)$$
$$l_2 \geqslant 2h_{k_2}$$
$$d = (0.1 \sim 0.2)h_{k_2}$$

$$\Delta Z_k = (h_{k_2} - h_{k_1}) + \frac{v_{k_2}^2 - v_{k_1}^2}{2g} + h_w$$

图 3-11　缩窄陡槽式过渡段水力计算示意图

计算步骤：过渡段下游断面（下游陡槽的起始断面）槽底与上游溢流堰高差 ΔZ_k 采用式（3-20）计算，即

$$\Delta Z_k = (h_{k_2} - h_{k_1}) + \frac{v_{k_2}^2 - v_{k_1}^2}{2g} + h_w \qquad (3-20)$$
$$h_w = h_f + h_j$$

$$h_f = \left(\frac{\overline{v}^2 n^2}{\overline{R}^{4/3}}\right) l$$

$$h_j = \zeta \left(\frac{v_{k_2}^2 - v_{k_1}^2}{2g}\right)$$

式中 h_{k_1}、h_{k_2}——通过流量 Q_k 时，过渡段上、下游的临界水深，m；

$\quad\quad v_{k_1}$、v_{k_2}——相应的临界流速，m/s；

$\quad\quad h_w$——过渡段的水头损失，m；

$\quad\quad h_f$——沿程摩阻损失，m；

$\quad\quad \overline{v}$、$\overline{R}$、n——平均流速、平均水力半径和糙率；

$\quad\quad h_j$——缩窄断面而成的局部水头损失，m。

选用 $\zeta = 0.1 \sim 0.2$。

为简化计算 h_w 和 ΔZ_k 可采用下式计算，即

$$h_\omega = \zeta' \left(\frac{v_{k_2}^2 - v_{k_1}^2}{2g}\right) \quad 选用 \zeta' = 0.2 \sim 0.3。$$

$$\Delta Z_k = (h_{k_2} - h_{k_1}) + (1 + \zeta') \left(\frac{v_{k_2}^2 - v_{k_1}^2}{2g}\right)$$

调整段长度 l_2 的计算。调整段的作用是使收缩影响后而在断面上产生分布不均的水流，在此平面内得到高调整，并较平顺地流到下游泄槽，其长度不少于两倍的末端断面水深，即 $l_2 \geqslant 2h_{k_2}$。

调整段挖深 d 值的计算。挖深的目的增加缩窄口的水深 h_{II}，使其小流量时及早促成水跃，改善下游流态。所以深些有利，但过深则增加过渡段水头损失，因此不宜过深，一般采用 $d = (0.1 \sim 0.2)h_{k_2}$。

四、泄槽水力设计

泄槽水力设计应根据布置和最大流量计算各水力要素，确定水流边壁的体型、尺寸及需要采取的工程措施。

泄槽水力计算是在确定了泄槽的纵向坡度及断面尺寸后，根据溢洪道的设计与校核流量，计算泄槽内水深和流速的沿程变化，即进行水面线计算，以便确定边墙高度，为边墙及衬砌的结构设计和下游消能计算提供依据。

1. 泄槽水面线的定性分析

计算水面线之前，必须先确定所要计算水面线的变化趋势，以及上下两断面的位置（定出水面线的范围）。泄槽中可以发生 a_{II} 型壅水曲线、b_{II} 型降水曲线及 c_{II} 型壅水曲线三种，出现最多的是 b_{II} 型降水曲线。

2. 用分段求和法计算泄槽水面线

泄槽水面线计算的首要问题是确定起始断面。起始断面一般都在泄槽的起点，水面线的计算从该断面开始向下游逐段进行。起始断面的水深则与上游渠道情况有关。

（1）泄槽上游接宽顶堰或缓坡明渠或过渡段，如图 3-12 所示，起始断面水深等于临界水深 h_k。临界水深 h_k、临界底坡计算表见表 3-8。

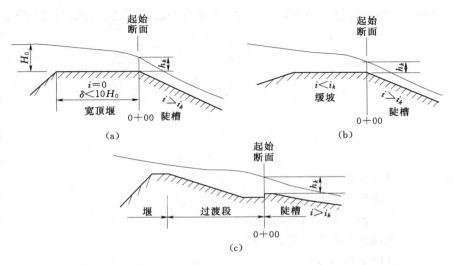

图 3-12　泄槽起始断面水深 h_1 示意图（一）

（a）宽顶堰；（b）缓坡；（c）过渡段

表 3-8　　　　　　　临界水深 h_k、临界底坡 i_k 计算表

计算工况	Q /（m³/s）	B /m	q_k /[m³/（s・m）]	h_k /m	A_k /m²	χ_k /m	R_k /m	C_k	$i_k = \dfrac{g\chi_k}{C_k^2 B_k}$
设计工况									
校核工况									

（2）泄槽上接实用堰、陡坡明渠，如图 3-13 所示。起始计算断面水深分别定在堰下收缩断面或泄槽首端以下 $3h_k$ 处，起始计算断面水深 h_1 小于 h_k，可按下式计算，即

$$h_1 = \frac{q}{\varphi\sqrt{2g(H_0 - h_1\cos\theta)}} \qquad (3-21)$$

式中　q——起始计算断面单宽流量，m³/（s・m）；

　　　　H_0——起始计算断面渠底以上总水头，m；

　　　　θ——泄槽底坡坡角；

　　　　φ——起始计算断面流速系数，取 0.95。

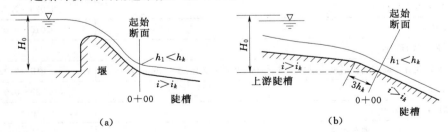

图 3-13　泄槽起始断面水深 h_1 示意图（二）

（a）实用堰；（b）陡槽

（3）泄槽水面线的计算。泄槽水面线的计算采用分段求和法。计算公式如下：

$$\Delta l_{1-2} = \frac{\left(h_2\cos\theta + \frac{\alpha_2 v_2^2}{2g}\right) - \left(h_1\cos\theta + \frac{\alpha_1 v_1^2}{2g}\right)}{i - \overline{J}} \quad (3-22)$$

$$\overline{J} = \frac{n^2 \overline{v}^2}{\overline{R}^{4/3}} \quad (3-23)$$

$$\overline{v} = (v_1 + v_2)/2 \quad (3-24)$$

$$\overline{R} = (R_1 + R_2)/2 \quad (3-25)$$

式中　Δl_{1-2}——分段长度，m；

h_1、h_2——分段始、末断面水深，m；

v_1、v_2——分段始、末断面平均流速，m/s；

α_1、α_2——流速分布不均匀系数，取 1.05；

θ——泄槽底坡角度，（°）；

i——$i = \sin\theta$；当 θ 较小时，$i \approx \tan\theta$；

$\overline{J}$——分段内平均摩阻坡降；

n——泄槽槽身糙率系数，查表 3-9；

$\overline{v}$——分段平均流速，m/s；

$\overline{R}$——分段平均水力半径，m。

表 3-9　　　　　　　　　**水力计算中常用的糙率系数表**

水流边壁类型及其表面特征	糙率 n 值
1. 混凝土衬砌	
壁面顺直有抹光的水泥浆面层或经磨光表面光滑者	0.011～0.012
壁面顺直采用钢模且拼接良好者	0.012～0.013
壁面顺直采用木模拼接且缝间凹凸度 3～5mm 之间	0.013～0.014
壁面不够顺直木模拼接不良缝间凹凸度 5～20mm	0.014～0.016
粗糙的混凝土	0.016～0.018
2. 喷混凝土	
围岩表面平整	0.020～0.025
围岩表面高低不平整	0.025～0.030
3. 喷浆护面	0.016～0.025
4. 水泥浆砌块石护面	
渠底壁面较顺直，砌石面较平整，拼接良好，1m² 内不平整度 30～50mm 者	0.015～0.025
平整度较差	0.020～0.030
5. 干砌块石或乱石护坡	
渠底、壁面欠顺直，干砌石拼接一般	0.021～0.023
干砌块石平整度较差或乱石护坡	0.023～0.035
6. 岩石	

水流边壁类型及其表面特征	糙率 n 值
经过良好修整的	0.025～0.030
经过中等修整的	0.030～0.033
未经修整，凹凸甚大者	0.035～0.045
7. 土	
平整顺直，养护良好	0.020～0.023
平整顺直，养护一般	0.023～0.025
床面多石，杂草丛生，养护较差	0.025～0.028

泄槽水面线的计算汇总表见表 3－10。

表 3－10　　　　　　　　　泄槽水面线的计算汇总表

计算工况	设 计 工 况			校 核 工 况		
断面	1—1	2—2	…	1—1	2—2	…
h/m						
A						
v						
$v^2/2g$						
E_s						
ΔE_s						
χ						
R						
C						
$\overline{J}$						
$i-\overline{J}$						
ΔL						
$\sum \Delta L$						

3. 边墙高度的确定

泄槽边墙高度根据掺气后的水面线加 0.5～1.5m 的超高确定。对于收缩段、扩散段、弯道段等水力条件比较复杂的部位，宜取大值。当泄槽内水流流速超过 7～8m/s，空气从自由水面进入水体，发生掺气现象。掺气程度与流速、水深、边界糙率等因素有关，掺气水深可用下式估算，即

$$h_b = \left(1 + \frac{\zeta v}{100}\right) h \tag{3-26}$$

式中　h、h_b——泄槽计算断面不掺气水深及掺气后水深，m；

　　　　v——不掺气情况下计算断面的平均流速，m/s；

　　　　ζ——修正系数，一般为 1.0～1.4，当流速大时取大值。

边墙高度计算汇总表见表 3-11。

表 3-11 边墙高度计算汇总表

计算工况	断 面	距离泄槽首端距离	静水水深 h/m	流速 $/(m/s)$	掺气后水深 $/m$	安全加高 $/m$	边墙高度 $/m$
设计工况	1—1						
	2—2						
	...						
校核工况	1—1						
	2—2						
	...						

在泄槽转弯处的水流流态复杂，由于弯道离心力及冲击波共同作用，形成横向水面差，流态十分不利。弯道的外侧水面与内侧水面的高差 $2\Delta Z$ 如图 3-14（b）所示。ΔZ 可按经验公式（3-27）计算，即

$$\Delta Z = K \frac{v^2 b}{g r_0} \tag{3-27}$$

式中　ΔZ——横向水面差即弯道外侧水面与中心线水面的高差，m；

　　　r_0——弯道段中心线曲率半径，m；

　　　b——弯道宽度，m；

　　　K——超高系数，其值可按表 3-12 查取。

表 3-12 横向水面超高系数 K 值

泄槽断面形状	弯道曲线的几何形状	K 值
矩形	简单圆曲线	1.0
梯形	简单圆曲线	1.0
矩形	带有缓和曲线过渡段的复曲线	0.5
梯形	带有缓和曲线过渡段的复曲线	1.0
矩形	既有缓和曲线过渡段，槽底又横向倾斜的弯道	0.5

为消除弯道段的水面干扰，保持泄槽轴线的原底部高程、边墙高程等不变，以利施工，常将内侧渠底较轴线高程下降 ΔZ，而外侧渠底则抬高 ΔZ，如图 3-12（c）所示。

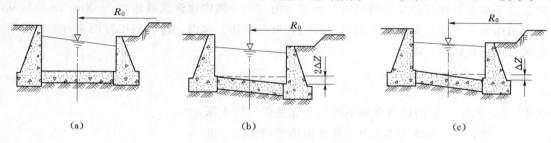

图 3-14　弯道上的泄槽

五、消能防冲设计

1. 挑流消能

挑流鼻坎的坎顶高程的选定，在保证能形成自由挑流的情况下，可以略低于下游最高水位。挑流鼻坎挑角，可以采用 $15°\sim35°$。当采用差动式鼻坎时，应合理选择反弧半径、高低坎宽度比、高程差及挑角差。反弧半径 R 可采用反弧最低点最大水深 h 的 $6\sim12$ 倍。对于泄槽底坡较陡、反弧内流速及单宽流量较大者，反弧半径宜取大值。冲刷坑上游坡度一般为 $1:3\sim1:6$。

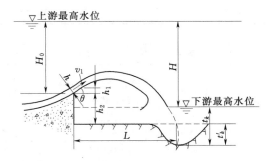

图 3-15 挑流水舌挑距及冲刷坑示意图

(1) 挑流水舌挑距按式（3-28）计算，计算简图如图 3-15 所示。

$$L = \frac{1}{g}\left[v_1^2\sin\theta\cos\theta + v_1\cos\theta\sqrt{v_1^2\sin^2\theta + 2g(h_1 + h_2)} \right] \qquad (3-28)$$

式中　L——水舌挑射距离，即挑流鼻坎末端至下游河床床面的挑流水舌外缘挑距，m；

　　　v_1——坎顶水面流速，按鼻坎处平均流速 v 的 1.1 倍计，m/s；

　　　θ——鼻坎的挑角；

　　　h_1——坎顶平均水深 h 在铅直方向的投影，$h_1 = h\cos\theta$，m；

　　　h_2——坎顶至下游河床面高差，m，如冲坑已经形成，在计算冲坑进一步发展时，可算至坑底。

(2) 鼻坎处平均流速 v 的计算，有两种计算方法。

方法一：当 $S < 18q^{\frac{2}{3}}$ 时，鼻坎处平均流速

$$v = \varphi\sqrt{2gH_0}$$

式中　H_0——库水位至坎顶的落差，m；

　　　φ——流速系数；

　　　S——泄槽流程长度，m；

　　　q——泄槽单宽流量，$m^3/(s\cdot m)$。

方法二：按推算水面线的方法计算。鼻坎末端水深可以近似利用泄槽末端水深，按推算泄槽段水面线方法求出；单宽流量除以该水深，可得鼻坎处断面平均流速。

最大冲坑水垫厚度 t_k 的数值与很多因素有关，特别是河床的地质条件，目前估算的公式很多。据统计，在比较接近的几个估算公式中，计算结果相差也高达 $30\%\sim50\%$，工程上常按下式估算，即

$$t_k = kq^{1/2}H^{1/4} \qquad (3-29)$$

式中　t_k——水垫厚度，由自水面算至坑底，m；

　　　q——鼻坎末端断面单宽流量，$m^3/(s\cdot m)$；

　　　H——上下游水位差，m；

　　　k——综合冲刷系数，参见表 3-13。

表 3 - 13　　　　　　　　　　　　岩基综合冲刷系数 k 值

	类　别	Ⅰ	Ⅱ	Ⅲ	Ⅳ
节理裂隙	间距/cm	>150	50～150	20～50	<20
	发育程度	不发育，节理1～2组，规则	较发育，节理2～3组，呈 X 形，较规则	发育，节理3组以上，不规则，呈X 形或米字形	很发育，节理3组以上，杂乱，岩石被切割成碎石状
	完整程度	巨块状	大块状	块石碎石状	碎石状
岩基构造特征	结构类型	整体结构	砌体结构	镶嵌结构	碎裂结构
	裂隙性质	多为原生型或构造型，多密闭，延展不长	以构造型为主，多密闭，部分微张，少有充填，胶结好	以构造或风化型为主，大部分微张，部分张开，部分为黏土充填，胶结较差	以风化或构造型为主，裂隙微张或张开，部分为黏土充填，胶结很差
k	范围	0.6～0.9	0.9～1.2	1.2～1.6	1.6～2.0
	平均	0.8	1.1	1.4	1.8

挑流消能设计应对各级流量进行水力计算。安全挑距与允许最大冲坑深度比值，应满足挑坎基础、两岸岸坡稳定及相邻建筑物的安全冲刷坑上游坡度，应根据地质情况确定，一般为 1∶6～1∶3。同时，还要考虑贴壁流和跌流的冲刷及其保护措施。

挑坎高程应通过比较选定，在保证能形成自由挑流情况下，可略低于下游最高水位。

2. 窄缝挑坎的水力计算

挑坎的收缩系数 $\varepsilon=b/B$（b 和 B 分别为挑坎出口和进口宽度），一般采用 0.2～0.5，出口单宽流量不大于 1000m³/(s·m)，应避免在收缩段内产生水跃。挑坎段边墙的收缩角一般为 8.5°～12.5°。挑坎的挑角为 −10°～10°，一般为 0°。当挑坎高程距离下游水位高差较大，或为增加水舌在空中的扩散采用较小的收缩比时，挑角可取负值，挑坎高程应根据溢洪道布置及水力条件经比较选定。

窄缝挑坎的挑距计算简图如图 3−16 所示，挑流水舌的内、外缘挑距，冲坑最大水垫深度及范围可按以下公式估算。

（1）水舌外缘挑距 L_1。

$$L_1=\frac{v_m^2}{g}\cos\theta_m\left[\sin\theta_m+\sqrt{\sin^2\theta_m+2g(h_1+h_2)/v_m^2}\right] \qquad (3-30)$$

$$\theta_m=\tan^{-1}\left[\frac{1}{\sqrt{1+2g(h_1+h_2)/v_m^2}}\right] \qquad (3-31)$$

式中　L_1——自挑坎坎顶算起的挑流水舌外缘挑距（至下游水面），m；

　　　v_m——窄缝挑坎坎顶处水舌外缘出射流速，m/s，用 $v_m=\varphi\sqrt{2hH_m}$ 估算，φ 取 0.8～0.9，H_m 为水面以上水头，m，$H_m=Z_0-h_1$，Z_0 为上游水位至坎顶高差；

　　　θ_m——坎顶水面流速 v_m 的出射角，初估可取 40°～45°，也可取挑距最大的出射角；

　　　h_1——坎顶铅直方向水深，m，根据窄缝挑坎收缩段水面线计算求得；

　　　h_2——坎顶至下游水面高差，m。

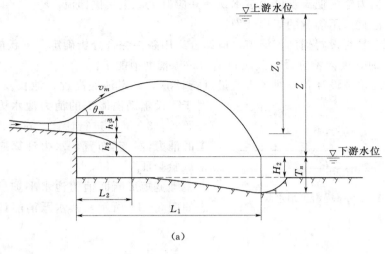

图 3-16　窄缝挑流挑距计算简图

（a）纵剖面示意图；（b）平面示意图

L_1—水舌外缘挑距；L_2—水舌内缘挑距；Z_0—坎顶以上水头（m）；Z—上下游

水位差（m）；H_2—下游水深（m）；T_n—最大水垫深度（m）；

B—窄缝首段宽度（m）；b—窄缝末端宽度（m）

（2）水舌内缘挑距 L_2。

$$L_2 = \frac{v_2^2}{g}\cos\theta\left(\sin\theta + \sqrt{\sin^2\theta + 2gh_2/v_2^2}\right) \qquad (3-32)$$

式中　L_2——自挑坎坎顶算起的挑流水舌内缘挑距（至下游水面），m；

　　　v_2——坎顶处水舌底部出射流速，m/s，用 $v_2 = \varphi\sqrt{2g(Z-h_2)}$ 估算，φ 取 0.65～

　　　　0.75，其中 Z 为上、下游水位差，m；

　　　θ——挑坎挑角，（°）。

（3）冲坑最大水垫深度。

$$T_n = \varepsilon^n T \qquad (3-33)$$

式中　T——等宽连续挑坎冲坑最大水垫深度，m；

　　　ε——窄缝挑坎收缩比，即窄缝挑坎末端断面宽度 b 和起始断面宽度 B 之比；

　　　n——指数，应通过试验确定。初设时可取 1/3～1/2，收缩比小时取大值，收缩

　　　　比大时取小值。

窄缝挑坎冲坑最深点到坎顶的水平距离 L' 可按式（3-34）估算：

$$L' \approx L_1 \qquad (3-34)$$

3. 底流消能

底流消能防冲的水力设计，应满足下列要求。

（1）保证消力池内低淹没度稳定水跃，并应避免产生两侧回流。

（2）消力池宜采用等款的矩形断面。

（3）护坦上是否设置辅助消能工，应结合运用条件综合分析确定。当跃前断面平均流速超过 16m/s 时，池内不宜设置趾墩、消力墩等辅助消能工。

底流消能的水力设计，应对各级流量进行计算，确定池底高程、池长及尾坎布置等。

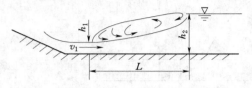

图 3-17　水平光滑护坦水跃

对于不设辅助消能工的消力池水力计算，可以按照式（3-35）进行计算。对于设置辅助消能工的消力池，其布置、水力计算应经过水工模型试验验证。

等宽矩形断面消力池水平护坦上的水跃形态如图 3-17 所示，其水跃消能计算按下式进行，即

$$h_2 = \frac{h_1}{2}(\sqrt{1 + 8Fr_1^2} - 1)$$

$$Fr_1 = v_1 / \sqrt{gh_1} \tag{3-35}$$

$$L = 6.9(h_2 - h_1)$$

式中　Fr_1——收缩断面弗劳德数；

　　　h_1——收缩断面水深，m；

　　　h_2——自由水面共轭水深，m；

　　　v_1——收缩断面流速，m/s；

　　　L——水跃长度，m。

渐扩式矩形断面消力池水平护坦上的水跃消能按式（3-36）计算，水跃长度取自由水跃长度的 0.8 倍，即

$$h_2 = \frac{h_1}{2}(\sqrt{1 + 8Fr_1^2} - 1)\sqrt{\frac{b_1}{b_2}} \tag{3-36}$$

$$Fr_1 = v_1\sqrt{gh_1}$$

$$L = 0.8 \times 6.9(h_2 - h_1)$$

式中　b_1、b_2——跃前、跃后断面宽度，m；

其他符号含义同式（3-35）。

等宽矩形断面下挖式消力池的水跃形态如图 3-18 所示，消力池的池长、池深可按式（3-37）计算。

$$d = \sigma h_2 - h_t - \Delta Z$$

$$\Delta Z = \frac{Q^2}{2gb^2}\left(\frac{1}{\varphi^2 h_t^2} - \frac{1}{\sigma^2 h_2^2}\right)$$

$$L_k = 0.8L \tag{3-37}$$

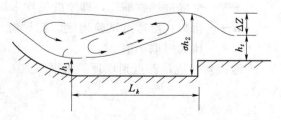

图 3-18　下挖式消力池水跃

式中　d——池深，m；

　　　σ——水跃淹没度，可取 $\sigma = 1.05$；

　　　h_2——池中发生临界水跃时的跃后

　　水深，m；

　　h_t——消力池出口下游水深，m；

　　ΔZ——消力池尾部出口水面跌落，m；

　　Q——流量，m^3/s；

　　b——消力池宽度，m；

　　φ——消力池出口段流速系数，可取 0.95；

　　L——自由水跃的长度，按式（3-35）计算。

任务四　结　构　设　计

目　　　标：（1）掌握进水渠细部设计。

　　　　　　（2）掌握控制段细部设计。

　　　　　　（3）掌握溢洪道泄槽段衬砌类型及细部构造设计。

　　　　　　（4）掌握消能段细部构造设计。

　　　　　　（5）绘制各部分细部设计图。

　　　　　　（6）具有吃苦耐劳、刻苦学习精神。

执行过程： 进水渠衬砌及细部设计→控制段细部设计→泄槽底板及边墙衬砌分缝、排水、止水设计→消能防冲段细部构造设计→绘制细部构造设计图。

要　　　点：（1）泄槽底板及边墙衬砌分缝、排水、止水设计。

　　　　　　（2）绘制溢洪道五大组成部分细部设计图。

提交成果：（1）设计报告 1 份。

　　　　　　（2）按比例绘制细部构造设计图 5~6 张。

　　溢洪道结构设计，应根据布置、水力设计、地基及运用条件，结合防渗、排水、止水及锚固等措施，在满足安全、耐久性的前提下，选用经济合理的结构型式和尺寸。溢洪道混凝土除应满足强度要外，还应根据溢洪道的环境及运行条件等，满足抗淞、抗冻、抗冲磨和抗腐蚀等耐久性的要求。堰体等大体积混凝土强度等级的设计龄期应采用 90d，其余部位混凝土强度等级的设计龄期应采用 28d。

一、进水渠衬砌

　　进水渠一般不做衬护，当岩性差，为防止严重风化剥落或为降低渗透压力时，应进行衬护；衬护可采用混凝土、浆砌块石或干砌块石护面，底板衬砌厚度可按构造要求确定，混凝土衬砌厚度可取 30cm，必要时还要进行抗渗和抗浮稳定验算。

　　混凝土衬砌的分缝应满足结构布置要求。分块尺寸应考虑气候特点、地基约束情况、混凝土施工条件、比照类似工程经验确定。其纵横缝间距可采用 10~15m。

二、控制段

　　控制段的结构设计包括：①结构型式选择和布置；②荷载计算及其组合；③稳定计算；④结构计算；⑤细部设计；⑥材料强度等级、抗冻抗渗等指标及施工要求，对大体积混凝土施工温度控制要求。

控制堰的稳定分析可采用刚体极限平衡法。闸室基底应力及实用堰应力分析可采用材料力学法，重要工程可用有限元法。宽顶堰及驼峰堰闸底板应力分析可采用材料力学法、有限元法或弹性地基梁法。

控制堰的结构型式，可采用分离式或整体式。分离式适用于岩性比较均匀的地基，整体式适用于岩性均匀性较差的地基或设有弧形闸门的情况。

分离式底板，必要时应设置垂直水流方向的纵缝，缝的位置和间距应根据地基、结构、气候和施工条件确定。缝内均应设置止水。

三、泄槽的底板

为了保护泄槽地基不受高速水流的冲刷破坏及风化破坏，泄槽底部通常都需衬砌。

影响泄槽衬砌可靠性的因素是多方面的，而且作用在底板上的荷载不易精确计算。因此泄槽底板的稳定主要依靠防渗、排水、止水、锚筋等工程措施来解决。

衬砌可以用混凝土、水泥浆砌条石或块石等型式。

大、中型工程，由于槽内流速较高，一般用抗冲耐磨混凝土衬砌，厚度不小于0.3m。靠近衬砌的表面沿纵横向需配置温度钢筋，含筋率约0.1%。土基上泄槽通常用混凝土衬砌，衬砌厚度一般要比岩基上的大，通常为0.3~0.5m，需要双向配筋，各向含筋率约为0.1%。

（1）分缝与止水。衬砌上应设置横缝和纵缝。衬砌的纵、横缝一般用平缝，当地基不均匀性明显时，横缝可采用搭接缝或键槽缝，如图3-19（c）所示。横缝的间距应考虑气候特点、地基约束情况、混凝土施工（特别是温度）条件，根据类似工程的经验确定，纵缝的间距一般采用10~15m。一般情况下，横缝要求比纵缝严格，陡坡段要比缓坡段严格，地址条件差的部位要比地质条件好的部位严格。土基对混凝土板伸缩的约束力比岩基小，所以可以采用较大的分块尺寸，纵横缝的间距可用15m或稍大，以增加衬砌的稳定性和整体性。混凝土衬砌的横缝必须用搭接的形式，有时还在下块的上游侧设置齿墙，以防止衬砌沿地基面滑动，如图3-19（b）所示。齿墙应配置足够数量的钢筋齿墙，以保证强度。如果衬砌不够稳定或为了增加衬砌的稳定性，也可以在地基中设锚筋桩，以加强衬砌与地基的结合。纵缝有时也做成搭接式，缝中设止水填料，并设水平止水片，如图3-19（c）和（d）所示。

接缝处衬砌表面应结合平整，特别要防止下游表面高出上游表面。衬砌分缝的缝宽随分块大小及地基的不同而变化，一般多采用1~2cm，缝内必须做好止水，止水效果越良好，作用在底板上向上的脉动压力越小，底板的稳定性越高。对于平行水流方向的纵缝，可适当降低要求，一般可用平接式，如图3-19（d）所示，但缝内必须做好止水。

（2）衬砌的排水。纵缝和横缝下面应设置排水设施，且互相连通渗水集中到纵向排水内排向下游。纵向排水通常是在沟槽内放置缸瓦管，管径视渗水大小确定，一般采用10~20cm。周围用1~2cm的卵石或碎石填满，顶部盖混凝土板或沥青油毛毡等。当流量较小时，纵向排水也可以在岩基上开槽沟，沟内填不易风化的砾石或碎石，上盖水泥袋，再浇混凝土。横向排水通常是在岩石上开挖沟槽，尺寸视渗水大小而定，一般采用0.3m×0.3m。纵向排水管至少应有两排，以确保排水通畅。

（3）底板锚固。在岩基上应注意将表面风化破碎的岩石挖除。有时用锚筋将衬砌和岩

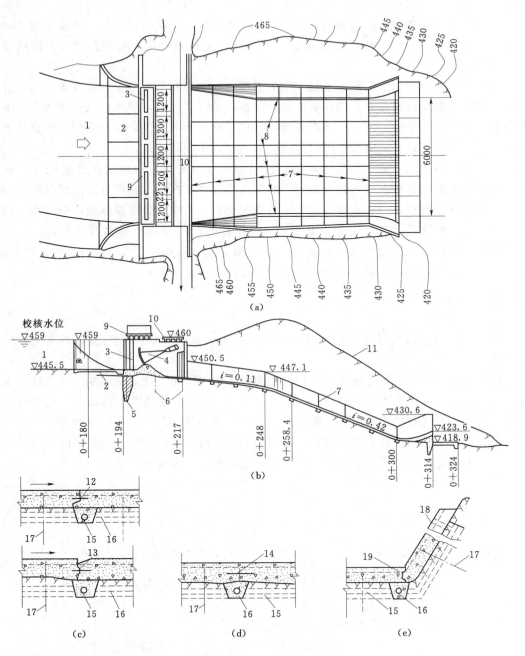

图 3-19 岩基上泄槽的构造（高程、桩号：m，尺寸：cm）

（a）平面布置图；（b）纵剖面图；（c）横缝；（d）纵缝；（e）边墙缝

1—进水渠；2—混凝土护底；3—检修门槽；4—工作闸门；5—帷幕；6—排水孔；7—横缝；
8—纵缝；9—工作桥；10—公路桥；11—开挖线；12—搭接缝；13—键槽缝；14—平接缝；
15—横向排水管；16—纵向排水管；17—锚筋；18—通气孔；19—边墙缝

基连在一起，以增加衬砌的稳定性。锚筋的直径、间距与插入深度和岩石性质、节理构造有关。一般每平方米的衬砌范围约需 $1cm^2$ 的钢筋。钢筋直径不宜太小，通常采用 25mm 或更大，间距为 1.5～3.0m，插入深度为 40～60 倍的钢筋直径。对较差的岩石应通过现场试验确定。

对于可能发生不均匀沉陷或不设锚筋的泄槽底板，应在底板的上游端设置齿墙，并采用上下游板块的全搭接横缝。或在板块的上下游端均设置齿墙，但不应只在板块下游端设置齿墙，因为在下游端设齿墙，易在横缝处形成突坎，造成空蚀，而且会使水流进入下游板块底部，抬动底板。齿墙的作用是阻滑、嵌固、减少纵向渗流。

（4）泄槽边墙的构造。泄槽边墙的构造基本与底板相同。边墙的横缝间距与底板一致，缝内设止水，其后设排水并与底板下的排水管连通。在排水管靠近边墙顶部的一端设通气孔以便排水通畅。边墙顶部应设马道，以利交通。边墙本身不设纵缝，但多在与边墙接近的底板上设置纵缝。边墙的断面型式，根据地基条件和泄槽断面形状而定，岩石良好，可采用衬砌式，混凝土或钢筋混凝土的墙顶宽度一般不小于 0.3m，当岩石较弱时，需将边墙做成重力式挡土墙，挡土墙的墙顶宽度应不小于 0.5m。

四、消能段

1. 挑流鼻坎

挑流鼻坎顺水流向纵缝的间距可采用 10～15m。挑流鼻坎一般不设垂直水流方向的结构缝。

挑坎的结构型式一般有重力式、衬砌式两种，后者适用坚硬完整岩基。在挑坎的末端做一道深齿墙，以保证挑坎的稳定，图 3-20 为某一差动式挑流鼻坎细部图。齿墙的深度根据冲刷坑的形状和尺寸决定，一般可达 7～8m。若冲坑加深，齿墙也应加深。

挑坎与岩基常用锚筋连为一体。在挑坎的下游常做一段短护坦，一般 10m 左右。

溢洪道消能设施出口地质较差时，可设置二道坝、海漫或防冲槽等。

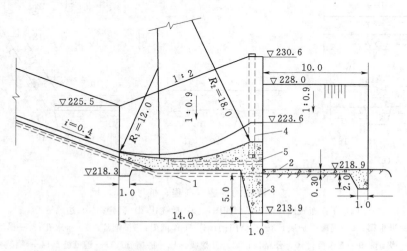

图 3-20　溢洪道差动式挑流鼻坎布置图（单位：m）

1—纵向排水；2—护坦；3—混凝土齿墙；4—ϕ50cm 通气孔；5—ϕ10cm 排水管

2. 底流消能

消力池的护坦也需要分缝，缝距 10～15m。缝中设置止水。垂直水流方向的缝宜采用半搭接缝或键槽缝，顺水流向的缝宜采用键槽缝。

任务五　地基及边坡处理设计

目　　　标：（1）理解地基开挖要求。
　　　　　　（2）掌握固结灌浆设计。
　　　　　　（3）掌握地基防渗设计方法。
　　　　　　（4）会合理选用溢洪道地基及边坡处理方法。
　　　　　　（5）具有团结协作、刻苦学习精神。
执行过程： 地基开挖→固结灌浆设计→帷幕灌浆→地基排水→边坡开挖与处理。
要　　　点：（1）固结灌浆设计。
　　　　　　（2）地基防渗设计。
提交成果： 设计报告 1 份。

一、地基开挖

溢洪道的建基面应根据建筑物对地基的要求，结合地质条件，工程处理措施等综合研究确定。重要部位的地基应开挖至弱风化的中部至上部岩层；不衬砌的泄槽应开挖至坚硬、完整的新鲜或微风化岩层；对易风化、易泥化的基岩应提出相应的施工保护措施。

建筑物的基坑形状应根据地形、地质条件及上部结构要求确定，开挖面宜连续平顺。控制段的基坑宜略向上游倾斜，若受地形地质条件限制，高差过大或略向下游倾斜时，可以开挖成带钝角的台阶状。

泄槽的衬砌段与不衬砌段应平顺连接。

二、固结灌浆

溢洪道固结灌浆适宜在控制段及消能段地基范围内进行。当基岩条件好时，可以不进行固结灌浆。

灌浆孔呈梅花状或方格状布置。孔距、排距和孔深应根据岩体的破碎程度、节理发育程度及基础应力综合考虑。孔距和排距一般 3～4m，孔深 3～5m。

钻孔方向垂直于基岩面。当存在裂隙时，为了提高灌浆效果，钻孔方向尽可能正交于主要裂隙面。灌浆时先用稀浆，而后逐步加大浆液的稠度，灌浆压力无混凝土盖重时一般为 0.1～0.3MPa，有混凝土盖重时一般为 0.2～0.5MPa，以不掀动岩石为限。

三、地基防渗与排水

1. 地基防渗

溢洪道地基的防渗、排水设计应根据工程地质和水文地质条件，建筑物的重要性及作用，建筑物的安全稳定，综合考虑防渗、排水的相互作用，确定相应的措施。靠近坝肩的溢洪道，其防渗、排水布设应与大坝的防渗、排水系统统筹安排。

防渗、排水设施的布设应满足下列要求：

（1）减少堰（闸）基的渗漏和绕渗。

（2）防止在软弱夹层、断层破碎带、岩体裂隙软弱充填物及其他抗渗变形性能差的地基中产生渗透变形。

（3）降低建筑物基地的扬压力。

（4）具有可靠的连续性和足够的耐久性。

（5）防渗帷幕不得设置在建筑物底面的拉力区。

（6）在严寒地区，排水设施应防止冰冻破坏。

控制段的防渗措施宜采用水泥灌浆帷幕，也可以根据条件采用混凝土齿墙、防渗墙、水平防渗铺盖或其组合措施。防渗帷幕的范围为：当地基下相对隔水层埋藏较深或分布无规律时，可采用悬挂式帷幕，帷幕深度为 0.3～0.7 倍堰基面以上最大水深。当坝基下有明显隔水层且埋深较浅时，防渗帷幕应深入到隔水层内 2～3m，相对隔水层的透水率的控制标准为小于 5Lu❶。防渗帷幕伸入两侧岸坡的范围、深度以及方向应根据工程地质及水文地质条件确定，宜延伸至正常蓄水位与相对隔水层范围线相交处。靠近坝肩的溢洪道，其防渗帷幕应与大坝帷幕衔接，形成整体防渗系统。

帷幕灌浆宜设置一排灌浆孔。当地质条件较差，岩体破碎，裂隙发育或可能发生渗透变形地段，可以增加至两排，且与第一排孔相间布置。帷幕孔距一般为 1.5～3m，排距比孔距略小。钻孔的方向宜采用铅直或略向上游倾斜，应使钻孔尽量穿过岩体的层面和主要裂隙，但是不宜倾向下游。

帷幕灌浆必须在有一定厚度混凝土盖重及固结灌浆后进行，以保证岩体的灌浆压力。帷幕灌浆的压力应通过试验确定，通常在灌浆孔表层部分，灌浆压力不小于 0.3MPa；孔底部分不宜小于 0.5MPa；但以不抬动岩体为原则。

2. 地基排水

溢洪道的地基排水与帷幕灌浆相结合是降低地基渗透压力的重要措施。地基排水设施应能够有效排泄通过建筑物地基、岸坡及衬砌接缝的渗水，充分降低渗透压力，其布置应遵循下列原则。

（1）以排水廊道或集水沟为主导，形成完整的排水系统。

（2）各部位（如控制段、泄槽）地基的渗水可以分段分级引导至集水廊道或集水沟。

（3）排水系统出口应能顺利地将渗水排出。

（4）应考虑防止排水失效的措施，设置必要的检测设施。

溢洪道的堰（闸）基底宜设一排主排水孔。通常布置在帷幕孔下游的廊道或集水沟内，与帷幕灌浆孔的间距在基底面不宜小于 2m。主排水孔距为 2～3m，孔深应根据防渗帷幕和固结灌浆深度及地质条件确定，深度约为防渗帷幕深度的 0.4～0.6 倍；且不小于固结灌浆孔的深度。

泄槽底板下的排水设施，应根据具体条件布设。

（1）泄槽底板下，宜设置纵、横向排水沟（管），构成互相贯通的沟网系统。

（2）纵、横向排水沟（管）的间距宜与底板纵横缝相对应，但是不宜骑缝布设。

---

❶ 透水率的单位 Lu（吕荣）是指当水压力为 1MPa 时，每米钻孔长度内注水流量为 1L/min 时，其透水率为 1Lu。

（3）对于规模较大的溢洪道宜优先选用在边墙地基或泄槽底板下设置一条或多条纵向集水廊道的形式。

挑流鼻坎基底有自流排渗条件时，其排水设施宜与泄槽底板下的排水系统相应布设，并与其纵、横排水沟或廊道联通，经鼻坎基底或坎体通向下游。

溢洪道的边墙（重力式或贴坡式），可设置与底板排水沟相通的墙后排水系统。对有防渗要求的边墙，水面线以下部位不应设明排水孔；无防渗要求的边墙或护底，可以设明排水孔。排水孔、排水沟（管）应采取防止淤塞的措施，有泥化夹层出露部位、软弱基岩的排水垫层或墙后回填土埋设的排水管，均应设置反滤层。

四、边坡开挖与处理

溢洪道开挖边坡坡度，应根据岩体质量、岩体结构特征、边坡高度和施工方法等条件，通过工程类比方法选择，并进行稳定复核。

边坡加固措施，根据稳定分析成果，可分别采用削坡减载、锚喷、锚杆、锚筋桩、抗滑桩、预应力锚索等措施。

边坡开挖宜分级设置马道，马道的布设应考虑边坡岩体结构、边坡高度、坡度等。边坡马道分级高度可以选用 10～30m，马道宽度 1.5～3m，结合交通道路的马道可以适当加宽。边坡表面进行防护处理时，可以根据地质条件分别采用植被、砌石、挂网锚固喷浆或喷混凝土等措施。溢洪道的边坡应设置排水设施。宜沿边坡走向结合马道的位置布设纵横排水沟排除地表水。

项目四　施工条件分析

项 目 名 称	施 工 条 件 分 析		参考课时/天	
学习型工作任务	任务一　基本资料分析		0.5	
	任务二　有效施工工日分析		1	2
	任务三　考核		0.5	
项目任务	根据项目提供的基本资料，分析地质、水文、气象等对工程施工的影响，确定有效施工工日			
教学内容	（1）工程概况； （2）自然特性、工程特点、施工条件等的分析和整理； （3）确定主要编制依据； （4）有效工日的统计计算方法			
教学目标	知识	（1）掌握地形、地质、水文、气象资料的作用及对工程施工的影响； （2）掌握有效工日的统计计算方法； （3）了解其他资料对工程施工的影响		
	技能	（1）能对基本资料进行合理分析，并提出可行处理方案； （2）能根据提供的基本资料进行有效工日的分析并确定有效工日		
	素质	（1）具有科学创新精神； （2）具有团队合作精神； （3）具有工匠精神； （4）具有报告书写能力； （5）具有质量意识、环保意识、安全意识； （6）具有应用规范能力		
教学实施	根据项目给定的工程基本资料，安排班级分组，每班分 4～6 组，要求各组独立思考，各组内组织讨论，教师从旁指导。最后教师综合各组成果进行讲评，各小组最后完善各组成果，进入下一项目学习			
项目成果	完成土石坝施工组织设计报告中的（1）工程概况；（2）施工条件分析；（3）有效工日统计分析表			
技术规范	（1）SL 303—2017《水利水电工程施工组织设计规范》； （2）SL 619—2013《水利水电工程初步设计报告编制规程》； （3）DL/T 5129—2013《碾压式土石坝施工规范》； （4）《水利水电工程施工组织设计手册》（中国水利水电出版社，1997.6）			

任务一　基本资料分析

目　标： （1）掌握地形、地质、水文、气象资料的作用及对工程施工的影响；理解
　　　　　　主要编制依据；了解其他资料对工程施工的影响。
　　　　（2）能够查阅有关文献分析基本资料，提出处理方案。
　　　　（3）培养耐心、细致、认真的工作态度。

要　点： 地形、地质、水文、气象等资料的分析、处理。

执行过程： 收集资料→资料分析→拟定处理方案。

一、工程概况

工程概况包括工程位置、主要作用和效益、主要规划设计数据，如总库容、有效库容，
水库正常蓄水位、死水位、设计洪水位、校核洪水位，最大坝高、坝顶长度、宽度，装机容
量、安装机组数量、单机容量、灌溉面积、供水能力、通航能力，以及主要工程量等。

二、主要编制依据

（1）可行性研究报告及审批意见。

（2）上级主管部门（或业主）对本工程施工工期的要求或意见。

（3）SL 303—2017《水利水电工程施工组织设计规范》、SL 328—2005《水利水电工
程设计工程量计算规定》和其他有关规程、规范。

（4）工程所在地区有关基本建设的法规和条例。

三、基本资料

（一）工程地区所属行政区划和社会经济状况

（1）工程所在地的行政区划位置。

（2）交通状况，现有对外水陆交通运输条件和运输通过能力，拟建的交通设施和近、
远期发展规划。

（3）水、电以及其他动力供应情况。

（4）为工程施工服务的建筑、加工制造、修配、运输等企业的规模、生产能力及发展
规划。

（5）邻近居民点、市政建设状况和规划。

（6）当地建筑材料及生活物资供应情况。

（7）施工现场土地状况、移民迁安和征地有关规定。

（8）当地及有关部门对工程施工的要求。

（二）地形、地质

1. 地形

地形主要分析坝址河谷形态、坡降、常水位、水面宽度、水深等，另外还有坝址及建
筑物布置区的地形图。

（1）工程所在地行政区规划图。

（2）施工现场区 1/2000 地形图，三角水准网点等测绘资料。

2. 地质

地质条件主要包括坝址及主要建筑物的工程地质和水文地质概况综述、地震情况概述。

（1）施工现场范围内地质测绘（1/2000）。

（2）场区地下水位埋深等值线。

（3）本工程基本地震烈度和设防烈度。

（三）水文、气象和环境保护资料

1. 水文

（1）坝址各频率设计洪水。坝址全年洪水和枯水时段洪水的频率-流量关系表见表 4-1。

表 4-1　　　　　　　　　　　　坝址洪水频率-流量关系　　　　　　　　单位：m^3/s

时　　段	频　率 /%		
	5	10	20
全　　年			
枯水期			
月　日— 月　日			
…			

（2）坝址不同枯水时段频率流量表见表 4-2。

表 4-2　　　　　　　　　　　坝址不同枯水时段频率流量　　　　　　　　单位：m^3/s

时　　段	1%	2%	5%	10%	20%
9 月 1 日—3 月 31 日					
9 月 1 日—4 月 30 日					
…					

（3）坝址历年逐月平均流量表见表 4-3。

表 4-3　　　　　　　　　　　　坝址历年逐月平均流量　　　　　　　　单位：m^3/s

月　　份	1%	2%	5%	10%	20%
1					
2					
…					

（4）坝址逐月不同频率平均流量表见表 4-4。

表 4-4　　　　　　　　　　坝址逐月不同频率平均流量　　　　　　　　单位：m^3/s

频率	1 月	2 月	3 月	4 月	5 月	6 月	7 月	8 月	9 月	10 月	11 月	12 月	全年
平 50%													
丰 1%													
枯 80%													

（5）坝址历年逐月最大流量。

（6）坝址逐月不同频率流量。

（7）一定频率洪水过程线。坝址处不同频率洪水过程线如图 4-1 所示。

（8）坝址水位-流量关系曲线，如图 4-2 所示。

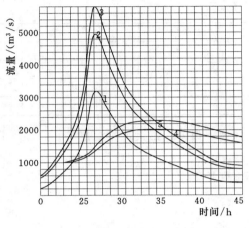

图 4-1　坝址处不同频率洪水过程线　　　　　图 4-2　坝址水位-流量关系曲线

（9）水库面积、库容与水位关系曲线，如图 4-3、图 4-4 所示。

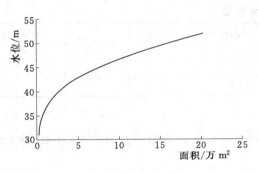
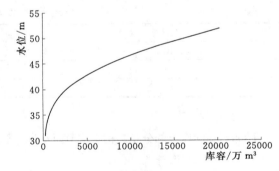

图 4-3　水库水位-面积关系曲线　　　　　图 4-4　水库水位-库容关系曲线

2. 气象

（1）坝址气温特征。冰冻期月数、结冰厚度，坝址气温与水温表见表 4-5。

表 4-5　　　　　　　　　　　坝址气温与水温　　　　　　　　　　　单位：℃

项　目	月　份											
	1	2	3	4	5	6	7	8	9	10	11	12
月平均气温												
月平均水温												

（2）坝址历年各月平均降水量、年最大降雨量、最大降雨强度。

（3）坝址历年各月各级日降水量的降水天数。

坝址处各月平均降水天数表见表 4-6。

表 4-6　　　　坝址处各月平均降水天数　　　　单位：d

降水量 ＼ 月份	1	2	3	4	5	6	7	8	9	10	11	12
0～0.5mm												
0.5～5mm												
5～10mm												
10～30mm												
＞30mm												

（4）坝址其他气象特征。如多年平均最大风速、风向、最大冻土深度等。

3. 环境保护资料

环境保护资料主要指施工场地范围内的环境保护要求。

（四）建筑材料

1. 土料

土石坝工程应在施工前对坝址附近的土石料的性质、储量、分布情况进行调查，对距坝址的距离、开采和运输条件进行描述。土料性质和储量表详见表 4-7。

表 4-7　　　　土料性质与储量

土区名称	自然重度/(kN/m³)		自然含水量/%	塑限含水量/%	流限含水量/%	土　类	储量/万 m³
	范围	平均值					

2. 砂卵石

砂卵石在河床上的分布，枯水季节河水位、平均水深、储量，最小休止角和最大休止角等。

3. 石料和风化料

石料分布情况、岩石分类、孔隙率、强度等指标。

任务二　有效施工工日分析

目　　标：（1）掌握土石坝施工有效工日的统计方法，理解土石坝施工停工标准。

　　　　　（2）会进行有效工日的计算。

　　　　　（3）培养细致、认真的工作态度。

执行过程：收集工程所在地区历年的有关气象资料→拟定各项停工标准→统计历年各月由于气象因素影响的停工工日数→统计其他因素影响的停工工日数→分析和选取各月的施工有效工日数。

要　　点：土石坝停工标准。

采用黏性土料作为防渗体的土石坝，黏性土料的备料和填筑受气温、降雨等气象因素的影响，年内各月的施工有效工日有很大的差异，在我国南方的雨季和北方的冬季，施工有效工日较少，工期受到明显的影响。因此，在安排大坝施工进度之前，首先要分析施工有效工日，作为安排施工进度的依据。

一、停工标准的拟定

碾压式土石坝采取一般防护措施的停工标准见表4-8。表4-9和表4-10是我国北方某土石坝工程在设计中采用的停工标准。

表4-8　　　　　　　　　碾压式土石坝采取一般防护措施的停工标准

施工项目	停工标准										
	日降水量/mm					日蒸发量>4mm	平均气温/℃				
	0~0.5	0.5~5	5~10	10~30	>30		>5	5~0	0~-5	-5~-10	<-10
土料翻晒	雨日停工	雨日停工	雨日停工	雨日停工，雨后停1d	雨日停工，雨后停1d	停工	照常施工	防护施工	照常施工	防护施工	停工
黏土料填筑	照常施工	雨后停工	雨日停工，雨后停1d	雨日停工，雨后停1d	雨日停工，雨后停2d	—	照常施工	防护施工	照常施工	防护施工	停工
碾质土、掺合土、风化土填筑	照常施工	照常施工	雨日停工	雨日停工，雨后停0.5d	雨日停工，雨后停1d	—	照常施工	防护施工	照常施工	防护施工	停工
反滤料填筑	照常施工	照常施工	照常施工	雨日停工	雨后停工	—	照常施工	防护施工	照常施工	防护施工	停工
石料填筑	照常施工	照常施工	照常施工	照常施工	雨后停工	—	照常施工	防护施工	照常施工	防护施工	停工
碾压沥青混凝土填筑	照常施工	照常施工	雨日停工	雨日停工	雨日停工	—	照常施工	防护施工	照常施工	停工	停工

注　1. 法定假日停工，但不包含周六、周日。
　　2. 统计雨后加停日数时，按连续降雨考虑。假如某月10~30mm的降雨有3d，黏土料填筑的停工日数为（3+1）d；若降雨量既有10~30mm，又有大于30mm，则统计加停日数时，只统计降雨量大的加停日数。如某月10~30mm的降雨有3d，大于30mm的降雨有1d，则黏土料填筑的停工日数为（4+2）d。
　　3. 当反滤料填筑与防渗料同时施工时，有效施工天数同防渗料。

表4-9　　　　　　　　　某土坝工程雨后停工标准

项　目	日　降　雨　量 /mm			
	<0.5	0.6~10	10.1~30	>30.1
土料翻晒	照常施工	雨日停工	雨日停工，雨后停工1d	雨日停工，雨后停工2d
土料填筑	照常施工	雨日停工	雨日停工，雨后停工1d	雨日停工，雨后停工1d
砂料开采填筑	照常施工	照常施工	雨日停工	雨日停工
石料开采填筑	照常施工	照常施工	雨日停工	雨日停工

注　每年11月至次年4月为冰冻期，月平均气温0℃以下，土料停工；阴天影响土料翻晒，按平均每年16d计；土砂料填筑，汛期影响停工6d。特殊事故停工2d，法定假日停工7d。

表 4 - 10   其 他 原 因 停 工 标 准

项　　目		停　工　标　准
负气温	土料填筑	无防冻措施，日平均气温低于－1℃，当日停工；当日最低气温在－10℃以下，或在0℃以下且风速大于10m/s，当日停工，应根据防冻措施效能确定
	坝壳料填筑	用加水法施工，同土料施工标准；不加水施工，如压实结冰后，坝料的干容重不能满足设计要求时，停止填筑
高气温		按劳动法执行：气温超过40℃，且持续时间超过4h，停工1班（8h）
雾天、大风（6级以上）		根据当地资料确定停工天数
汛期		当采用河漫滩料场、汛期内料场可能被水淹时，应根据洪水情况进行分析计算，确定停工参数
节假日		按国家法令规定执行
停电		用电设备由系统供电时，按供电系统定期检修停电确定停工天数
进度计划停工		按计划安排面定，如工序衔接的计划停工

二、有效工日的统计方法

（1）收集气象资料。包括：历年逐日降雨量资料，历年逐日平均气温资料，历年各月阴天、风力、风速资料，历年逐日蒸发量资料，历年各月相对湿度资料。

（2）统计历年各月由于降雨而停工的工日数。根据历年逐日降雨量资料和拟定的停工标准，分别统计黏土备料、黏土填筑、砂砾料开采和填筑、坡积料填筑。

（3）统计历年各月气温、大风和其他因素影响而停工的工日数。统计方法与因雨停工相同。

（4）统计有效工日。

三、有效工日的选取

对有效工日影响最大的是降雨（在我国北方是气温），因降雨而影响停工的工日数，可以有不同选取方法。当降雨资料系列较短时，以选取多雨年为宜，当系列较长时，可选取多年平均值作为设计依据，而以多雨年的有效工日作为研究施工措施时的备用情况。

四、有效施工工日的计算

坝料填筑施工工日数可根据各月的日历天数扣除停工工日数统计，并参考已建工程拟定的施工工日数综合分析确定。施工工日数统计表见表 4-11。

表 4 - 11   ××施工工日数统计表   单位：d

月份＼天数	1	2	3	4	5	6	7	8	9	10	11	12
日历天数	31	28	31	30	31	30	31	31	30	31	30	31
法定假日												
因雨停工												
因气温停工												
其他原因停工												
有效工日												

项目五　施工导流计划

项　目　名　称	施　工　导　流　计　划		参考课时/天	
学习型工作任务	任务一　导流设计洪水标准	0.5		4
	任务二　导流方案拟订	1.5		
	任务三　导流工程规划与设计	1.5		
	任务四　考核	0.5		
项　目　任　务	根据基本资料，选定导流标准、拟订导流方案、进行导流工程的规划与设计			
教学内容	(1) 导流标准及设计流量选择； (2) 导流方式、方案的选择； (3) 选定导流方案的设计； (4) 截流设计； (5) 基坑排水设计			
教学目标	知识	(1) 掌握土石坝施工导流方式及其特点，掌握导流工程设计步骤与方法； (2) 理解导流标准及设计流量选择； (3) 了解基坑排水设计		
	技能	(1) 能根据水文等条件合理选择导流方式，并能进行导流规划布置； (2) 能正确选择导流标准及设计流量； (3) 能根据基本资料正确进行截流设计； (4) 能根据基本资料正确进行基坑排水设计		
	素质	(1) 具有科学创新精神； (2) 具有团队合作精神； (3) 具有工匠精神； (4) 具有报告书写能力； (5) 具有质量意识、环保意识、安全意识； (6) 具有应用规范能力		
教学实施	根据项目给定的工程基本资料，各组组织学习导流标准，组内成员集体讨论，拟订导流方案，教师从旁指导。最后教师综合各组成果进行讲评，各小组最后完善各组成果，进入下一项目学习			
项目成果	完成土石坝施工组织设计报告中的 (1) 导流标准及流量选择；(2) 导流方案及施工分期；(3) 导流工程规划与设计；(4) 基坑排水			
技术规范	(1) SL 303—2017《水利水电工程施工组织设计规范》； (2) SL 619—2013《水利水电工程初步设计报告编制规程》； (3) DL/T 5129—2013《碾压式土石坝施工规范》； (4)《水利水电工程施工组织设计手册》（中国水利水电出版社，1997.6）			

任务一　导流设计洪水标准

目　　标：（1）掌握导流建筑物级别划分和导流洪水标准的选择。

（2）根据工程情况能进行导流洪水标准的选择。

（3）培养刻苦学习、勤于思考的精神。

要　　点：（1）导流建筑物级别划分。

（2）洪水标准的选择。

执行过程：基本资料分析→导流建筑物级别划分→洪水标准选择。

导流建筑物级别及设计洪水标准，简称导流标准，是施工导流首先要确定的问题。它不但与工程所在地的水文气象特征、水文系列长短、导流工程运用时间长短直接相关，也取决于导流建筑物和主体工程，以及遭遇超设计标准洪水时可能对工程本身和下游地区带来损失的大小。导流标准还受地形、地质条件以及各种施工条件的制约。需要结合工程实际，全面综合分析其技术上的可行性和经济上的合理性，然后作出抉择。

导流标准是进行施工导流计算、确定导流建筑物尺寸和建筑结构设计的依据。导流标准的高低，关系到工程和下游人民生命财产及工农业生产的安全，也关系到工程造价和工期。

导流包括围堰挡水、坝体施工期临时挡水、导流泄水建筑物封堵和水库蓄水等三个基本阶段。围堰挡水称初期导流，坝体挡水和封堵蓄水称为后期导流。一般初期导流失事只影响围堰和基坑工程施工，而后期导流失事，则危及大坝及下游城镇安全，造成的损失比导流初期大得多。

一、导流建筑物级别

导流建筑物的级别是确定洪水标准和建筑物结构设计的依据。根据我国的实际情况，规范规定导流建筑物划分为 3～5 级，一般为 4 级和 5 级，具体按表 5-1 所列各项指标确定，其中 4、5 级导流建筑物应按表列的四项指标中的最高级别确定，而 3 级导流建筑物要求有两项以上的指标满足该级要求。

根据不同的导流分期，按表 5-1 划分导流建筑物级别。同一导流分期中的各导流建筑物级别，根据其不同作用和型式可选择不同级别；各导流建筑物的洪水标准应相同，以主要挡水建筑物的洪水标准为准。

表 5-1　　　　　　　　　　　　　导流建筑物级别的划分

项目 级别	保护对象	失事后果	使用年限 /年	导流建筑物规模	
				围堰高度 /m	库容 /亿 m³
3	有特殊要求的 1 级永久水工建筑物	淹没重要城镇、工矿企业、交通干线或推迟工程总工期及第一台（批）机组发电，造成重大灾害和损失	>3	>50	>1.0
4	1、2 级永久水工建筑物	淹没一般城镇、工矿企业或影响工程总工期及第一台（批）机组发电，造成较大经济损失	1.5～3	15～50	0.1～1.0

续表

项目级别	保护对象	失 事 后 果	使用年限/年	导流建筑物规模	
				围堰高度/m	库容/亿 m³
5	3、4 级永久水工建筑物	淹没基坑，但对总工程及第一台（批）机组发电影响不大，经济损失较小	<1.5	<15	<0.1

注　1. 导流建筑物包括挡水和泄水建筑物，两者级别相同。

　　2. 表列四项指标均按导流分期划分，保护对象一栏中所列永久性水工建筑物级别系按 SL 252—2000《水利水电工程等级划分及洪水标准》划分。

　　3. 有、无特殊要求的永久性水工建筑物均系针对施工期而言，有特殊要求的 1 级永久性水工建筑物系指施工期不应过水的土石坝及其他有特殊要求的永久性水工建筑物。

　　4. 使用年限系指导流建筑物每一导流分期的工作年限，两个或两个以上导流分期共用的导流建筑物，如分期导流一期、二期共用的纵向围堰，其使用年限不能叠加计算。

　　5. 导流建筑物规模一栏中，围堰高度指挡水围堰最大高度，库容指堰前设计水位所拦蓄的水量，两者应同时满足。

二、洪水标准

导流建筑物的设计洪水标准根据导流建筑物的级别和类型，按照表 5-2 选定。该表适用于洪水期，也适用于枯水期。当导流建筑物与永久建筑物结合时，导流建筑物级别与洪水标准仍应按表 5-1 和表 5-2 规定执行；但成为永久建筑物部分的结构设计应采用永久建筑物级别标准。

表 5-2　　　　　　　　　　导流建筑物的洪水标准

导流建筑物类型	导流建筑物的等级		
	3	4	5
	洪水重现期/年		
土石结构	50～20	20～10	10～5
混凝土、浆砌石结构	20～10	10～5	5～3

注　在下列情况下，导流建筑物洪水标准可用表中的上限值。

　　(1) 河流水文实测资料系列较短（小于 20 年），或工程处于暴雨中心区。

　　(2) 采用新型围堰结构型式。

　　(3) 处于关键施工阶段，失事后可能导致严重后果。

　　(4) 工程规模、投资和技术难度用上限值与下限值相差不大。

　　(5) 在导流建筑物级别划分中属于本级别上限。

三、坝体临时度汛洪水标准

当坝体填筑高程超过围堰堰顶高程时，坝体临时度汛洪水标准应根据坝型及坝前拦洪库容按表 5-3 选定。

表 5-3　　　　　　　　　　坝体施工期临时度汛洪水标准

坝　型	拦洪库容/亿 m³		
	>1.0	1.0～0.1	<0.1
	洪水重现期/年		
土石类	>100	100～50	50～20
混凝土类	<50	50～20	20～10

四、导流泄水建筑物封堵的下闸设计流量、封堵后坝体度汛标准与水库蓄水标准

1.封堵的下闸设计流量

导流泄水建物的封堵时间应在满足水库拦洪蓄水要求前提下，根据施工总进度确定。封堵下闸的设计流量可用封堵时段 5～10 年重现期的月或旬平均流量，或按实测水文统计资料分析确定。

封堵工程在施工期间的导流设计标准，可根据工程重要性、失事后果等因素在该时段 5～20 年重现期范围内选定。

2.封堵后坝体度汛标准

导流泄水建筑物封堵后，如永久泄洪建筑物尚未具备设计泄洪能力，坝体度汛洪水标准应分析坝体施工和运行要求后按表 5-4 规定的标准选用。汛前坝体上升高度应满足拦洪要求。

表 5-4　　　　　　　　　导流泄水建筑物封堵后坝体度汛标准

永久建筑物类型		大 坝 级 别		
		1	2	3
		洪水重现期/年		
混凝土类	设计	200～100	100～50	50～20
	校核	500～200	200～100	100～50
土石类	设计	500～100	200～100	100～50
	校核	1000～500	500～200	200～100

3.水库蓄水标准

水库施工期蓄水标准应根据发电、灌溉、通航、供水等要求和大坝安全加高值等因素分析确定，保证率宜为 75%～85%。

导流建筑物封堵、水库施工期蓄水过程中，应满足下游必需的供水要求。

五、截流标准

截流标准可采用截流时段重现期 5～10 年的月或旬平均流量，下列情况截流标准及截流设计流量亦可按下列方法选取。

（1）在有 20 年以上的水文实测资料的河道，截流设计流量可采用实测资料分析确定。

（2）若由于上、下游梯级水库的调蓄作用而改变了河道的水文特性，则截流设计流量宜经专门论证确定。

六、导流度汛标准案例

部分土石坝导流度汛标准见表 5-5，不同时段所运用的导流泄水建筑物有所不同。

部分土石坝导流度汛标准

表 5-5

坝名	坝的级别	坝型	坝高/m	坝体积/万m³	导流方式/(条·m)	上游围堰 类别	上游围堰 高度/m	导流工程级别	初期导流	截流后第一汛期	截流后第二汛期	截流后第三汛期	进行截留-拦洪-竣工所用的时间(年-月)	临时断面型式
碧口	2	心墙	101	397	隧洞	土石		IV		14年实测最大流量	20(设计)50(校核)	50(设计)100(校核)	1971-3—1976-12	上游坝体
石头河	2	心墙	114	835	分期+隧洞	土石	6	IV	20		100		1976-9—1977-7 —1981-5	中部坝体
鲁布革	1	风化料心墙	103.8	396	隧洞	风化料斜墙堆石	47	III	20	50	100	100	1985-11—1986-7 —1988	上游坝体
小山	2	混凝土面板	86.3	143	隧洞	土石	30	III	10	20	50		1994-11—1995-7 —1997	上游坝体
小浪底	1	斜心墙	154	4900	分期+隧洞	土石	57	III	枯20	100	300	1000	1997-10—1998-6 —2001-7	上游及中部坝体
黑河	1	心墙	130	820	隧洞	面板堆石	54.5	IV	10	20	100	200	1998-11—1999-6 —2001-12	上游坝体
冶勒	1	沥青混凝土心墙	125.5	611	隧洞	土斜墙堆石	29	IV	5	20(围堰)	50	100	2002-11—2003-4 —2005-12	上游坝体

注　1. 小浪底坝右岸施工一期纵向围堰度汛标准为 20 年一遇洪水；二期汛围堰拦洪；二期度汛临时断面拦洪，枯水围堰按Ⅲ级设计；大坝由于采取加速施工的措施，第三汛期的度汛标准提高到接近 500 年一遇。

2. 黑河坝截流后第一汛期为高围堰拦洪、第二汛期临时断面拦洪，汛后导流洞封堵，泄洪洞具备过水条件。

3. 碧口坝截流后第四汛期的度汛标准为 100 年重现期设计，200 年重现期校核，第三汛期亦为临时断面拦洪，第五汛期为 150 年设计，500 年校核。

任务二　导流方案拟订

目　　标：（1）掌握施工导流的方式及其特点；理解导流时段划分与大坝分期的
　　　　　　　关系。

　　　　　　（2）能够根据基本资料拟订可行的导流方案，并进行导流时段的划分和
　　　　　　　大坝分期。

　　　　　　（3）培养爱岗敬业、团结协作的精神。

要　　点：（1）导流方案的选择。

　　　　　　（2）导流时段划分和大坝施工分期。

执行过程：导流方案拟订→导流时段划分→大坝施工分期。

　　施工导流包括各施工阶段导流泄水建筑物的形式、布置及导流程序。导流方式主要取决于坝型及地形、地质条件，导流流量的大小也有重要影响，一些位于通航河流的工程还必须妥善解决施工期间的航运问题，不少河流还有漂木要求。施工导流方式一般有分期围堰导流、明渠导流和隧洞导流。在施工过程中根据需要还采用坝体底孔导流、缺口导流和永久泄水建筑物导流等。导流方式不但影响导流工程的规模和造价，且与枢纽布置、主体工程施工部署、施工工期密切相关，有时还受施工条件及施工技术水平的制约。

一、导流方案与施工分期

　　导流方案是指不同施工阶段导流方式的组合。按照导流方式的不同，一般将工程施工期划分为初期导流、施工期临时度汛、施工运用三个阶段。由此可知，水利工程施工分期与导流关系十分密切，二者既相互制约又相辅相成。

　　分期导流和明渠导流方案多用于混凝土坝和浆砌石坝，土石坝一般用隧洞或涵管导流。

（一）导流方案

1．隧洞导流方案

　　隧洞导流适用于各种坝型。在河谷狭窄，没有条件布置纵向围堰或导流明渠的坝址，常采用隧洞导流方案。其施工程序是：建成导流隧洞后，上、下游围堰一次拦断河床，形成基坑，进行坝基开挖处理，而后坝体全断面升高。隧洞导流施工程序如图 5－1 所示，土石坝导流阶段划分及施工任务见表 5－6，施工分期案例见表 5－7。

表 5－6　　　　　　　　　　**土石坝导流阶段划分及施工任务**

导流方式		初期导流阶段		施工期临时度汛阶段	施工运用阶段[②]
		截流前期	截流拦洪期		
隧洞一次导流	时段	开工至截流	截流至坝体第一次拦洪[①]	截流拦洪期末至临时导流泄水建筑物封堵	临时导流泄水建筑物封堵至大坝完建
	任务	两岸削坡及处理；台地区域部分填筑；截流	围堰修筑，河床部分清基、开挖、地基处理；坝体填筑，在汛前达到拦洪高程	坝体逐年汛前达到施工设计安排的填筑高程，完成相应的加高、培厚与护坡等工程	封堵后，汛前坝体达设计度汛高程；继续完成坝体填筑及上、下护坡

续表

导流方式		初期导流阶段		施工期临时度汛阶段	施工运用阶段②
		截流前期	截流拦洪期		
分期导流	时段	开工至二期坝段截流	截流至坝体第一次拦洪	同一次断流方式	同一次断流方式
	任务	两岸削坡；一期围护坝段清基、开挖、处理，坝体填筑；二期坝段截流	围堰修筑，二期围护部分清基、开挖、处理；坝体填筑、汛前达到拦洪高程	同一次断流方式	同一次断流方式

① 含堰坝结合及围堰拦洪方式。
② 大型工程中，也可以增加一个分期的安排，即从大坝填筑到坝顶后至全部完建的工程验收尾期。

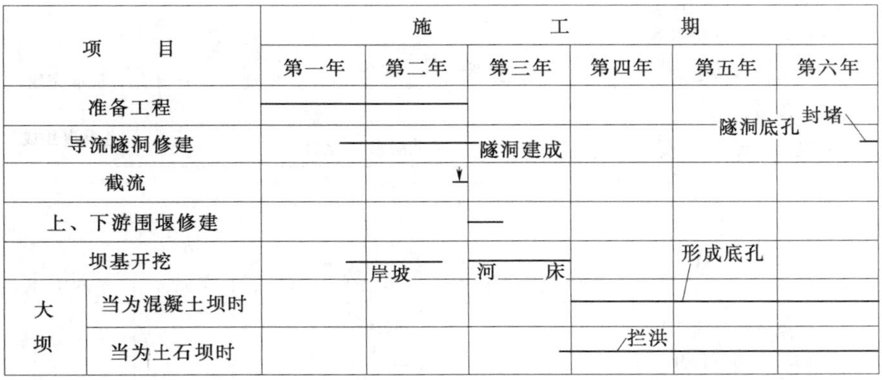

项　目	施　工　期					
	第一年	第二年	第三年	第四年	第五年	第六年
准备工程						隧洞底孔　封堵
导流隧洞修建			隧洞建成			
截流			↓			
上、下游围堰修建						
坝基开挖		岸坡	河床		形成底孔	
大坝 当为混凝土坝时						
大坝 当为土石坝时				拦洪		

图 5-1　隧洞导流施工程序

表 5-7　　　　　　　　黑河坝施工分期及各阶段主要目标

施工分期	导　流　阶　段		施工度汛阶段	施工运用阶段
	截流前期 Ⅰ	截流拦洪期 Ⅱ	Ⅲ	Ⅳ
时段	1996年1月—1998年10月	1998年10月—1999年6月	1999年7月—2000年10月	2000年11月—2001年12月
主要目标	进场，临时建设设施修建，导流洞修建，坝肩开挖处理，河床段坝基帷幕灌浆，料场复查、准备，1998年10月实施截流	修筑上下游围堰，坝基清理，心墙基础开挖及浇筑混凝土盖板，帷幕灌浆补强处理①。填筑坝体上游临时断面（高水围堰）；1999年6月达527m高程，拦挡20年一遇洪水	自下而上浇筑两岸心墙混凝土盖板及帷幕灌浆，心墙及上下游坝壳填筑，2000年6月上游临时断面达543m高程，拦挡50年一遇洪水	2000年11月封堵导流洞，全断面填筑坝体，2001年6月达581m高程，拦挡200年一遇洪水，2001年12月坝体填筑结束，达600m坝顶高程

① 该工程经过论证并报批，采用了截流前先对坝基进行帷幕灌浆，截流后实施坝基开挖、混凝土盖板浇筑，进行固结灌浆和盖板以下15m帷幕复灌处理的施工方案。

2. 涵管导流方案

在河床相对较宽，且一岸具有布置涵管的地形、地质条件时，可采用涵管导流方案。与隧洞导流方案相比，涵管导流具有施工场面大、速度快、造价低的优点。其施工程序是：开工后首先修建涵管，涵管建成后进行导流、修建围堰、地基处理，而后填筑坝体。当河床较宽、地形条件容许时，可考虑先填筑涵管一岸的坝体，以降低后期拦洪坝体的填筑强度。涵管导流施工程序如图5-2所示。

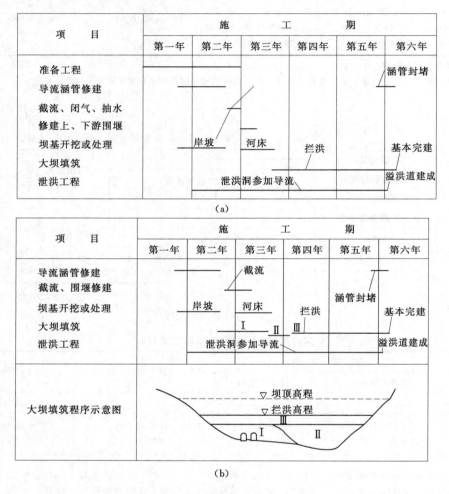

图5-2　涵管导流施工程序

(a) 一期导流；(b) 二期导流

Ⅰ、Ⅱ、Ⅲ—填筑顺序

在拟定涵管导流施工程序时，需注意的问题同隧洞导流方案。

3. 分期导流

在河床较宽的坝址且工程量较大的工程，也可采用分两期导流方案。其施工程序是：将拦河坝分两期施工，第一期先围一岸，进行一期基坑施工，待形成导流条件后，进行二期围堰截流，形成二期基坑，修建二期坝体，直至大坝完建。导流与施工任务见表5-6，施工分期案例见表 5-8。

表 5-8　　　　　　　　　　　小浪底坝施工分期

施工分期	初期导流阶段		施工期临时度汛阶段		施工运用阶段
	截流前期①	截流拦洪期②			
	Ⅰ	Ⅱ	Ⅲ	Ⅳ	Ⅴ
时段	1994年6月—1997年10月	1997年11月—1998年7月	1998年7月—1999年6月	1999年7月—2000年6月	2000年7月—2001年5月
主要目标	修筑纵向围堰围护右岸，坝基开挖及防渗处理，坝体填筑到261m高程（坝顶高程281m）；左岸坡开挖处理，实施截流	修筑围堰，主河床清基、完成防渗墙及灌浆帷幕，围堰及坝体填筑，拦挡100年一遇的洪水	心墙区岸坡混凝土面处理，左岸山脊区开挖，地基帷幕灌浆，主坝填筑到拦挡设计300年一遇洪水，校核500年一遇洪水高程（部分小断面）	主坝持续快速填筑，达到拦挡1000年一遇的洪水高程	完成剩余填筑量，施工坝顶结构物及坝顶公路，完成坝坡永久公路、马道、交通步梯及表面观测设置等

① 该阶段还分为施工准备期和右岸施工期。

② 又称河床抢工期。

（二）大坝施工分期

土石坝可以采用全断面、临时断面、围堰拦洪或分期围堰填筑部分坝体等方法施工，以保证安全拦洪度汛。大坝施工分期及适用条件如图 5-3 所示。

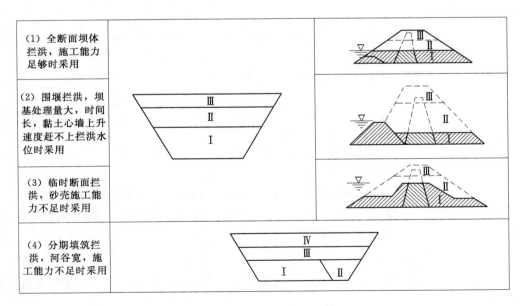

图 5-3　大坝施工分期及适用条件

Ⅰ、Ⅱ、Ⅲ、Ⅳ—填筑顺序

1. 大坝各期工程量计算

根据大坝分期按式（5-1）计算各期工程量，即

$$V = \frac{A_1 + A_2}{2} \Delta h \tag{5-1}$$

式中　V——计算部分坝体工程量，m^3；

A_1、A_2——计算部分坝体的下底、上底面积，m^2；根据坝体设计断面和地形计算，A_1、A_2 两断面间一般间隔 5m，间隔越小计算精度越高，在坝体变坡和马道部位应增加计算截面；

Δh——计算部分坝体的高度，m；即 A_1 和 A_2 间隔的距离。

上述计算公式可转化为表 5-9 进行坝体工程量计算。

表 5-9　　　　　　　　　　坝 体 工 程 量 计 算

坝体高程 /m	坝面面积 /m²	平均面积 /m²	上下高差 /m	体积 /m³	累计体积 /m³	备注
332					0	332m 高程以下坝体方量
337						
⋮						
350						马道处
354						变坡处
⋮						

2. 计算大坝各期平均施工强度

大坝各期平均施工强度可用式（5-2）计算：

$$Q = \frac{V}{T} \tag{5-2}$$

式中　Q——大坝各期平均施工强度，m^3/d；

　　　V——施工各期填筑工程量，m^3；

　　　T——该期实际有效施工天数，d。

按照各期施工强度大致均衡的原则，土石坝填筑期的月不均衡系数取值一般为 1.5，最大不超过 2.0，并在施工单位生产力允许的范围内，修改分期方案和各期坝体尺寸，或各期的填筑完工日期，直到满意为止。

二、导流时段划分

导流时段是按照导流程序划分的各施工阶段持续的时间。所以，导流时段划分也称施工时段的划分。

（一）截流时段的选定

截流时段应根据河流水文特征、气候条件、围堰施工条件以及通航等因素综合分析选

定。为使截流容易可靠，宜安排在汛后枯水时段，严寒地区宜避开河道流冰及封冻期。在安排施工总进度时，除应考虑截流简易的条件外，还需考虑以下因素。

（1）导流泄水建筑物的过水条件。采用明渠、隧洞或涵管导流方案时，这些泄水建筑物应当建成，并具备通水条件。截流时段安排在形成导流条件后的枯水期内。

（2）围堰施工的要求。在大流量的河流上，围堰工程量较大，施工较艰巨。围堰一般均要求在一个枯水期建成。当采用土石围堰时，围堰是在截流戗堤上进行加高形成的，此外，还要进行防渗处理；当采用混凝土围堰时，在截流闭气后，要进行基坑排水、围堰清基，而后进行混凝土浇筑。因此，应从枯水期末向前推算，据以确定河床截流时段。

（3）土石坝工程在截流后到第一个汛前必须使坝体上升到拦洪高程，有时填筑强度很高，难以达到，此时应尽量提前截流，增加拦洪前的填筑时间，降低填筑强度。

一般情况下，截流时段均安排在进入枯水季节的初期，根据我国河流的特性，北方河流常定在10—11月，南方河流常定在11—12月。

（二）围堰挡水时段的选定和坝体拦洪

围堰挡水时段一般有三种情况。

（1）围堰枯水期挡水，洪水期围堰失效，基坑施工时段为一个枯水期。适用于基坑工作量不大，一个枯水期能够完成河床坝基开挖和处理，并将坝体填筑到拦洪高程。这种方案在中小工程中常见。

（2）围堰全年挡水，基坑和大坝可以常年施工。适用于基坑工作量大，一个枯水期不可能完成坝基开挖、处理，并将坝体达到拦洪高程。这种方案大坝的施工进度有保证，施工强度较均衡。但由于导流流量大，相应的围堰和导流泄水建筑物工程量也大，有时可能因为泄水建筑物工程艰巨而需推迟截流日期，进而推迟了工程受益日期和延长了总工期。

（3）围堰枯水期挡水，采用过水围堰型式。此种方案适用于基坑工作量大，而采用全年挡水围堰又有困难。对于洪枯流量变化大，泥沙含量少的河流尤为适宜。

围堰挡水时段的长短，既关系到导流布置和造价，又影响到施工总进度的编制，须进行综合的技术经济比较后选定。

截流和拦洪时间确定后，根据截流到拦洪的时间扣除围堰填筑、基坑排水、基坑开挖和地基处理的时间，进而得出这一时间段的有效填筑日数，按黏土心墙填筑上升速度每天0.2～0.4m确定大坝可能达到的拦洪高程。

（三）导流洞下闸封孔时间的确定

1. 封孔时间的选定

导流洞封堵，首先要下闸止水，而后浇筑混凝土堵头，并进行回填灌浆。下闸封洞的时间应考虑的因素很多，从编制总进度的角度，应综合考虑以下因素。

（1）下闸之后，水库即开始蓄水，蓄水后的下一个汛期，将运用永久的泄洪建筑物泄洪。故下闸蓄水之后，最迟在汛期到来之前永久泄洪建筑物应基本建成。对土石坝，岸边溢洪道或泄洪洞应具备泄洪条件，大坝应达到泄洪时的安全高程，此高程由导流设计提供。

（2）下闸后水库水位不断上升，而堵洞需要一定的工期，堵头未发挥作用之前，须由闸门承受水压力。因此，下闸和蓄水应安排在枯水季节，并需进行蓄水计算，根据闸门的设计水头和堵洞所需工期确定下闸的日期。

（3）下闸蓄水后，将影响到下游工农业用水和航运。为此，应在建成向下游供水的设施之后，才能下闸蓄水。

一般来说，应在保证大坝安全的前提下，尽可能提前发电（供水）。根据初始发电水位，利用库容曲线求得相应的水库蓄水量，按照保证率的要求，用典型枯水年各月平均流量推算出封孔日期。即此时封孔蓄水，可以保证到初始的发电日期，水库水位可以达到初始发电水位。

例如，某电站要求 5 月 1 日发电，初始发电库容 V，推算封孔蓄水日期按表 5-10 计算。

表中 V_i 为第 i 月的来水总量，V'_i 为第 i 时下游要求的供水量。由表可知，蓄水 4 个月才能达到相应与初始发电水位的存蓄量。故推得封孔日期为 1 月上旬。

表 5-10 封孔蓄水日期推算表

蓄水时间	80%来水量/m³ $V_i = Q_i T$	下游要求供水量 $V'_i = q_i T$	累计蓄水量/m³ $Z_x = (V_i - V'_i)$
4 月	V_4	V'_4	$V_4 - V'_4 < V$
3 月	V_3	V'_3	$\sum_{i=4}^{3}(V_i - V'_i) < V$
2 月	V_2	V'_2	$\sum_{i=4}^{2}(V_i - V'_i) < V$
1 月	V_1	V'_1	$\sum_{i=4}^{1}(V_i - V'_i) \geqslant V$

2. 大坝安全校核

封孔日期是以蓄枯水年水量保证如期发电来确定的，如果封孔以后所遇到的不是枯水年而是丰水年，则库内水位上升很快，有利于发电，但势必威胁尚未修建到顶的大坝安全。因此，必须按丰水年来水量校核大坝安全上升高程，即要求各月末坝体前沿最低高程达到下月最高水位以上。校核标准按库容及下游安全而定，可按表 5-11 进行计算比较。表中 V_i 为 i 月的来水总量，h_i 为 i 月底相应的库水位，H_{i-1} 为 i 月的前一月底大坝应达到的高程。若 $H_{i-1} > h_i + \sigma$，其中 σ 为安全超高，此时即认为大坝是安全的，否则认为有漫顶危险。

表 5-11 大 坝 安 全 校 核 标 准

蓄水时段	1%来水量 V_i	逐月累计水量 $\sum V_i$	库水位 h_i	坝面高程 H_i
1 月末	V_1	V_1	h_1	H_0
2 月末	V_2	$V_1 + V_2$	h_2	H_1
3 月末	V_3	$V_1 + V_2 + V_3$	h_3	H_2
...				

如果校核结果，安全度太大，可以考虑提早发电，如不能满足安全要求，可采取提高大坝上升速度，延迟封孔和发电，利用永久或临时泄水建筑物控制上游水位等措施，以保

证大坝安全。

（四）初拟轮廓性进度

根据确定的截流、拦洪、封孔、发电日期和大坝分期可绘制工程施工轮廓进度，图5-4为某工程轮廓进度。

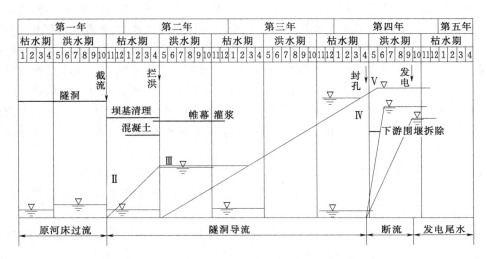

图 5-4 某工程临时断面拦洪方案大坝施工轮廓进度

任务三 导流工程规划与设计

目 标：（1）掌握导流隧洞的规划、布置方法和步骤；掌握围堰型式及特点和尺寸拟订；理解大坝拦洪校核。

（2）会进行导流隧洞水力计算；会选择围堰型式并能拟订围堰尺寸。

要 点：（1）导流隧洞的规划与布置方法。

（2）围堰尺寸拟订及汛期大坝拦洪校核。

执行过程：导流建筑物规划与布置→大坝拦洪水位确定→大坝安全校核。

土石坝工程常用隧洞导流方案。隧洞导流方案需要规划设计导流隧洞的断面形式与尺寸；进出口的型式与布置；围堰的型式、尺寸和平面布置。

在隧洞设计时一般先拟出几个隧洞的断面尺寸，不同的底坎高程和不同的布置方案，进行技术经济比较，然后确定最优的隧洞断面和进出口底坎高程。在方案比较时应分析研究的问题是：隧洞尺寸大小，底坎高程对拦洪水位及大坝合龙段施工的影响；隧洞尺寸，底坎高程对围堰及隧洞工程量的影响；通航过筏条件；对工程截流的影响。

一、导流隧洞规划布置

确定泄水建筑物断面形式和尺寸，并进行平面和立面的布置。

（一）拦洪水位拟定

拦洪水位可根据已定的拦洪坝高扣除安全超高 2～3m，即为拦洪水位。

（二）确定隧洞过水断面

1. 隧洞最大下泄量计算

水库对洪水具有调节作用。按照隧洞的泄流条件和水库调节性能，根据洪峰过程线可以求得隧洞泄水过程线，其关系如图 5-5 所示，图中 V 为水库形成的最大库容，$Q_{泄}$ 为相应于最大库容 V 时的隧洞最大下泄量。在已知洪水过程线和上游拦洪水位的条件下，若求得隧洞泄水过程线，就得出相应拦洪水位时的隧洞最大下泄量。但泄水过程线需经调洪运算求得，计算工作量大。为简化计算，曲线 AB 以直线代替，就可方便地计算出阴影部分面积所代替的库容 V'，并与拦洪水位相应库容 V 比较，如 $V'=V$，则 AB 直线段即为所代替的隧洞泄水过程线，$Q_{泄}$ 为所求隧洞的最大下泄流量。如 $V'\neq V$，则需另假定 AB 线位置进行试算。

隧洞最大下泄量的计算方法如下。

（1）在估计所求 B 点附近，任意选定 B_1、B_2、B_3 三点，通过 B_1、B_2、B_3 向 A 点方向作三条直线，并与洪峰过程线相切。

（2）计算相应直线 AB_i 与洪峰过程线所包围的面积（即相应库容）和相应的隧洞最大泄量，并绘制 Q-V 关系曲线，如图 5-6 所示。

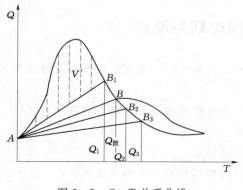
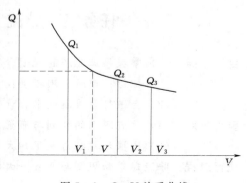

图 5-5　Q-T 关系曲线　　　　　　图 5-6　Q-V 关系曲线

（3）根据拦洪水位相应库容 V，在 Q-V 曲线上，找出相应的隧洞最大下泄流量。

2. 泄放最大流量时的隧洞流速计算

大坝拦洪时，隧洞泄放最大流量，一般为压力流，其流速按有压流公式计算，即

$$v = \frac{1}{\sqrt{1+\sum f}}\sqrt{2g\ (H_0 - h_p)} = m\sqrt{2g\ (H_0 - h_p)} \qquad (5-3)$$

式中　m——流量系数，可取 0.85；

　　　$\sum f$——进口及洞内局部水头损失和沿程水头损失之和；

　　　v——洞里平均流速，m/s；

H_0——隧洞出口底坎以上高程至上游水位并计入行进流速水头的总水头，m，在洞
　　　线布置之前用拦洪水位计算；

h_p——隧洞出口低坎以上计算水深，m，可根据隧洞最大泄量，从坝址水位流量关
　　　系曲线上查得。

3. 隧洞过水断面面积

隧洞过水断面面积可根据下式计算，即

$$W = \frac{Q_{\text{泄}}}{v} \tag{5-4}$$

式中　W——隧洞过水断面面积，m^2；

　　　$Q_{\text{泄}}$——隧洞最大下泄流量，m^3/s；

　　　v——洞里平均流速，m/s。

（三）隧洞断面型式、尺寸及布置

1. 隧洞断面型式及尺寸

导流隧洞的断面型式有圆形、马蹄形和城门洞形（拱门
形），其中城门洞形最普遍，这种型式开挖方便，有利于泄流
和截流，断面型式如图 5-7 所示。H/B 一般在 $1\sim1.5$，α 一
般在 $90°\sim180°$，当 α 取 $180°$，H/B 为 1 时，其断面面积可根
据下式计算，即

$$W = B^2 + \frac{\pi}{8}B^2 \tag{5-5}$$

由式（5-5）和式（5-6）可求得隧洞的底宽，进而确定
隧洞的断面尺寸。

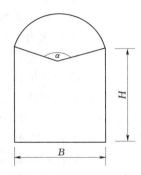

图 5-7　城门洞形隧洞断面

2. 隧洞布置

隧洞路线应结合地形地质条件选定，一般长度应尽可能短，但必须考虑进出口与
上下游围堰之间保持 $20\sim50m$ 的距离（根据水深及河床覆盖厚度确定），防止水流冲
刷围堰。隧洞轴线尽可能布置成直线，当转弯时，其转弯半径不少于 5 倍的隧洞底
宽。导流洞的底面高程一般布置在最低水位以下一定高程（通过方案比较确定），布置应
注意以下方面。

（1）使截流方便，进口底部高程宜低。

（2）有通航要求，航行过水要求一尺水深，净空、流速小于 $3\sim6m/s$。

（3）为了隧洞施工方便（出渣方便、排水容易），进口底部高程宜布置的高些。

隧洞底坡一般为 $0.2\%\sim0.5\%$，也可以布置成平底坡，视河床纵坡而定。为了保证
水流平顺，隧洞进出口各有一定长度的直线段和明渠段。在进口应设置喇叭段。封孔闸门
布置于洞口，当洞口宽度超过 6m 时，应布置中墩，以减少封孔闸门跨度。出口明渠段可
以扩大口门，反坡与原河道相接，其出口轴线与河床水流轴线交角最好小于 $30°$。

隧洞进出口顶部岩石覆盖厚度一般不小于 $1.0\sim2.0$ 倍隧洞净宽，视地质条件而定。

二、汛期大坝拦洪校核

根据已定的隧洞尺寸和泄流条件，经过调洪演算确定上游拦洪水位，以检查此时的坝

面高程是否能安全拦洪。

（一）绘制水库水位与隧洞泄流量关系曲线

1. 明流水力计算

当隧洞上游水位较低时，洞内为无压流，进口洞内水深可按下式计算，即

$$h_1 = h_2 + \frac{V_2^2}{2g} - \frac{V_1^2}{2g} + \left(\frac{\overline{V}^2}{\overline{C}^2 \overline{R}} - i \right) L \qquad (5-6)$$

$$\overline{V} = \frac{V_1 + V_2}{2}$$

式中　h_1——进口洞内水深，m；

　　　h_2——出口洞内水深，m；

　　　V_1——进口洞内流速，m/s；

　　　V_2——出口洞内流速，m/s；

　　　$\overline{V}$——洞内平均流速；

　　　$\overline{C}$——平均谢才系数；

　　　$\overline{R}$——平均水力半径，m；

　　　L——隧洞长度，m；

　　　i——隧洞底坡。

由上述公式计算隧洞进口洞内水深，其步骤如下。

（1）判别出口流态。首先，设定隧洞出口下游河道水深 $h_下$，再根据河道的比降推算出坝址处相应于 $h_下$ 的水位，由坝址处水位流量关系曲线得出此时隧洞的下泄流量，再由式（5-7）计算隧洞内临界水深 h_k。

当 $h_k < h_下$ 时，淹没出流　　　　　$h_2 = h_下$

当 $h_k \geqslant h_下$ 时，自由出流　　　　　$h_2 = h_k$

式中　$h_下$——出口下游水深，m；

　　　h_k——临界水深，m；矩形过水断面时：

$$h_k = \sqrt[3]{\frac{aq^2}{g}} \qquad (5-7)$$

（2）确定 h_2 后，假定 h_1 用式（5-6）列表试算，见表5-12。

表 5-12　　　　　　　　　　　　进 口 洞 内 水 深 计 算

h_1	h_2	V_1	V_2	$\overline{V}$	$\overline{R}$	$\overline{C}$	$\frac{V_1^2}{2g}$	$\frac{V_2^2}{2g}$	$\frac{\overline{V}^2}{\overline{C}^2\overline{R}}$	h

（3）进口落差近似按下式计算，即

$$Z = \frac{V_1^2}{\varphi^2 2g} - \frac{V_0^2}{2g} \qquad (5-8)$$

式中　φ——流速系数，取 0.8～0.9；

　　　V_0——上游行进流速，当 $V_0 < 1$m/s 时，流速水头很小，式（5-8）中第二项可略去。

（4）计算水库水位 ∇H_u，即

$$\nabla H_u = 隧洞进口底坎高程 + h_1 + Z \qquad (5-9)$$

2. 有压流水力计算

当隧洞上游水位较高，洞口封闭，洞内充满水流，此时隧洞内为有压流，隧洞进口底坎水深可按下式计算，即

$$H_0 = h_2 + \frac{V^2}{2g}(1+\varepsilon) + \left(\frac{V^2}{C^2 R} - i\right)L \qquad (5-10)$$

$$C = \frac{1}{n}R^{\frac{1}{6}} \qquad (5-11)$$

式中　H_0——隧洞进口底坎以上水深，m；

　　　　h_2——出口计算水深，m；自由出流时，$h_2 = 0.85D$；淹没出流时，$h_2 = h_下$；

　　　　V——洞内流速，m/s；

　　　　ε——局部损失系数之和，进口采用喇叭口时，$\varepsilon_进 = 0.25$；

　　　　L——隧洞长度，m；

　　　　C——谢才系数；

　　　　R——水力半径；

　　　　n——糙率，混凝土衬砌时，$n = 0.014$；不衬砌时，$n = 0.035$。

则上游水位　　　　　　　　$\nabla H_u = 进口底坎高程 + H_0$

计算时，假定几个隧洞下泄流量，分别计算出相应的上游水位。

3. 绘制隧洞流量曲线

根据上述计算成果，画出无压和有压部分的泄流量与水位的关系曲线，并以光滑曲线连接这两部分曲线，以代替半有压流曲线，如图 5-8 所示。

（二）拦洪水位确定

依据水库水位库容曲线、洪峰流量过程线、坝址水位流量关系曲线、隧洞泄流能力曲线，通过调洪运算，确定汛期拦洪水位。

1. 水库调洪计算的基本原理

水库调洪计算的基本原理是水库的水量平衡。即在某一时段 Δt 内，入库水量与出库水量之差，应等于该时段内水库蓄水量的变化，如图 5-9 所示。用公式表示，即水库的水量平衡方程式为

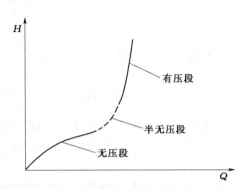

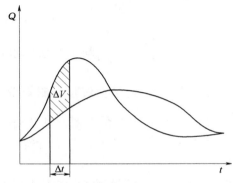

图 5-8　水库上游水位与隧洞下泄流量关系曲线　　　图 5-9　水库水量随时间变化关系图

$$\frac{Q_1+Q_2}{2}\Delta t-\frac{q_1+q_2}{2}\Delta t=V_2-V_1=\Delta V \tag{5-12}$$

式中　Q_1、Q_2——时段 Δt 始末的入库流量，m^3/s；

$\qquad$ q_1、q_2——时段 Δt 始末的出库流量，m^3/s；

$\qquad$ V_1、V_2——时段 Δt 始末的水库蓄水量；

$\qquad$ Δt——计算时段，其长短视入库流量的变幅而定。陡涨陡落的小河，Δt 可取短些；流量变化平稳的大河，Δt 可适当取长些。有时为了满足设计和运用精度的要求，在洪水过程线的洪峰附近取短些，其余时间取长些。

水量平衡方程式（5-12）的求解：Q_1 和 Q_2 由洪水过程线查出，q_1、V_1 根据水库调洪计算的起始条件确定。q_2、V_2 两个都是未知数，故式（5-12）不能独立求解，还必须建立第二个方程式，即水库下泄流量 q 与水库蓄水量 V 的关系方程式。

$$q=f(V) \tag{5-13}$$

列出联立方程组为

$$\begin{cases} \dfrac{1}{2}(Q_1+Q_2)\Delta t-\dfrac{1}{2}(q_1+q_2)\Delta t=V_2-V_1=\Delta V \\ q=f(V) \end{cases} \tag{5-14}$$

调洪计算工作，实际上就是求解这个方程组。已知 Q_1、Q_2 和时段（Δt）初的 q_1、V_1，求时段末的 q_2、V_2。

由于水库形状极不规则，很难列出 $q=f(V)$ 的函数式。而水库蓄水量 V 反映出水库水位 H，H 又直接关系到下泄流量 q 的水头 h。因此，可以通过库容曲线和泄流建筑物的流量曲线计算，具体方法有列表试算法和半图解法。

2. 调洪计算方法

列表试算法较为准确，并适用于计算时段改变、泄流规律变化的情况，但计算工作量较大，也非常烦琐。半图解法较为简便，同时半图解法的辅助线也可用计算机绘制，但半图解法不适用于计算时段不同或泄流规律变化的情况。半图解法又可分为双辅助线法和单辅助线法等。它要求将式（5-12）改写为

$$\overline{Q}+\left(\frac{V_1}{\Delta t}-\frac{q_1}{2}\right)=\left(\frac{V_2}{\Delta t}+\frac{q_2}{2}\right) \tag{5-15}$$

$$\overline{Q}=\frac{Q_1+Q_2}{2}$$

式中 $\left(\dfrac{V_1}{\Delta t}-\dfrac{q_1}{2}\right)$ 和 $\left(\dfrac{V_2}{\Delta t}+\dfrac{q_2}{2}\right)$ 均可与水库水位建立函数关系。因此，根据水库水位-库容曲线及隧洞水位-泄流量曲线可绘制上游水位 $\nabla H_u-\left(\dfrac{V_1}{\Delta t}-\dfrac{q_1}{2}\right)$ 及 $\nabla H_u-\left(\dfrac{V_2}{\Delta t}+\dfrac{q_2}{2}\right)$ 两条辅助曲线，故这一方法在半图解法中亦称为双辅助曲线法。然后，按设计洪水过程线，依照式（5-14）的原理列表计算，即可求得调蓄后水位变化和相应的泄流量变化过程。

起调水位应在入流量与泄流量基本相等的水位，或从限制水位调起。如果只需要推算调蓄后的最高水位和最大下泄流量，一般调至水位开始下降即可。

（1）双辅助线法。

【**例题 5-1**】　某工程采用隧洞导流，其库容曲线及隧洞泄流曲线（$\nabla H_u - q$）的数值列于表 5-13，在同一表内算得两条辅助曲线的有关数据，其曲线如图 5-10 所示。根据设计洪水过程线，取计算时段为 3h，定出不同时段的入库流量 Q 及平均值 $\overline{Q}$。起调点由 $\nabla H_{u1} = 343\text{m}$ 开始，此时 $V_1 = 0$。从图 5-10 $\nabla H_u - q$ 曲线中查得 q_1 值为 450，由此计算可得相应的 $\left(\dfrac{V_1}{\Delta t} - \dfrac{q_1}{2}\right)$ 值为 -225，由 Δt 始末的入库流量 $Q_1 = 455\text{m}^3/\text{s}$、$Q_2 = 950\text{m}^3/\text{s}$ 取平均值得相应的平均入库流量 $\overline{Q}$ 为 $702.5\text{m}^3/\text{s}$，根据式（5-15），相加后得 $\left(\dfrac{V_2}{\Delta t} + \dfrac{q_2}{2}\right)$ 值为 477.5，由图 5-9 中 $\nabla H_u - \left(\dfrac{V}{\Delta t} + \dfrac{q}{2}\right)$ 辅助曲线查得与此相应的上游水位 ∇H_{u2} 为 347.5m。以此类推，直至求出最高水位及相应的最大下泄流量，见表 5-14。本例中最高水位为 352.9m，最大泄流量为 $705\text{m}^3/\text{s}$。

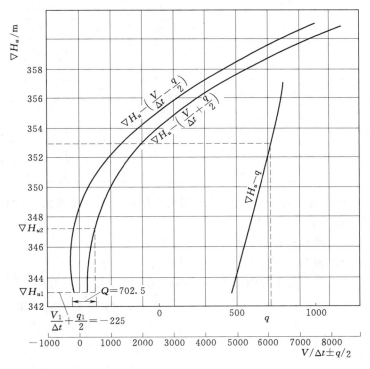

图 5-10　调洪演算辅助曲线

表 5-13　　　　　　　　　　　　　　双辅助曲线计算

上游水位 ∇H_u /m	库容 V /万 m^3	$V/\Delta t$ /(m³/s)	泄流量 q /(m³/s)	$q/2$ /(m³/s)	$V/\Delta t - q/2$	$V/\Delta t + q/2$
343	0	0	450	225	-225	225
345	60	55.6	510	255	-199.4	310.6
347	198	183.3	560	280	-96.7	463.3
349	485	449.1	610	305	144.1	754.1
351	1010	935.2	650	325	610.2	1260

续表

上游水位 ∇H_u /m	库容 V /万 m^3	$V/\Delta t$ /(m^3/s)	泄流量 q /(m^3/s)	$q/2$ /(m^3/s)	$V/\Delta t - q/2$	$V/\Delta t + q/2$
353	1815	1681	700	350	1331	2031
355	2928	2711	740	370	2341	3081
357	4358	4035	780	390	3645	4425
359	6128	5674	815	408	5266	6082
361	8448	7822	850	425	7397	8247

表 5 - 14 　　　　　　　　　　　调 洪 演 算

时间 t/h	入流量 Q /(m^3/s)	时段平均 $\overline{Q}$ /(m^3/s)	起始上游水位 ∇H_{u1} /m	$\dfrac{V_1}{\Delta t} - \dfrac{q_1}{2}$	$\dfrac{V_2}{\Delta t} + \dfrac{q_2}{2}$	泄流量 q /(m^3/s)	时段末上游水位 ∇H_{u2} /m
3	455	702.5	343.0	−225	—	450	347.5
6	950	1125	347.5	−100	477.5	570	350.2
9	1300	1200	350.2	400	1025	640	352.0
12	1100	955	352.0	950	1600	685	352.8
15	810	700	352.8	1300	1905	700	352.9
18	590	500	352.9	1310	2000	705	352.5
21	410	375	352.5	1150	1810	690	315.8
24	340	315	351.8	860	1525	680	350.8
3	290	280	350.8	550	1175	660	350.6
6	270		350.6	—	830	650	

（2）简易图解法。在中小工程中也可采用更为简便的简易图解法，计算原理及思路同隧洞最大下泄量计算。具体步骤如下。

1）假定三条隧洞泄水过程线 AB_1、AB_2、AB_3（图 5 - 5）。

2）求出相应的库容 V_1、V_2、V_3 和下泄量 Q_1、Q_2、Q_3。

3）根据 V_1、V_2、V_3 在库容曲线上得出相应的上游水位 H_1、H_2、H_3。

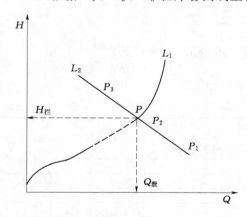

图 5 - 11　图解法拦洪水位计算

4）在绘有隧洞泄流能力曲线 L_1 的 $Q-H$ 坐标图上，绘出相应的点 P_1（Q_1，H_1）、P_2（Q_2，H_2）和 P_3（Q_3，H_3）。

5）过 P_1、P_2、P_3 点绘曲线 L_2 交 L_1 于 P，对应于 P 点的泄流量 Q 必为拦洪时隧洞最大下泄流量，相应的水位 H 即是所求拦洪水位，即将入库洪水的 $Q-H$ 曲线和隧洞泄水的 $q-H$ 曲线点绘在一张 $Q-H$ 图纸上，两者的交点即为所求的下泄洪水流量最大值 q_{max}。如图 5 - 11 所示。

（三）大坝安全校核

根据大坝施工控制进度所确定的汛期前的大

坝高程∇_1与拦洪水位H进行比较：若$\nabla_1 - \nabla_h \geqslant H$，则安全；反之不安全。其中，$\nabla_h$为安全超高。

如果校核结果为不安全，可改变进度或采用局部加高坝体拦洪等措施。

三、围堰主要尺寸、型式及布置

1. 围堰顶高程的确定

对上游围堰，在围堰挡水时段内，围堰应挡住可能发生的最大洪水，以该时段内一定频率的最大洪峰为围堰的设计流量。围堰顶高程由该设计流量时的上游水位（由库水位与泄水建筑的下泄流量曲线查得）和安全超高确定。发生设计洪水时的上游水位即是围堰拦洪水位。

下游围堰的顶高程为下游水位与超高之和。下游水位是发生设计洪峰流量时，泄水建筑物下泄最大流量时的下游水位，根据坝址处流量水位关系曲线得出。

2. 围堰的型式

围堰的型式参看教材《水利工程施工》，设计建议上下游都采用砂砾石黏土斜墙围堰，且上游围堰作为坝体的一部分。

3. 围堰的断面尺寸

（1）堰顶宽。围堰顶宽视围堰高度、结构型式及其材料组合等而定。高于10m的围堰，其最小宽度不小于3m，堰高超过20~30m时，宽度一般为4~6m。如果需要通行汽车等大型车辆，其宽度应视交通要求确定。

（2）边坡。土石围堰的边坡取决于土石料的性质，压实程度及地基的承压能力等。一般地基承压都无问题，主要取决于填筑材料的抗剪强度。干填碾压边坡，《水工设计手册》对土石坝拟定的粗估值，可供围堰设计参考（表5-15）。几个已建工程水中抛填土料的稳

表5-15　　　　　　　干填碾压粗估坝坡（参考）（1：m）

坝壳填料种类		级配不很好的砂砾石		级配良好的砂卵石		弱风化的石渣		新鲜的堆石		壤土（均质坝）	
碾压干容重/(t/m³)		1.75~1.90		1.90~2.10		1.85~2.10		1.90~2.20		1.70~1.80	
上游或下游		上游	下游	上游	下游	上游	下游	上游	下游	上游	下游
坡级（自上而下）	一级坡	心墙坝	2.0	2.0	1.8	1.75~2.0	2.0	1.8	1.75	1.7	2.0~2.5	2.0
		斜墙坝	2.5~2.75	2.0	2.5~2.75	1.5~1.75	2.5~2.75	1.5~1.8	2.5~2.75	1.3~1.5		
	二级坡	心墙坝	2.0~2.5	2.0~2.5	1.8~2.0	1.75~2.0	2.0~2.5	1.8	1.75	1.7	2.5~2.75	2.0~2.5
		斜墙坝	2.75~3.0	2.0~2.5	2.5~2.75	1.5~1.75	2.5~3.0	1.5~1.8	2.5~2.75	1.3~1.5		
	三级坡	心墙坝	2.5~3.0	2.25~2.75	2.0~2.5	1.8~2.0	2.0~2.5	2.0	1.75~2.0	1.7~1.8	2.75~3.0	2.5~2.75
		斜墙坝	2.75~3.25	2.0~2.5	2.5~2.75	1.5~1.75	2.5~3.0	1.8~2.0	2.5~2.75	1.3~1.5		
	四级坡	心墙坝	2.5~3.0	2.25~2.75	2.0~2.5	1.8~2.0	2.0~2.5	2.0	1.75~2.0	1.7~1.8	3.0~3.25	2.5~3.0
		斜墙坝	3.0~3.5	2.25~2.75	2.5~2.75	1.5~1.75	2.75~3.25	1.8~2.0	2.5~2.75	1.3~1.5		
	五级坡	心墙坝	3.0~3.25	2.25~2.75	2.0~2.5	1.8~2.0	2.5~2.75	2.0	1.75~2.0	1.7~1.8	3.25~3.5	2.75~3.25
		斜墙坝	3.0~3.5	2.25~2.75	2.5~3.0	1.5~1.75	3.0~3.5	1.8~2.0	2.5~2.75	1.3~1.5		

定边坡值见表 5-16。

表 5-16　　　　国内若干已建工程水中抛填土的稳定边坡

序号	工　程		土料	抛填水深 /m	水　下 稳定边坡	干容重 /(t/m³)
1	柘溪		粉质黏土	16～18	1:3～1:9	1.35～1.51
2	丹江口		壤土	3～9	1:6～1:7	1.41～1.55
3	官厅		次生黄土	13～26	1:4～1:9	1.4～1.46
4	都江堰		壤土	2.5	1:2.2～1:4	1.36～1.43
5	王快		壤土	5	1:2～1:2.5	1.45～1.51
6	白山		风化砂	0	1:1.72～1:1.97	1.4～1.7
7	葛洲坝	室内试验	黏土	0.7	1:1.5～1:6.4	1.26～1.49
		上弯段低水围堰	黏壤土	4～7	1:2.7～1:3.6	1.34～1.36

（3）防渗结构。河床覆盖层较薄，水深不大，应以防渗体与基岩直接连接较好。

另外，围堰的水下部分尺寸应加大。上游围堰黏土斜墙防渗体应在坝体以外，下游围堰在施工后期应予拆除。

4. 围堰的平面布置

围堰尺寸拟定好后，按比例在地形图上正确画出围堰的平面布置图，在大坝断面图上画出围堰的剖面，以反映大坝与围堰的相互位置。

四、坝体度汛临时断面设计

中、高坝在汛前如需按临时断面度汛，应对其断面进行设计。

1. 设计原则

（1）临时断面应满足稳定、渗流、变形及规定的超高等方面的基本要求，并力求分区少、变坡少、用料种类少；相邻台阶的高差一般不要超过 30～50m。高差过大时，可以通过增设平台协调坝体沉降，平台要有相当的宽度。

（2）度汛临时断面顶部必须有足够的宽度（不宜小于 12m），以便在洪水超过设计标准时，有抢修子堰（堤）的余地。工程的实践表明，临时断面的合适顶宽为 25～30m。有时断面顶宽是根据施工均衡的要求而拟定的。

（3）斜墙、窄心墙不应划分临时断面。

（4）临时断面位于坝断面的上游部分时，上游坡应与坝的永久边坡一致；下游坡应不陡于设计下游坝坡。其他情况下，临时断面上、下游边坡可采用同一边坡比，但不应陡于坝下游坡。

（5）临时断面以外的剩余部分应有一定宽度，以利于补填施工。

（6）下游坝体部位，为满足临时断面浸润线的安全要求，在坝基清理完毕后，应全面填筑数米高后再收坡，必要时应结合反滤排水体统一安排。

（7）上游块石护坡和垫层应按设计要求填筑到拦洪高程，如不能达到要求，则应采取临时防护措施。

2. 度汛临时断面位置选择

(1) 心墙坝临时断面选在坝体上游部位。此时需在上游坡面增加临时防渗措施。施工初期，由于心墙部位的岸坡和坝基的开挖、处理工期或气象因素等对心墙填筑的影响，心墙上升速度可能受到限制，此时可采用这一度汛临时断面型式，如鲁布革坝、黑河坝、小浪底坝等，如图 5-12 所示。这种型式，一般到了施工的中、后期，又可以过渡到心墙部位临时断面的度汛型式。

(2) 心墙坝临时断面选在坝体中部。初期施工不如临时断面位于上游部位的有利，且接缝工作量一般较大，但有利于中、后期度汛和施工安排，如图 5-12 (a) 所示。设计这种型式的临时断面，要注意上游补填部分的最低高程应满足汛期一般水情条件下（如 $P=5\%\sim10\%$）能继续施工的要求。对于宽心墙坝，必要时亦可将部分心墙划为临时断面，先行填筑。

(3) 对均质坝和斜墙坝，度汛临时断面应选在坝体上游部位，以斜墙为度汛临时断面的防渗体，同时应将上游的临时保护体也填筑到拦洪高程。小浪底斜心墙坝，由于填筑能力强，临时断面与全断面工程量差距不大，上游坡面无须防渗处理，如图 5-12 (d) 所示。

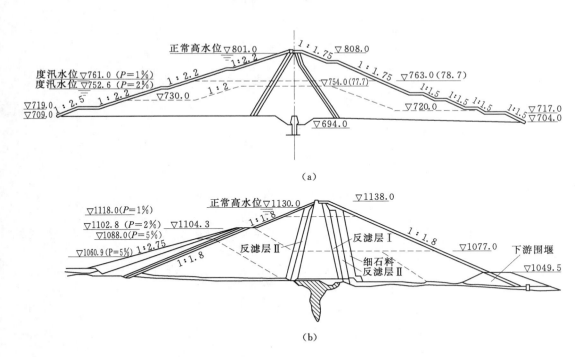

图 5-12（一）　土石坝临时度汛断面设计

(a) 石头河坝；(b) 鲁布革坝

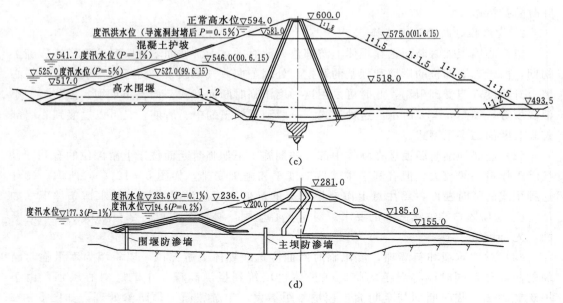

图 5 - 12（二）　土石坝临时度汛断面设计

（c）黑河坝；（d）小浪底坝

项目六　土石坝施工

项目名称		土石坝施工	参考课时/天	
学习型工作任务	任务一　机械化施工方案拟订		1	
	任务二　坝面运输布置		0.5	
	任务三　坝体填筑		1	4
	任务四　坝体施工质量控制		1	
	任务五　考核		0.5	
项目任务		根据设计等基本资料，拟订机械化施工方案、坝面运输布置、填筑方式等，能拟订坝体施工质量控制措施		
教学内容		（1）挖运强度的计算；机械化施工方案的拟订；配套设备需要量计算； （2）防渗体施工、反滤层施工、坝壳料施工； （3）坝区道路布置； （4）土石坝施工质量控制		
教学目标	知识	（1）掌握挖运强度的计算方法，掌握机械化施工方案的拟订方法，掌握配套设备需要量计算； （2）掌握土石坝施工质量控制的内容和方法； （3）理解坝区道路的布置；掌握防渗体施工、反滤层施工、坝壳料施工的程序、方法和要求		
	技能	（1）能进行挖运强度的计算；会拟订机械化施工方案；会计算配套设备需要量； （2）能合理进行坝面布置，制定坝体填筑质量控制措施； （3）能编制土石坝施工组织设计报告		
	素质	（1）具有科学创新精神； （2）具有团队合作精神； （3）具有工匠精神； （4）具有报告书写能力； （5）具有质量意识、环保意识、安全意识； （6）具有应用规范能力		
教学实施		要求各组独立思考，各组内成员集体讨论，教师从旁指导。最后教师综合各组成果进行讲评，各小组最后完善各组成果，进入下一项目学习		
项目成果		完成土石坝施工组织设计报告中的（1）机械化施工方案拟订；（2）坝面运输布置；（3）坝体填筑；（4）坝体施工质量控制措施		
技术规范		（1）SL 303—2017《水利水电工程施工组织设计规范》； （2）SL 619—2013《水利水电工程初步设计报告编制规程》； （3）DL/T 5129—2013《碾压式土石坝施工规范》； （4）《水利水电工程施工组织设计手册》（中国水利水电出版社，1997.6）		

碾压式土石坝施工，包括准备作业、基本作业、辅助作业和附加作业。

　　准备作业主要包括"四通一平"，施工临时设施，施工生活福利设施及施工排水与清基等准备工作。

　　基本作业包括料场土石料开采，挖装运输，坝面铺土平土、碾压、质检等项作业。

　　辅助作业包括料场覆盖层清除，土石料处理，土料加水和碾压层间刨毛等项作业。

　　附加作业包括坝坡修整，护坡砌石和铺植草皮等为保证坝体长期安全运行的防护和修整工作。

任务一　机械化施工方案拟订

目　　标：（1）掌握挖运强度计算方法；掌握配套设备需要量计算方法；掌握机械需要量计算方法；掌握机械化施工方案的拟订原则。

　　　　　（2）会进行机械选型，并确定机械用量。

　　　　　（3）具有爱岗敬业、团结协作精神。

要　　点：（1）机械化施工方案的拟订原则。

　　　　　（2）机械需要量计算方法。

　　土石坝填筑施工的机械设备，一般均有多种方案可供选择。应拟订出各种可能的施工方案进行技术经济比较，以选出经济合理的最优方案。在拟订施工方案时，首先应研究完成基本作业的主要机械，按照施工条件和工作面参数选择主要机械，然后根据主要机械的生产能力和性能参数再选用与其配套的机械。

一、挖运强度计算

　　分期施工的土石坝，应根据坝体分期施工的填筑强度和开挖强度来确定相应的机械设备容量和数量。

　　（1）坝体分期填筑强度 Q_d（$\mathrm{m^3/d}$），可按下式计算，即

$$Q_d = V_d K K_1 / T \tag{6-1}$$

式中　V_d——坝体分期填筑方量，$\mathrm{m^3}$；

　　　K——施工不均匀系数，可取 1.2～1.3；

　　　K_1——考虑沉陷、削坡损失等影响系数，可取 1.15～1.2；

　　　T——分期时段的有效工作日数，d。

　　（2）坝体分期施工的运输强度 Q_t（$\mathrm{m^3/d}$），可按下式计算，即

$$Q_t = Q_d K_2 \gamma_d / \gamma_n \tag{6-2}$$

式中　K_2——土料运输损失系数，取 1.05～1.10；

　　　γ_d——设计干表观密度，$\mathrm{t/m^3}$；

　　　γ_n——土料的天然干表观密度，$\mathrm{t/m^3}$。

　　（3）坝体分期施工的开挖强度 Q_e（$\mathrm{m^3/d}$），可按下式计算，即

$$Q_e = Q_d K_3 K_2 \gamma_d / \gamma_n \tag{6-3}$$

式中　K_3——开挖的损失系数，可取 1.05～1.10。

二、拟订机械化施工方案

(一) 综合机械化施工的基本原则

从料场的开挖、运输，到坝面铺料和压实等各工序采用相互配套的机械施工，组成"一条龙"的施工流程，称为土石坝的综合机械化施工。组织综合机械化施工应遵循以下原则。

(1) 充分发挥主要机械的作用。主要机械是指在机械化施工流程中起主导作用的机械。充分发挥它的生产效率，有利于加快施工进度，降低工程成本。譬如土方工程机械化施工中，采用挖掘机挖装、自卸汽车运输、推土机铺平土、振动碾碾压，其中挖掘机为主要机械，其他为配套机械。挖掘机出现故障或工效降低，将会导致停工待料或施工强度降低。

(2) 根据机械工作特点进行配套组合。连续式开挖机械和连续式运输机械配合，循环式开挖机械和循环式运输机械配合，形成连续生产线。否则，需要增加中间过渡设备。

(3) 充分发挥配套机械的生产能力。在选择配套机械，确定配套机械的型号、规格和数量时，其生产能力要略大于主要机械的生产能力，以保证主要机械生产能力的充分发挥。

(4) 配套机械应便于使用、维修和管理。选用适用性广泛、类型比较单一、通用性好的机械，便于维修管理。

(5) 合理布置工作面，加强机械保养。合理布置工作面和运输道路，以减少机械的运转时间，避免窝工。严格执行机械保养制度，使机械处于最佳状态，以提高工效。

总之，选择机械应使生产效率高、操作灵活、机动性高、安全可靠、结构简单、防护设备齐全、废气噪音易控制、环保性能好。并且，机械的购置和运转费用要少，劳动量和能源消耗应低。通过技术经济比较，选出单位土石方成本较低的机械化施工方案。

(二) 拟订机械化施工方案

选择开挖运输方案时，应根据工程量大小、土料上坝强度、料场位置与储量、土质分布、机械供应条件等综合因素，进行技术和经济比较后确定经济合理的挖运方案。

在拟订施工方案时，首先按照施工条件和工作面参数选定主要机械，然后依据主要机械的生产能力和性能参数再选用与其配套的机械。

(1) 根据作业内容选择挖、运、压施工方案。表 6-1 列出了常用土石坝填筑作业所配备的主要机械、配套机械及作业方法和施工条件，供选择机械时参考。土石坝类型较多，填料性质差别较大，为能充分发挥挖掘机机械的效率，应根据不同的坝料，选择适宜的机械。表 6-2 列出了不同类别的坝料所适宜的挖运机械。

表 6-1　　　　　　　　　　不同土石坝填筑作业时所配置的主要机械

工作内容		主要机械	配套机械	作业方法和施工条件
基 本 工 作				
筑坝材料开采、装载、运输、卸料和压实	平面采土	①推土机	轮胎式装载机，自卸汽车或底卸运输车	用大中型推土机下坡取土、集土，装载机装车，自卸汽车运土，并送到坝面卸散；道路平坦、运距远、运量大、能高速行驶时宜用底卸车
		②拖式铲运机		采用下坡取土方法，经济运距200m以内，可直接送到坝面上铺填
		③自行式铲运机	推土机（助推）	同②，但经济运距更大些

工作内容		主要机械	配套机械	作业方法和施工条件
筑坝材料开采、装载、运输、卸料和压实	立面采土	④正铲挖掘机	自卸汽车	开挖掌子面，并装车，自卸汽车运输，直接上坝卸散。正铲挖掘机挖掘力大、适应土质广
		⑤斗轮挖掘机	自卸汽车，底卸运输车	土方量大、道路比较平坦时，斗轮挖掘机直接装车，自卸汽车或底卸车上坝卸散
	砂砾料开采	⑥装载机	自卸汽车	宜用重型自卸汽车上坝
		⑦拉铲（索铲）挖掘机	自卸汽车	料场开阔时，可水下开采，并直接装车
		⑧链斗式采砂船	自卸汽车，驳船	宜用重型自卸汽车上坝
		⑨正铲挖掘机	自卸汽车，推土机	同④。料场应排水并降低地下水位，亦可用推土机集料
	石渣装运	⑩正铲挖掘机	自卸汽车	同④。宜用重型自卸汽车上坝
		⑪装载机	自卸汽车	宜用重型自卸汽车上坝
	反滤料铺筑	⑫装载机	自卸汽车	自卸汽车运输，上坝后由装载机铺填
		⑬自卸汽车	推土机	自卸汽车运输，推土机平料
	填方平整作业	⑭推土机		
		⑮平地机		只能用于土方平整
	填方压实作业	⑯碾压机械		根据土质选用，包括防渗体土料、坝壳料和反滤料的压实
		⑰小型压实机械		在狭窄地方和填筑与岩石接触的部位处可使用小型压实机械
辅　助　工　作				
土料翻晒		⑱推土机		翻晒和堆集成料堆，宜采用带松土器的推土机
填方洒水		⑲洒水车		
道路维修		⑳平地机、推土机		
坝坡修整		㉑推土机	凸块碾或振动碾，拖拉机	推土机削平、碾压机械或由履带式拖拉机牵引作业，或系在拖拉机的绞盘上沿坡面上下碾压

表 6-2　　　　根据坝料类别选择挖掘机械和运输机械

机械类型	砂土	壤土和黏土	砾质土	风化软岩	爆破石渣	砂砾料	
						水上	水下
正铲挖掘机	○	○	○	○	○	○	
拉铲（索铲）挖掘机	○	△	○	△		△	○
斗轮挖掘机	○	○	△	△			
链斗式采砂船							○
推土机	○	△	○	○	○	△	
铲运机	○	△					
轮胎式装载机	○	△	○	△	△	△	

续表

机械类型	砂土	壤土和黏土	砾质土	风化软岩	爆破石渣	砂砾料	
						水上	水下
履带式装载机	○	△	○	△	○	○	
自卸汽车（后卸）	○	○	○	○	○	○	○
底卸式运输车	○	○	△			△	△

注 ○—适宜；△—可用。

（2）根据运距和道路条件选择运输机械。各种运输机械和铲运机械的经济运距和对道路的要求如下：

1）履带式推土机的推运距离为 15～30m 时可获得最大的生产率。

2）轮胎式装载机用作挖掘和作短距离运输时，其经济距离不超过 100～150m；履带式装载机不超过 100m。

3）拖式铲运机的经济距离为 200～400m；自行式铲运机的经济距离为 200～1000m；链板式铲运机在运距短时，比其他形式的铲运机经济。当运距达 1000m，道路总阻力（滚动阻力与坡度阻力之和）未超过车重的 10％时，双发动机的自行式铲运机较为经济。

4）自卸汽车在运距方面适应性较大，100～5000m 均可使用。如果道路的总阻力超过车重的 6％时，铲运机不如自卸汽车经济。

采用自卸汽车可直接上坝，施工工艺简单，机动灵活，调度方便快捷，往往是最适宜的运输方案。

（3）根据料物特点和我国目前碾压机械的制造情况选择压实机械。宜用 30～50t 轮胎碾和凸块振动碾压实黏性土、砾质土；16.4t 的双联羊足碾压实黏性土；13.5t 的振动碾压实堆石、砂砾料；重 2.5t 的夯板夯实砂砾料和狭窄场地的填土；边角部位的黏性土和砾质土宜由 H8—60 型、H8—20A 型蛙式打夯机 YZ—07 型手扶振动平碾压实。

（三）机械需要量计算

施工机械需要量可根据进度计划安排的日施工强度、机械生产率、机械利用率等参数计算求得。挖掘、运输、碾压机械的台数 N 为

$$N = \frac{Q}{Pm\eta} \tag{6-4}$$

式中　Q——计算依据的施工强度，$\mathrm{m^3/d}$；

　　　m——每天计划工作班数，班/d；

　　　η——机械利用率，％；

　　　P——机械生产率，$\mathrm{m^3/台班}$，挖掘、运输机械一般为自然方，碾压机械为压实方。

其中机械利用率的定义可表示为

$$\eta = \frac{\text{计划时段内实际出勤台（日、班）数}}{\text{计划时段内制度台（日、班）数}} （％） \tag{6-5}$$

式中分子是指在计划时段内实际出勤施工的台（日、班）数。如果实际出勤台（日、班）数中包括节假日不停产的台（日、班）数时，式中分母也应加上同样的数。机械利用率是评定机械使用情况的主要指标，它决定于机械的制造质量、生产调度管理水平、维修

能力、工作条件（包括气候因素）、操作人员的技术水平等因素。

三、配套设备需要量计算

土石坝施工中，与开采设备相配套的自卸汽车在数量和所占施工费用比重上都很大，一般都在70%左右，应仔细选择车型和计算需要量。

1. 车铲容积比的选择

挖掘机（装载机）和汽车的利用率均达到最高值时的理论车铲容积比，随着运距的增加而提高，随着汽车平均行驶速度增加而降低。合理的车铲容积比见表6-3。

再根据已选定的挖掘机斗容量来选取汽车的容量或载重量。

表6-3 车 铲 容 积 比

运 距/km	<1.0	1.0~2.5	3.0~5.0
挖掘机	3~5	4~7	7~10
装载机	3	4~5	4~5

2. 汽车载重量的利用程度计算

计算装满一车的铲装次数、汽车实际的载积量（m³）和载重量（t），以确定汽车载重量的利用程度。

汽车载重量的利用程度是考核配套是否合理的另一个指标。它与车铲容积比、汽车载重量或车厢容积、土壤容重等因素有关。

装满自卸汽车车厢所需的铲装次数（取整数）应满足下列条件

$$\begin{cases} m \leqslant \dfrac{Q}{W} \\ m \leqslant \dfrac{V}{V_1} \end{cases} \tag{6-6}$$

$$W = q k_{cn} \gamma / k_s \tag{6-7}$$

式中　Q——自卸汽车的载重量，t；

　　　　V——自卸汽车车厢的堆装容量，m³；

　　　　V_1——挖装机械铲斗内料物的松散体积，m³；

　　　　W——铲斗内料物的重量，t，可用式（6-7）计算；

　　　　m——装满一车厢的铲装次数；

　　　　q——挖掘机铲斗容量，m³；

　　　　γ——料物的自然容重，t/m³；

　　　　k_{cn}——铲斗的充盈系数，一般取0.9；

　　　　k_s——料物的可松性系数。

3. 计算一台挖掘机（装载机）所需配套的汽车需要量

与挖掘机配套的汽车需要量的理论计算前提是挖掘机前总有一辆汽车待装，这样挖掘机能充分发挥效率，这时需要汽车的数量 N（取整数）为

$$N = \dfrac{T}{t_1} \tag{6-8}$$

式中 T——一辆汽车的工作循环时间，min；

t_1——装车的时间，min。

用上述方法计算求得的挖掘机械和运输车辆所组成的机群生产率，等于挖掘机械的（或是车队的，考虑时间利用系数在内）实际生产率。挖掘机配置汽车数量可参考表 6-4。

表 6-4   单台挖掘机配套汽车数量参考

挖掘机	汽车/t	运 距 /km					
		0.5	1.0	2.0	3.0	4.0	5.0
1m³	8	3	3	4	5	6	6
	10	3	3	4	4	5	5
	12	2	3	3	4	4	5
2m³	8	4	5	7	8	9	10
	10	4	5	6	7	8	9
	12	3	4	5	6	7	8
	15	3	4	5	5	6	7
	20	3	3	4	4	5	5
3m³	10	4	5	7	8	9	10
	12	4	5	6	7	8	10
	15	3	4	6	6	7	9
	20	3	4	4	5	5	6
	25	3	3	3	4	5	5
	32	2	2	3	3	4	4
4m³	15	4	5	6	8	9	10
	20	4	4	5	6	7	8
	25	3	4	5	5	5	6
	32	3	3	4	5	5	6
	45	2	2	3	3	4	4
6m³	32	5	5	6	6	6	7
	45	3	3	4	4	5	5

注 本表按1997年水利水电工程预算定额计算。

4. 技术经济比较

用上述方法所计算的汽车数量没有考虑经济因素，在工程实践中，费用指标往往是决定性因素。因此，还需要进行费用分析。一般用下式分析计算，即

$$运输单价 = \frac{每小时或每班的车队费用（元）}{每小时或每班的运输方量（m^3）} \tag{6-9}$$

$$运输单价 = \frac{每小时或每班的机群费用（元）}{每小时或每班的机群完成方量（m^3）} \tag{6-10}$$

设计时应拟定多种方案，分别计算其单价，单价最低者即为最优方案。

5. 备用车辆数的确定

一般情况下应按要求配置备用车辆。当有多台挖掘机同时为几个车队装车时，建议每5辆出勤车配置1辆备用车。对于车多的车队，这一比例可减小一些。总之，应根据以往的施工经验、车辆新旧程度、施工道路路况以及现场具体情况来确定备用车辆的数量。

四、土石坝综合机械化施工机械选择案例

石头河水库心墙土坝，坝高106m，心墙黏土料为198万 m³，坝壳砂卵石料573万 m³，过渡带反滤料32.8万 m³。施工组织设计中曾拟定如下三个综合机械化挖、运方案。

（1）东方红75型拖拉机牵引2.5m³铲运机和红旗100型拖拉机牵引6～8m³铲运机。

（2）1m³挖掘机配3.5t和8t自卸汽车。

（3）2.5～8m³铲运机和60～120马力推土机配800～1000mm带式输送机。

经过分析论证，方案3不仅挖、运单价较低，而且具有施工干扰少，设备及配件供应容易解决，管理方便，运行人员少等优点，故选定该挖、运方案。

开工后工地采用斗轮式挖掘机配合带式输送机运输，保证了挖、运的连续作业。后来该工程土料系统采用的施工方案为DW—200型斗轮式挖掘机挖土，带宽1000mm的带式输送机运土，坡度为1:1.13～1:1.15的半圆形溜槽和带式输送机转运，12t自卸汽车坝面铺土，推土机平土，25～35t轮胎碾和8.5t羊足碾联合碾压。

砂石料系统施工方案为WK—4正铲挖掘机开挖，20t自卸汽车运输，推土机平料，25t轮胎碾压实。

反滤料系统施工方案为1m³拉铲挖掘机开采，3.5t和8t自卸汽车运输，推土机平料，25t轮胎碾压实。

施工机械的数量以坝壳砂卵石料为例计算如下。

为保证坝体在汛前抢筑到拦洪高程，经计算汛前的上坝方量为133.6万 m³，这一施工阶段日历天数为212d（有效工作日数为139d），计7个月，昼夜施工。

$$月平均施工强度 = \frac{133.6}{7} = 19.1 （万 m³/月）$$

$$班平均施工强度 = \frac{1336000}{139 \times 3} = 3204 （m³/班）$$

根据概算指标：WK—4正铲台班产量为667m³，20t自卸汽车当平均运距为5km时，台班产量为44.5m³；轮胎碾台班产量为667m³。施工不均匀系数采用1.3，计算各种施工机械的数量为

WK—4正铲挖掘机　　$N_1 = \dfrac{QK}{P_1} = \dfrac{3204 \times 1.3}{667} \approx 6$（台）

20t自卸汽车　　　　$N_2 = \dfrac{QK}{P_2} = \dfrac{3204 \times 1.3}{44.5} \approx 94$（台）

25～35t轮胎碾　　　$N_3 = \dfrac{QK}{P_3} = \dfrac{3204 \times 1.3}{667} \approx 6$（台）

根据挖掘机的斗容量确定自卸汽车载重量，应满足挖掘机配套的工艺要求。挖掘机斗容量和汽车的载重量的比值应在一个合理的范围内。按下式计算所选挖掘机装车的斗数 m，即

$$m = \frac{Qk_s}{qK_{cn}\gamma} \tag{6-11}$$

本实例挖掘机与汽车的配合为 $4m^3$ 挖掘机装载 $20t$ 自卸汽车，砂料天然容重为 $2.2t/m^3$，充盈系数为 0.9，砂料的可松性系数为 1.25，则挖掘机装车的斗数 m 为

$$m = \frac{20 \times 1.25}{2.2 \times 4 \times 0.9} \approx 3$$

$20t$ 的自卸汽车用 $4m^3$ 挖掘机每车需要 3 斗，满足配套的要求。

挖掘机挖装一斗的循环时间 $t = 50s$，汽车的运、卸、回程空返时间（运距 $5km$）$T = 1980s$，为保证连续工作，每台挖掘机需配置的汽车数量 N 为

$$N = \frac{T}{t_1} = \frac{T}{mt_c} = \frac{1980}{3 \times 50} = 13（辆）$$

6台挖掘机所需自卸汽车的总数为：$6 \times 13 = 78$（辆），小于施工强度所要求的 94 辆汽车数。考虑机械检修、车辆备用以及施工现场的道路状况等，设计确定选用：$20t$ 自卸汽车 109 辆；WK—4 挖掘机 7 台；$25 \sim 35t$ 轮胎碾 7 台。

小浪底枢纽工程主坝开挖施工机械配套见表 $6-5$。

表6-5　　　　　　　小浪底主坝开挖工程的主要配套施工机械　　　　　　单位：台

设备名称	规　格	数量	设备名称	规　格	数量
挖掘机	日立 $2.2m^3$	2	推土机	CAT D8N	9
	日立 $5.5m^3$	2		CAT D9N	2
装载机	CAT988F $5.9m^3$	3	自卸汽车	PERLINI 36t	14
	CAT922D $10.7m^3$	2		PERLINI 65t	18
露天钻机	CHA500（$2'' \sim 4''$）	3			
	CHA500（$3'' \sim 6''$）	2			

任务二　坝面运输布置

目　　标：（1）掌握坝区运输道路布置原则及要求；掌握上坝道路布置方式及特点；了解运输道路技术标准。

　　　　　（2）根据工程特点，会进行坝面道路布置。

　　　　　（3）培养团结协作、爱岗敬业精神。

要　　点：（1）坝区运输道路布置原则及要求。

　　　　　（2）上坝道路布置方式。

坝区平面布置一般均以运输线路为主要内容，首先进行布置。运输线路的布置应满

足运输量和运输强度的要求，并结合施工分期综合考虑，以充分发挥运输效率。同时使料场、坝体填筑面、运输干线、仓库、堆场、油料供应点等连接合理。应根据坝区地形、地质特点，水工建筑物的施工特性，导流、地基处理方式，并结合施工分期、坝体填筑施工方法、强度和其他主要运输线路，详细研究上坝线路规划布置，并拟定几种上坝运输线路布置的方案，针对几种主要方案，从施工进度、经济效果、技术条件主要方面进行综合比较，选择出合理的上坝线路；然后在上坝线路的基础上，安排布置其他临时设施。

一、坝区运输道路

汽车运输适用性强、机动灵活、管理方便，可以直接上坝，能适应高强度施工要求。目前，自卸汽车运输坝料直接上坝方式已成为普遍采用的方案。本节仅叙述汽车运输道路的布置及技术标准。

（一）坝区运输道路布置原则及要求

（1）根据地形条件、枢纽布置、工程量大小、填筑强度、自卸汽车吨级来统筹布置场内施工道路。应用科学的规划方法进行运输网络优化。

（2）运输线路宜自成体系，并尽量与永久道路相结合。永久道路在坝体填筑施工以前完成。运输道路不要穿越居民点或工作区，尽量与公路分离。

（3）连接坝体上、下游交通的主要干线，应布置在坝体轮廓线以外。干线与不同高程的上坝道路相连接，应避免穿越坝肩岸坡，以避免干扰坝体填筑。

（4）坝体内的道路应结合坝体分期填筑规划统一布置，在平面与立面上协调好不同高程的进坝道路的连接，使坝体内临时道路的形成与覆盖（或消除）满足坝体填筑要求。

（5）运输道路的标准应符合自卸汽车吨级和行车速度的要求。实践证明，用于高质量标准道路的投资，足以用降低汽车维修费用及提高生产率加以补偿。路基坚实，路面平整，靠山坡一侧设置纵向排水沟，顺畅排除雨水和泥水，以避免雨天运输车辆将路面泥水带入坝面，污染坝料。

（6）道路沿线应有较好的照明设施，路面照明容量不少于3kW/km，确保夜间行车安全。

（7）运输道路应经常维护和保养，及时清除路面散落的石块等杂物，并经常洒水，以减少运输车辆的磨损。

（二）上坝道路布置

1. 汽车运输线路布置形式

（1）环形线路。轻、重车分道环形行驶。行车安全，运输效率高，适用于狭长填筑面施工，但临建工程量较大。可优先考虑选用。

（2）往复线路。轻、重车在同一线路上行驶。路面较宽，峡谷地区布置较方便，临建工程量较小，但错车频繁，转弯处不太安全，进出坝面、料场穿插干扰大，且车辆常常偏向一侧重行，对行车不利。用于峡谷地区运输量不大的工程。

（3）混合线路。环形与往复线路混合布置，干线用环行（双行道）、坝区和料场用往复（单行道），布置比较灵活。

2．上坝道路布置方式

上坝道路的布置，应根据坝址两岸地形、地质条件，枢纽布置，坝高，上坝强度，汽车车型、吨位等情况，结合施工总平面布置综合考虑，以利于各施工系统之间的相互联系。其布置方式有：岸坡式、坝坡式和混合式。

（1）岸坡式。岸坡式布置分为一岸布置和两岸布置。一岸布置适用于坝区河谷狭窄，一岸平缓，另一岸陡峻或地质条件差，不易修筑道路，上坝强度低，坝高小于 60m 的情况，路的级差一般为 10～20m。两岸布置适用于两岸地形、地质有条件布置多级上坝道路，且两岸道路不在同一个高程，便于交替使用，上坝强度较高，填筑面较长的情况，路的级差一般为 20～30m。

（2）坝坡式。指在坝下游坡面设计线以外布置临时或永久性的上坝道路（临时道路在坝体填筑完成后消除）。坝坡式布置适用于两岸坡度较陡，地质条件较差，或与其他施工布置有较大干扰，且河谷有一定宽度的情况。在地形条件允许时，回头曲线尽可能布置在坝体以外，道路尽量向岸坡延伸，以减少坝坡上的道路长度，坝高一般大于 60m。

（3）混合式。混合式上坝道路的布置适用于上坝强度大，坝较高，两岸地形、地质条件狭窄的地区。

在岸坡陡峻的狭窄河谷内，根据地形条件，有的工程用交通洞通向坝区。用竖井卸料以连接不同高程的道路，有时也是可行的。

3．坝内临时道路布置

（1）堆石体内道路。根据坝体分期填筑的需要，除防渗体、反滤过渡层及相邻的部分堆石体要求平起填筑外，不限制堆石体内设置临时道路，其布置为"之"字形，道路随着坝体升高而逐步延伸，连接不同高程的两级上坝道路。为了减少上坝道路的长度，临时路的纵坡一般较陡，为 10% 左右，局部可达 12%～15%。

（2）穿越防渗体道路。心墙、斜墙防渗体应避免重型车辆频繁穿越，以免破坏填土层面。如上坝道路布置困难，而运输坝料的车辆必须通过防渗体，应调整防渗体填土工艺，在防渗体坝面布置临时道路。穿越防渗体道路布置形式有台阶式、左右交替式和平起式。

1）台阶式。台阶式布置道路变更次数较少，可以铺设路面，运输条件较好，但防渗体不能平起填筑，台阶之间留有横向通缝，接缝处理工作量大。每填筑 5～15m 高度需要变更一次道路，一般在分期坝段同时填筑时采用。例如黑河黏土心墙砂卵石堆石坝，砂卵石料全部取自下游河床，采用 45t 自卸汽车运输，汽车经由坝下游坡面的永久道路上坝。坝体上游区填料运输，汽车必须穿越心墙。心墙坝面采用分两区平起填筑，在分段处铺设 0.8m 厚的砂卵石料，形成 12m 宽的过心墙道路，两区高差 5～10m。填土前临时道路应全部挖除，并将路基填土层处理合格，方可继续填土。如图 6-1 所示。

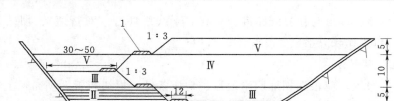

图 6-1　黑河坝穿越心墙道路布置示意图（单位：m）

1—道路；2—混凝土盖板；Ⅰ、Ⅱ、Ⅲ、Ⅳ、Ⅴ—心墙填筑层次序

2）左右交替式。左右交替式适用于坝面最大纵坡小于 10% 的情况。此种方式有利于坝面施工排水，一般没有横向接缝；因有纵坡，碾压机械在纵向斜坡上作业，需要较大的牵引力；坝轴线过长时，过坝道路可同时设置两条以上线路。左右交替可以是缓坡也可以是陡坡交替，陡坡交替时在坡段处需要挖除一部分。左右交替道路布置如图 6-2 所示。

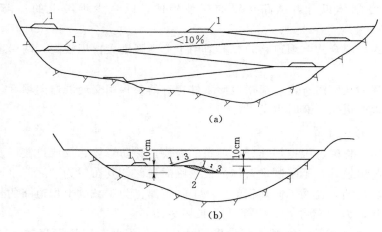

图 6-2　左右交替式道路布置示意图

（a）缓坡交替；（b）陡坡交替

1—道路；2—挖除部分（厚 1m）

3）平起式。平起式填筑有利于机械的流水作业施工，但道路变更频繁，不能设置路面，有时易产生过压现象。道路多布置在施工流水区段的分界处，每填筑 2~3 层反滤料后变更一次道路位置，道路处的填筑层数较多，对大面积施工稍有干扰。平起式布置如图 6-3 所示。

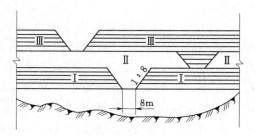

图 6-3　防渗体平起式施工横穿道路布置图

Ⅰ、Ⅱ、Ⅲ—填筑层顺序

二、运输道路技术标准

土石坝施工道路的技术等级和参数，由于

工程规模、地形条件、汽车型号等的差异，当前国内土石坝工程修筑道路采用（参考）的技术标准尚不一致。有的工程采用露天矿山标准，有的采用公路标准。根据小浪底、黑河、天生桥一级等工程的施工经验，土石坝施工道路推荐采用露天矿山道路Ⅱ级及Ⅲ级技术标准修建，建议一级坝用Ⅱ级，二级坝用Ⅲ级道路标准。小浪底等工程施工道路技术标准见表 6-6。

表 6-6 部分工程施工道路技术标准

序号	项 目	小浪底	黑河	鲁布革	碧口	天生桥
1	坝体总填筑量/万 m³	4900	820	222	397	1800
2	坝体填筑高峰强度/(万 m³/月)	157	57	22.3	27.7	118
3	行车密度/(车次/h)	30~85	26~68			
4	汽车载重量/t	65	45	10~20	12.5	32
5	采用标准	露矿Ⅱ级	露矿Ⅱ级			露矿Ⅱ、Ⅲ级
6	路面宽/m	16.5	12	10	8	11~13
7	最大纵坡/%	8	8	6	11	
8	最小转弯半径/m	30	15		10	
9	路面结构	泥结碎石	泥结碎石		土路	混凝土

三、上坝道路布置案例

（1）碧口坝区道路布置。碧口工程为黏土心墙坝，坝高 100m，坝顶长 297m，填筑方量 420 万 m³。坝区岸坡陡峻，溢洪道施工时对岸坡道路干扰较大，结合坝体斜坡布置上下游坝坡式上坝道路，最大纵坡 11%，其布置如图 6-4 所示。

（2）升钟坝区道路布置。升钟工程为黏土心墙坝，坝高 79m，坝顶长 429m，填筑方量 359 万 m³。坝区岸坡较陡峻，岩石多为水平层状砂岩构造，修筑岸坡式上坝道路较易，所以布置较多的岸坡式上坝公路。每层道路控制坝体填筑上升高度 10~15m，道路纵坡控制在 10% 以内。其布置如图 6-5 所示。

（3）天生桥一级水电站工程。天生桥一级水电站工程为混凝土面板堆石坝，左岸岸坡较陡，右岸稍缓，上坝材料为右岸溢洪道的开挖料。所以主要运输线路布置在右岸下游坝坡，控制高差 30~40m，下游坝坡道和上游道路配合进料。其布置如图 6-6 所示。

（4）车坝工程。车坝工程坝区处于深山峡谷地带，右岸稍缓，左岸陡峻，所有料场均在右岸上下游地区。溢洪道设在右岸。上坝道路为岸坡式，路面宽 8m，纵坡 10% 左右，个别地段最大为 18%，坡长限制在 300~400m，平均道路级差 15m。坝区道路布置如图 6-7 所示。

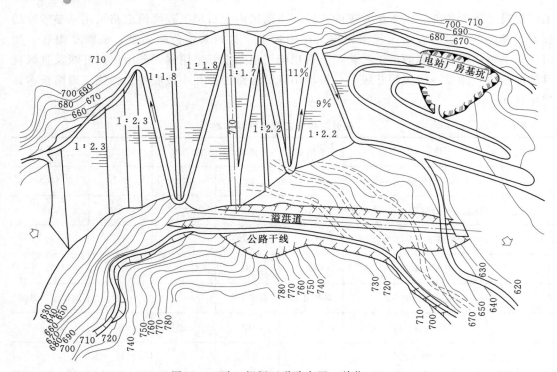

图 6-4 碧口坝坝区道路布置（单位：m）

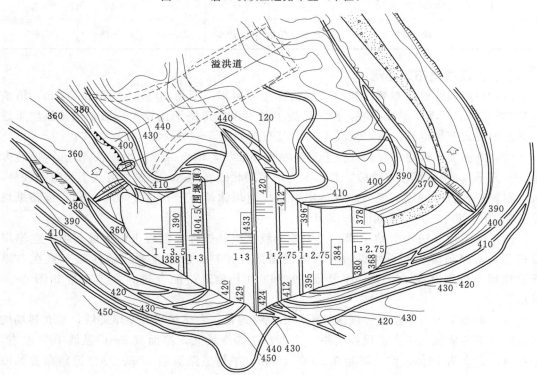

图 6-5 升钟坝坝区道路布置（单位：m）

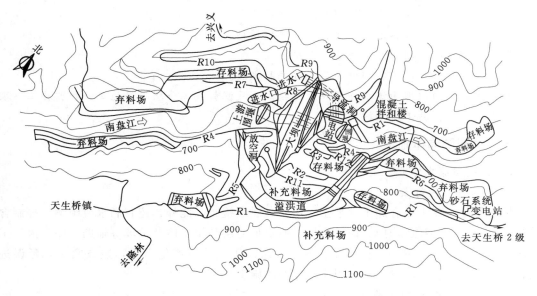

图 6-6　天生桥一级水电站工程施工平面布置图（单位：m）

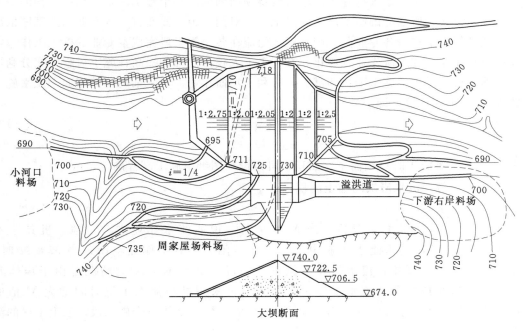

图 6-7　车坝工程坝区道路布置（单位：m）

任务三　坝体填筑

目　　标：（1）掌握土料防渗体施工方法；掌握反滤层施工方法；掌握坝壳料施工方法；理解坝面流水作业。

（2）会组织安排坝面流水作业。

（3）培养爱岗敬业、团结协作精神。

要　　点：（1）坝面流水作业的实施。

（2）坝体各部位的施工程序和方法。

执行过程：组织坝面流水作业→土料施工→反滤料施工→坝石料施工→护坡施工→坝体施工质量控制。

一、土料防渗体施工

（一）坝面流水作业

1. 坝面作业的特点

坝面作业主要工序有卸土、平土、压实、质量检查。此外，还有洒水或晾晒（控制含水量）、刨毛（平碾碾压时）、修整边坡、修筑反滤层和排水体及护坡等辅助工序。由于工作面小、工序多、工种多、机具多。若施工组织不当，将产生干扰，造成窝工，延误进度、影响施工质量。所以，常采用流水作业法施工。

2. 坝面流水作业的实施

流水作业法施工，是根据施工工序数目将坝面划分成几个施工段，组织各工种的专业施工队相继投入到所划分的施工段上同时施工。对同一施工段而言，各专业队按工序依次进入连续进行施工；对各专业队，则不停地轮流在各个施工段完成本专业的施工工作。实施坝面流水作业，施工队作业专业化，有利于工人技术熟练和提高；施工过程中充分利用了人、地、机，避免了施工干扰和窝工，有利于坝面作业。对于某高程的坝面，流水施工段数 M 可按下式计算，即

$$M=\omega_{坝}/\omega_{班} \qquad\qquad (6-12)$$

$$\omega_{班}=Q_{运}/h$$

式中　$\omega_{坝}$——某施工时段坝面工作面积，可按设计图纸由施工高程确定，m^2；

　　　$\omega_{班}$——每个流水班次的铺土面积，m^2；

　　　h——土厚度，m。

如以 N 表示流水工序数目，当 $M=N$ 时，说明流水作业中人、地、机具三不闲；当 $M>N$ 时，说明流水作业中人、机具不闲，但有工作面空闲；当 $M<N$ 时，说明人、机有窝工现象，流水作业不能正常进行。出现 $M<N$ 的情况是由于坝体升高，工作面减小或划分的流水工序过多所致。可采用缩小流水单位时间增大 M 值的办法，或合并一些工序，以减小 N 值，使 $M=N$。图6-8为三个施工段、三道工序的流水作业。

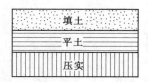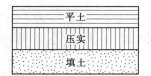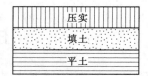

图6-8　坝面流水作业示意图

流水作业方向和工作段的划分要与坝面平面尺寸相适应，坝面工作段布置形式见表6-7。完成填筑一层土料的作业时间，应控制在一个班以内，最多不应超过一个半班。冬夏季施工，为防止热量和水分散失，应尽量缩短流水作业时间。

工作段的平面尺寸一般应满足施工机械正常作业的要求，宽度一般应大于碾压机械保证能错车压实的最小宽度，或卸料汽车最小转弯半径的2倍，长度主要考虑碾压机械作业要求，一般为40～80m。

表 6-7	坝面流水工作段布置形式	
工作段布置形式	图 示	适用条件
垂直坝轴流水	① ② ③ ④	坝体底部或心墙宽度较大，一般宽度为40～80m
平行坝轴流水	① ② ③ ④	坝体顶部或心墙宽度较小，一般宽度10～20m
交叉流水	① ③ ② ④	心墙面长、宽、尺寸相近，一般宽度80m以上

注 ①、②、③、④表示铺土、平土、碾压、质检工序；→表示流水作业方向。

(二) 土料铺填

1. 铺料

铺料分为卸料与平料两道工序。防渗体土料铺筑应沿坝轴线方向进行，采用自卸汽车卸料，推土机平料，也可增加平地机平整工序，便于控制铺土厚度和坝面平整。推土机平料过程中，应采用仪器或钢钎及时检查铺层厚度，发现超厚部位应立即进行处理。土料与岸坡、反滤料等交界处应辅以人工仔细平整。铺料应注意以下几点。

(1) 进占法铺料。防渗体土料应用进占法卸料，即汽车在已平好的松土层上行驶、卸料，用推土机向前进占平料，如图6-9所示。这种方法对已压实合格土料不会造成过压，防止了剪力破坏，同时铺料不会影响洒水、刨毛作业。

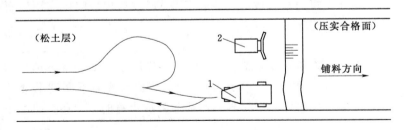

图 6-9 汽车进占铺料法
1—自卸汽车；2—推土机

(2) 后退法铺料。汽车在已压实合格的坝面上行驶并卸料，如图6-10所示。此法卸料方便，但对已压实土料容易产生过压，对砾质土、掺合土、风化料可以选用。应采用轻型汽车（20t以下），在填土坝面重车行驶路线要尽量短，且不走一辙，控制土料含水率略低于最优值。

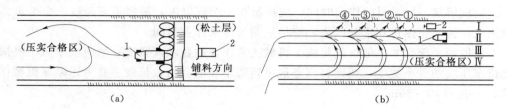

图 6-10　汽车后退法铺料

（a）垂直坝轴线方向卸料；（b）平行坝轴线方向卸料

①、②、③、④—汽车卸料顺序；Ⅰ、Ⅱ、Ⅲ、Ⅳ—推土机平料顺序；

1—自卸汽车；2—推土机

（3）车辆穿越防渗体应设临时"路口"，以免车辆因穿越反滤层时将反滤料带入防渗体内，造成土料和反滤料边线混淆，影响坝体质量。布置如图 6-11 所示。"路口"每隔 40～60m 设一个，尽量减少载重车辆在土料坝面的行驶距离；"路口"应经常变换位置，不同填筑层应交错布置；"路口"超压及混入坝壳砂石料的土体，应及时挖除，按要求重新填土。

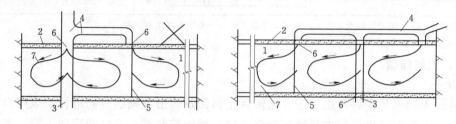

图 6-11　坝面运土汽车道路布置图

1—心墙或斜墙；2—反滤层；3—穿越心墙临时道路；4—运土道路；

5—填土工作段界限；6—专用路口；7—运土汽车行驶路线

（4）斜墙坝铺筑时应向上游倾斜 1‰～2‰ 的坡度，对均质坝、心墙坝应使坝面中部凸起，向上下游倾斜 1‰～2‰ 的坡度，以便排除坝面雨水。

当通过心墙运输坝壳料的车流量很大，或车型大于 32t 以上时，应用砂石料铺设专用道路，路基部位填土前应清除砂石填料。

2. 压实

宜用凸块振动碾进行碾压，碾重为 10～20t，压实厚度达 30～40cm，一般碾压 4～8 遍可达设计要求。压实后表层有 8～10cm 的松土层，填土表面不需刨毛处理。凸块振动碾因其良好的压实性能，国内外已广泛采用，成为防渗土料的主要压实机具。在碾压中应注意以下方面。

（1）宜用进退错距法沿坝轴方向进行压实。此法碾压与铺土、质检等工序分段作业容易协调，便于组织平行流水作业。当碾压遍数较少时也可采用一次压够遍数、再错车的方法。

（2）分段碾压碾迹搭接宽度，垂直碾压方向为 0.3～0.5m，顺碾压方向应为 1.0～1.5m。碾压行车速度一般控制在 2～3km/h，且不得超过 4km/h。防渗体截水槽内或与岸坡结合处，应用专用设备在划定范围沿接坡方向碾压。

（3）当土料的含水率大于施工控制含水率上限的 1% 以内时，碾压前可用圆盘耙或犁在填筑面进行翻松晾晒；在干燥和气温较高天气，为防止填土表面失水干燥，应做喷雾加水养护。当上坝土料的平均含水率与碾压施工含水率相差不大，仅需增加 1%～2% 时，可用汽车在坝面直接洒水。加水后的土料一般应用圆盘耙或犁使其掺合均匀。

（4）当使用平碾、气胎碾及轮胎牵引自行凸块碾等机械碾压时，在坝面将形成光滑的表面。为保证土层之间结合良好，对于中高坝防渗体或窄心墙，铺土前必须将压实合格面洒水湿润并刨毛深 4～5cm。对低坝，经试验论证后可以不刨毛，但仍须洒水湿润，严禁在表土干燥状态下，在其上铺填新土。

3. 结合部位的填筑

防渗体与坝基、岸坡、混凝土墙等结合部位的填筑，须采用专用机具、专门工艺进行施工，确保填筑质量。

（1）截水槽回填。槽基处理完成后，排除渗水，从低洼处开始填土。不得在有水情况下填筑。槽内填土厚度在 0.5m 之内时，可采用轻型机具（如蛙式夯等）薄层碾压，填土厚度超过 0.5m 时，可采用选定的压实机具和压实参数压实。

（2）防渗体与坝基结合部位填筑。坚硬岩基或混凝土盖板上，开始几层填料可用轻型碾压机具直接压实，填筑至少 0.5m 以上时方允许用凸块碾或重型气胎碾碾压。黑河坝心墙岩石基础浇筑 0.5～1.0m 厚混凝土盖板，规定混凝土盖板上 1.0m 厚以内填土，采用 20t 气胎碾碾压，压实层厚 12cm，1.0m 以上采用 17t 振动凸块碾压实。

（3）在混凝土或岩面上填土时，应洒水湿润，并边涂刷浓泥浆、边铺土、边夯实，泥浆涂刷高度须与铺土厚度一致，并应与下部涂层衔接，严禁泥浆干涸后再铺土和压实。泥浆土与水质量比宜为 1∶2.5～1∶3.0，涂层厚度 3～5mm。

（4）防渗体与岸坡结合带的填土，其含水率应调至施工含水率上限，选用轻型碾压机具薄层压实，不得使用凸块碾压实，防渗体与结合带碾压搭接宽度不应小于 1.0m。局部碾压不到的边角部位，可使用小型机具压实。

（5）混凝土墙、坝下埋管两侧及顶部 0.5m 范围内填土，必须用小型机具压实，其两侧填土应保持均衡上升。

结合部位填土压实方法见表 6-8。

表 6-8　　　　　　　　　　　靠近岸坡或混凝土建筑物土料压实方法

压 实 机 械	施工要点及适用条件	优 缺 点
蛙夯、手扶振动碾等小型压实机具	岸坡表面不平整，坡度较陡靠岸坡或建筑物 1.5～2.0m 宽度内人工铺土、薄层压实	可以压实大型机械不易到达的部位，适应性强用人多、层厚小、施工干扰大
轻型气胎碾（20～30t）	岩石或混凝土盖板岸坡、土岸坡、坡面比较平顺；推土机铺料、气胎碾沿坡方向压实	铺层厚度较大，碾压参数控制方便，结合部位与大面积平起填筑
载重装载机	岸坡较平顺，推土机铺料、装载机沿坡方向碾压	铺层厚度较大，可与大面积平起填筑，碾压参数不易控制
人工机具（木榔头、杵子等）	岸坡陡、表面凹凸不平，机械难于到达的部位采用，人工铺料、夯打是配合机械压实的辅助作业	人工作业

148

4. 填土接缝处理

防渗体和均质坝的横向接坡不宜陡于 1：3，高差不宜超过 15m。在龙口段或其他特殊部位，需采用更陡的接合坡度与更大高差时，应提出论证。坝体设置纵横接坡的实例见表 6-9，这些坝运用情况正常。

表 6-9 坝体设置纵横接坡实例

坝名	设置接坡原因	接坡部分	接 坡 要 素		
			接坡性质	接坡坡度	最大高差/m
清河	度汛临时断面	斜墙	纵向坡	1：2.5	10
大伙房	临时分期施工	心墙龙口	横向坡	1：1.5	10
岳城	度汛临时断面	均质坝体下游坡	纵向坡	1：1.5	9.5
	分期施工	均质坝体	横向坡	1：3.0	
密云	度汛要求	斜墙	纵向坡	与斜墙边坡同	6.0
碧口	分期施工	心墙	纵向坡	1：1.75	11
	分期施工	心墙	横向坡	1：2.5	10
石头河	截流龙口	心墙	横向坡	1：2.0	17
南湾	分期施工	心墙	横向坡	1：3.0	18
小浪底	分期施工	斜心墙	横向坡	1：3.0	<20
黑河	分期施工	心墙	横向坡	1：3.0	<15

（1）斜墙和窄心墙内一般不应留有纵向接缝。均质土坝可设置纵向接缝，宜采用不同高度的斜坡与平台相间形式，平台间高差不宜大于 15m。

（2）坝体接缝坡面可使用推土机自上而下削坡，适当留有保护层随坝体填筑上升，逐层清至合格层。接合面削坡合格后，要控制其含水率为施工含水率范围的上限。

二、反滤层施工

反滤层填筑与相邻的防渗体土料、坝壳料填筑密切相关。合理安排各种材料的填筑顺序，既可保证填料的施工质量，又不影响坝体施工速度，这是施工作业的重点。

1. 反滤层填筑方法

土砂松坡接触平起是目前广泛采用的施工方法。该方法允许反滤料与相邻土料"犬牙交错"，跨缝碾压，能适应机械化施工，已成为趋于规范化的施工方法。一般分为先砂后土法和先土后砂法。

（1）先砂后土法。即先铺反滤料，后铺土料。当反滤层宽度小于 3m 时，铺 1 层反滤料，填 2 层土料，碾压反滤料并骑缝压实与土料的结合带。因先填砂层与心墙填土收坡方向相反，为减少土砂交错宽度，碧口、黑河等坝在铺第二层土料前，采用人工将砂层沿设计线补齐，如图 6-12 所示。对于高坝，反滤层宽度较大，机械铺设方便，反滤料铺层厚度与土料相同，平起铺料和碾压。如小浪底斜心墙，下游侧设两级反滤料，一级（20～0.1mm）宽 6m，二级（60～5mm）宽 4m，上游侧设一级反滤料（60～0.1mm）宽 4m，其填筑次序如图 6-13 所示。先砂后土法由于土料填筑有侧限，施工方便，工程较多采用。

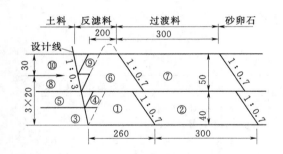

图 6-12　先砂后土法（黑河坝）（单位：cm）

①、②、③、…—填土顺序（其中①、②、③、④、
⑤、⑧为压实区；⑥、⑦、⑨、⑩为未压实区）

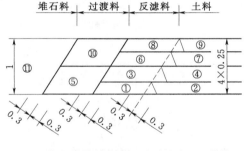

图 6-13　多区料填筑次序（小浪底坝）（单位：m）

①、②、③、…—填土顺序

（2）先土后砂法。先土后砂法是先填压一层（或二至三层）土料再铺一层反滤料与土料齐平，然后对反滤料的土砂边沿部分进行压实，如图 6-14 所示。由于土料压实时，表面高于反滤料，土料的卸、铺、平、压都是在无侧限的条件下进行的，很容易形成超坡。当连续晴天时，土料上升较快，应注意防止土体干裂。

2. 反滤料铺填

反滤料填筑分为卸料、铺料、界面处理和压实几道工序。

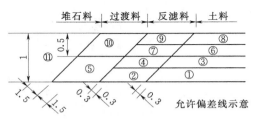

图 6-14　"先土后砂"填筑次序

（小浪底坝）（单位：m）

①、②、③、④、…—填土顺序

（1）卸料。采用自卸汽车卸料，车型的大小应与铺料宽度相适应，卸料方式应尽量减少粗细料分离。当铺料宽度小于 2m 时，宜选用侧卸车或 5t 以下后卸式汽车运料。较大吨位自卸汽车运料时，可采用分次卸料或在车斗出口安装挡板，以缩窄卸料出口宽度。

为了减少反滤层与土料及堆石料分区界面上粗、细料的分离，方便界面上超径石的清除，自卸汽车卸料次序应"先粗后细"，即按"堆石料—过渡料—反滤料"次序卸料。当反滤层宽度大于 3m 时，可沿反滤层采用后退法卸料。反滤料在备料场加水保持潮湿，也是减少铺料分离的有效措施。

（2）铺料。一般较多采用小型反铲（斗容 1m³）铺料，也有使用装载机配合人工铺料，当反滤层宽度大于 3m 时，可采用推土机摊铺平整。

（3）界面处理。反滤层填筑必须保证其设计宽度，填土与反滤料的"犬牙交错"带宽度一般不得大于填土层厚的 1.5 倍。小浪底与黑河坝均规定此宽度小于 30cm。为了保证填料层间过渡，要避免界面上的超径石集中现象。可使用小型反铲将超径石移放至与本层相邻的粗料区或坝壳堆石区。

3. 反滤料压实

（1）压实机械。普遍采用的是振动平碾，压实效果好，效率高，与坝壳堆石料压实使用同一种机械。因反滤层施工面狭小，应优先选用自行振动碾。

（2）反滤料碾压的一般要求。当防渗体土料与反滤料，反滤料与过渡料或坝壳堆石料填筑齐平时，必须用平碾骑缝碾压，跨过界面至少 0.5m。

（3）反滤层压实工程实例见表 6-10。

表 6-10　　　　　　　　　　　　反滤层压实工程实例

工程名称	施工年份	施工方法	压实机具	压实施工要点	土砂结合部填土质量
碧口 （心墙）	1969—1976	先砂后土或 先土后砂法 （1砂3土）	砂：13.5t 振动 碾；土：16.4t 羊 足碾；土、砂接 缝：2.5t 夯板	1. 先用振动碾碾压，再用夯板夯打接缝填土； 2. 土砂混合料在上新料前要用人工进行清理并置于心墙边 30cm 范围内，与新料一同压实	达到 1.62～1.82t/m³ （设计填土密度 1.7t/m³）
石头河 （心墙）	1976—1982	先砂后土法 （1砂2土）	砂：14.0t 振动 碾；土：羊足碾 和气胎碾	1. 每压实一层土料后，人工挖除土砂结合部位不合格土料； 2. 振动碾碾压 6～8遍，并骑缝压实土砂结合带，压实土料宽度不小于 0.5m	土、砂接缝设计填土干密度 1.65t/m³，合格率为 70.3%
升钟 （心墙）	1977—1982	挡板法	砂：HZR250型平板振动打夯机；土：靠反滤砂 0.8m 宽范围内用夯夯实	1. 在挡板保护下先夯实心墙土料，并给砂料洒水，洒水量为填砂量的 25%～30%； 2. 拔出挡板，夯砂料 7～9遍	
鲁布革 （心墙）	1982—1989	先砂后土法 （1砂2土）	砂：碾重10.6t，自行振动平碾；土：碾重8.7t，自行振动凸块碾	1. 心墙土料压实层厚 25cm； 2. 结合带用装载机轮胎补压	
小浪底 （斜心墙）	1994—2001	先砂后土法 先土后砂法	砂：碾重 17t，自行振动平碾；土：碾重 17t，自行振动凸块碾	1. 反滤料与土料铺层厚度相同（0.25m），振动平碾骑缝碾压； 2. 2层反滤料与1层过渡料齐平，2层过渡料与1层堆石齐平跨缝碾压	

三、坝壳料施工

土石坝坝壳料按其材料分为堆石、风化料、砂砾（卵）石三类。不同材料由于其强度、级配、湿陷程度不同，施工采用的机械及工艺亦不尽相同。

（一）坝面作业规划

坝面填筑作业包括铺料、碾压、取样检查三道主要工序，还有洒水、超径石处理等辅助工作。坝壳特殊部位，如分期填筑接缝、靠近岸坡结合带及坝体上下游坡面应采用专门施工方法进行处理。为了提高施工效率，避免相互干扰，坝面各工序应按流水作业法连续进行。

（1）根据坝体填筑分期规划，将同一期填筑坝面按主要工序数目划分为几个面积大致相等的填筑区段，在各区段依次完成填筑的各道工序。为便于碾压机械操作，区段长度取 50～100m 为宜。

（2）坝壳料的填筑始终应保证防渗体的上升。少雨期填筑与防渗体相邻的坝壳料，多雨期或负气温期填平补齐上下游坝壳料。

（3）坝壳料填筑应与拦洪度汛要求密切结合，汛前安排填筑坝体上游部分断面，满足拦洪度汛高程，汛期则可继续填筑下游部分坝体，尽可能实现均衡施工。

（4）坝壳料区可以根据需要设置上坝临时施工道路，填料分区应与临时道路布置通盘规划，以减少不同工序施工机械相互干扰。

（二）铺料

（1）坝壳料铺填机械。自卸汽车运输直接上坝，总结国内外土石坝施工经验可以得出，坝体方量在 500 万 m³ 以下的，以 30t 级以下为主，大于 500 万 m³ 的应以 45t 级以上为主。选用的推土机，为了便于控制层厚，不影响汽车卸料作业，其动力应与石料最大块径、级配相适应，功率一般不宜小于 150kW，225kW 以上也是可取的。

（2）壳料铺填方法。坝壳石料铺料基本方法分为进占法、后退法、混合法三种，其铺料特点及适用条件见表 6-11。不管用何种铺料方法，卸料时要控制好料堆分布密度，使其摊铺后厚度符合设计要求，不要因过厚而难以处理。尤以后退法铺料更需注意。

表 6-11　　　　　　　　　　汽车运输不同铺料方法比较

铺料方法	图　示	特点及适用条件
进占法		推土机平料容易控制层厚，坝面平整，石料容易分离，表层细粒多，下部大块石多，有利于减少施工机械磨损，堆石料铺填厚度 1.0m
后退法		可改善石料分离，推土机控制不便，多用于砂砾石和软岩；层厚一般小于 1.0m
混合法		适用铺料层厚大（1.0～2.0m）的堆石料，可改善分离，减少推土机平整工作量

（3）坝面超径石处理。对于振动碾压实，石料允许最大粒径可取稍小于压实层厚；气胎碾可取层厚的 1/2～2/3。超径石应在料场内解小，少量运至坝面的大块石或漂石，在碾压前应作处理。一般是就地用反铲挖坑将之掩埋在层面以下，或用推土机移至坝外坡附近，作护坡石料。少量超径石也可在坝面用冲击锤解小。

（4）坝壳料铺填工程实例见表 6-12。

表 6 – 12　　　　　　　　　　　　部分土石坝坝壳料铺填实例

工程名称	坝高/m	坝型	坝体填筑量/万 m³	料物类别	自卸汽车吨位/t	卸料方式	铺层厚/m	铺料推土机动力/马力	振动平碾碾重/t	完建年份
碧口	101.8	心墙	397	砂砾石堆石	12.5	进占法	1.0～1.5	120	13.5（拖）	1979
石头河	114	心墙	835（614）	砂砾（卵）石	18	后退法	1.0	100	13.5（拖）	1981
鲁布革	103.8	心墙	396	堆石	20	进占法	0.8～1.0	320	10.6（自）	1989
小浪底	154	斜心墙	4900（3163.8）	堆石	60	进占法	1.0	287	17（自）	2000
黑河	130	心墙	825（603）	砂砾（卵）石	45	后退法	1.0	520	17.5（自）	2001
菲尔泽	165.6	心墙	808.6（610.9）	堆石	20～32	混合法	2.0	100	13.5（拖）	20 世纪 70 年代

注　1. 坝体填筑量栏为填筑总量，括弧内为坝壳料填筑量。
　　2. 表中碾重对于自行式为总机重，（拖）—牵引式振动平碾，（自）—自行式振动平碾，自行式碾总重约为碾滚重的 1.5 倍。
　　3. 菲尔泽坝为我国援建阿尔巴尼亚的工程。
　　4. 1 马力＝745.70W。

（三）压实

坝壳透水料和半透水料的主要压实机械有振动平碾、气胎碾等。振动平碾适用于堆石与含有漂石的砂卵石、砂砾石和砾质土的压实。振动碾压实功能大，碾压遍数少 4～8 遍，压实效果好，生产效率高，应优先选用。气胎碾可用于压实砂、砂砾料、砾质土。

1. 碾压要求

（1）除坝面特殊部位外，碾压方向应沿轴线方向进行。一般均采用进退错距法作业。在碾压遍数较少时，也可一次压够后再行错车的方法。

（2）施工主要参数铺料厚度、碾压遍数、加水量等要严格控制；还应控制振动碾的行驶速度，符合规定要求的振动频率、振幅等参数。振动碾应定期检测和维修，始终保持在正常工作状态。

（3）分段碾压时，相邻两段交接带的碾迹应彼此搭接，垂直碾压方向，搭接宽度应不小于 0.3～0.5m，顺碾压方向应不小于 1.0～0.5m。

2. 施工加水

为提高堆石、砂砾石料的压实效果，减少后期沉降量，一般应适当加水，但大量加水需增加工序和设施，影响填筑进度。

（1）加水的作用。除在颗粒间起润滑作用以便压实外，更重要的是软化石块接触点，在施工期间造成石块尖角和边棱破坏，使堆石体更为密实，以减少坝体后期沉降量。砂砾料在洒水充分饱和条件下，才能达到有效的压实。

（2）加水量。堆石加水量依其岩性、风化程度而异，一般约为填筑量的 10%～25%；

砂砾料的加水量宜为填筑量的 10%～20%，对小于 5mm 含量大于 30% 及含泥量大于 5% 的砂砾石，其加水量宜通过试验确定。对于软化系数大、吸水率低（饱和吸水率小于 2%）的硬岩，加水效果不明显，也可不加水碾压。例如小浪底坝上游坝壳堆石料为硅质细砂岩，平均饱和抗压强度为 189MPa，饱和吸水率平均值为 0.185%，软化系数 0.83，为极硬岩。曾进行两次加水与不加水的碾压对比试验，结果表明，堆石料在填筑中加水量 50% 左右，比不加水时干密度增加 0.006%～0.013%，影响甚微。经过综合比较，采用不加水方法。

（3）加水方法。一般多用供水管道人工洒水，此法费用较低，但坝面施工机械运行对管道的安装及供水干扰很大，管道损坏也比较严重，作业面大时人工洒水难以覆盖，影响加水效果。汽车洒水方便、机动灵活，白溪坝采用高位水池结合用 32t 自卸汽车改装的水车在坝面加水，取得了较好的效果。也可采用在自卸汽车运输途中对车厢中的石料进行加水湿润，以减少坝面作业工序。

对砂砾料或细料较多的堆石，宜在碾压前洒水一次，然后边加水、边碾压，力求加水均匀。对含细粒较少的大块堆石，宜在碾压前洒水一次，以冲掉填料层面上的细粒料，改善层间结合。但碾压前洒水，大块石裸露会给振动碾碾压带来不利。对软岩堆石，由于振动碾压后表面产生一层岩粉，碾压后也应洒水，尽量冲掉表面岩粉，以利层间结合。

（四）接缝处理

1. 坝壳与岸坡接合部的施工

坝壳与岸坡或混凝土建筑物接合部位施工时，汽车卸料及推土机平料，易出现大块石集中、架空现象，且局部碾压机械不易碾压。该部位宜采用如下施工技术措施。

（1）与岸坡接合处 2m 宽范围内，可沿岸坡方向碾压。不易压实的边角部位应减薄，铺用轻型振动碾或平板振动器等压实机具压实。

（2）在接合部位可先填 1～2m 宽的过渡料，再填堆石料。

（3）在接合部位铺料后出现的大块石集中、架空情况时应予处理。

表 6-13　　坝壳料接缝处理方法

施工方法		施工要点	适用条件
留台法（图 6-15）		1. 先期铺料时，每层预留 1.0～1.5m 的平台； 2. 新填料松坡接触； 3. 碾碌骑缝碾压	适用填筑面大； 不需削坡处理，应优先选用
削坡法	推土机削坡 （图 6-16）	1. 推土机逐层削坡，其工作面比新铺料层面抬高一层； 2. 削除松料水平宽度为 1.5～2.0m； 3. 新填料与削坡松料相接，共同碾压	削坡工序可在铺料以前平行作业，施工机动灵活，能适应不同的施工条件
	反铲或装载机削坡	1. 削坡工序须在铺新料前进行； 2. 新填料与压实料相接	
	人工		砂砾料等小粒径石料

2. 坝壳填料接缝处理

坝壳分期分段填筑时，在坝壳内部形成了横向或纵向接缝。在接缝处，压实机械作业距坡面边缘留有 0.5～1.0m 的安全距离（图 6-15），坡面上存在一定厚度的松散或半压实料层。另外，在铺料过程中有部分填料沿坡面向下溜滑，增加了坡面较大粒径松料层的厚度，其宽度一般为 1.0～2.5m。坝壳料填筑中应采取适当措施，将接缝部位压实，其处理方法见表 6-13。

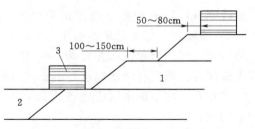

图 6-15　坝壳料接缝留台示意图

1—先期填料；2—后期填料；3—骑缝碾压

四、护坡施工

坝体上下游护坡施工，一般包括坡面修整、垫层铺设、护坡施工三道主要工序，还有马道（或下游上坝道路）、排水沟等施工。护坡施工安排，以稍滞后于坝体填筑、与坝体同步上升为宜。

（一）护坡类型及施工特点

（1）堆石护坡。堆置层厚大，施工工艺简单，适于机械化作业，护坡与坝体填筑同步上升。

（2）干（浆）砌石护坡。工期安排和现场布置灵活，耗用护坡石料数量比堆石护坡少。主要为人工操作，用劳力多。有的工程从堆石料中挑选大块石，运至坡面码放，用人力或机械略加整理，效果良好。

（3）混凝土护坡。用于缺乏护坡石料的地区。分为砌筑预制板（块）和现场浇筑两种类型。后者一般采用滑动模板施工。

（4）草皮护坡。适用于温暖湿润地区中小型坝的下游护坡，主要由人力施工。

（5）卵石、碎石护坡。用于小型坝下游护坡，能充分利用工程开挖料及筑坝弃料，施工工艺简单。也有用混凝土梁做成框格，在其空间填筑卵石、碎石的护坡型式。

（二）坝坡坡面修整

在铺设坝体上下游垫层前，应先对坡面填料进行修整。修整的任务是，削去坡面超填的不合格石料，按设计线将坡面修整平顺。修整方法分为反铲、推土机、人工作业三种。人工作业多作为辅助工作配合施工。

（1）反铲修整。坝壳料每填筑 2～4 层，在坝面用白灰示放出坝坡设计线，反铲沿线行走，逐条削除设计线以外的富裕填料，将其放置在已压实合格的坝面上。反铲操作灵活，可适应各种坝料，容易与坝体填筑协调同步上升。

（2）推土机修整。对于黏性土料、砾质土、砂砾料，且坡度缓于 1:2.5 的坝坡，可直接采用推土机修整。如图 6-16 所示。

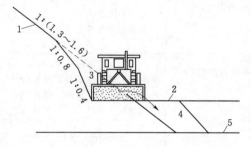

图 6-16　推土机削坡示意图

1—填料坡坡；2—新铺料层面；3—削除坡料；
4—削坡料填放区；5—压实合格面

（三）堆（砌）石护坡施工

护坡施工包括铺设垫层和堆（砌）块石两道工序。其施工安排宜采取与坝体同步上升，边填筑坝体边进行护坡施工；对于低坝或施工机械不足的情况，可采取在坝体填筑完毕后，再进行护坡施工。

1. 护坡与坝体同步施工

（1）机械作业。坝体填筑每升高 2～4m，铺设垫层料前放出标明填料边界和坡度的示坡桩，每隔 10m 左右设一个。按示坡桩进行坡面修整后，先铺筑垫层料再填筑护坡石料。两种料均采用自卸汽车沿坡面卸料，用反铲摊铺。反铲能将大小块石均匀铺开、充填缝隙，并沿垂直坡面方向击打护坡料，以压实、挤密堆石。这种方法填筑护坡料密实、坡面平整、填筑偏差小。对于堆石坝坡，也可将堆石料中的超径石或大块石用推土机运至坡面，大头向外码放，辅以机械和人工整理平顺填实，形成摆石护坡与坝面填筑同步上升。近期修建的堆石坝应用较多。

（2）人工作业。坝体上升一定高度后进行，其高度结合坝坡马道或下游上坝道路的设置确定，一般为 10m 左右。垫层料与块石坡面运输可采用钢板溜槽自上而下运送到填料部位。垫层料用人工铺料，人工或轻型夯实机械夯实，充分洒水，分层填筑；块石为人工撬移、码砌。

2. 坝体填筑完毕后的护坡施工

对于低坝或坝坡较缓（大于 1：2.5）的坝，垫层料和护坡石料在坡面运输，可采用拖拉机牵引小型自卸汽车沿坡面下放至卸料点，也可用钢板溜槽自上而下输送。垫层料的铺筑，可用推土机自下而上摊铺、压实，人工辅助作业。护坡块石采用人工砌筑。

（四）混凝土护坡施工

（1）现场浇筑混凝土护坡施工。例如碧口坝，上游混凝土护坡采用滑动模板浇筑，面板厚 0.3m，分块宽度为 10m，不设水平缝，接缝填塞沥青木板条；又如黑河坝，上游护坡混凝土厚 0.4m，横向分块宽度为 10m，沿坡面 24.2m 设水平缝，接缝嵌置厚 15mm 的低发泡聚氯乙烯塑料板，排水管为直径 10cm 塑料管，其间距为 2m。垫层料为小于 80mm 的砂砾石，厚为 40cm。施工程序及方法是：坝体每填筑 3m 高，用 1m³ 反铲削坡，修整坡面→20t 自卸汽车沿坡面卸垫层料→反铲按标示桩铺料→坝体升高 10～20m（坡长 30～50m），用 10t 斜坡振动碾压实垫层料→滑动模板浇筑混凝土。混凝土用搅拌车运输，用铁溜槽沿坝坡面输送。护坡水平分缝高程是根据坝体度汛高程、马道位置等因素综合分析而定。

（2）预制混凝土块（板）护坡施工。预制块（板）在坡面上用卷扬机牵引平板车向下运输，人工砌筑。例如升钟坝上游护坡为两层干砌混凝土块，混凝土块尺寸为 0.4m×0.4m×1.0m，预制块下部用砾石或碎石调平，预制块之间留 1～2cm 的缝隙，用细粒石填塞。

（五）草皮护坡施工

在黏性土坝坡上先铺腐殖土，施肥后再撒种草籽或植草。草种应选择爬地矮草（如狗爬草、马鞭草等）。升钟坝坝壳为砂岩石渣，下游坝坡修整好后，自卸汽车将土从坝顶倾卸至下游坡面，用推土机均匀铺 20cm 厚的土层，在铺好的土层上撒种草籽。丹江口左岸土石坝下游护坡，在砂砾料坡面加铺一层约 10cm 的黏土，上面植草皮护坡。为防止暴雨对坡面的冲刷，应在坡面设置横向和纵向排水沟，排水沟用混凝土预制板干砌，断面尺寸为 30cm×30cm。

（六）碎石、卵石护坡施工

碎石、卵石护坡一般用于下游坡的护面。碎石从采石场开挖，也可用筛分的卵石。护坡铺设简单、造价低。

卵石护坡一般用浆砌石（或混凝土）在坝坡筑成菱形或矩形格网，格网内铺筑垫层料和卵石。碎石护坡因碎石咬合力强，可不设格网。坡面施工主要使用人力作业，宜采用稍滞后于坝体填筑并与坝体同步上升的方式，以节省坡面料物运输人力消耗。

任务四　坝体施工质量控制

目　　标：（1）掌握坝体压实质量控制指标；掌握坝体质量检测方法。
　　　　　（2）会进行坝体质量检测。
　　　　　（3）培养吃苦耐劳、团结协作精神。
要　　点：（1）坝体压实质量控制指标。
　　　　　（2）坝体质量检测方法。

一、填筑质量控制

填筑质量控制应按国家和行业颁发的有关标准、工程设计、施工图、合同技术条款的技术要求进行。

（一）坝体压实质量控制指标

坝料压实控制指标，防渗体土料采用干密度、含水率或压实度（D）。反滤料、过渡料及砂砾料采用干密度或相对密度（D_r）；堆石料采用孔隙率（n）。

（1）防渗土料，干密度或压实度的合格率不小于 90%，不合格干密度或压实度不得低于设计干密度或压实度的 98%。经取样检查压实合格后，方可继续铺土填筑，否则应进行补压。补压无效时，应分析原因，进行处理。

对砾质土、风化料及性质不均匀的黏性土料，应采用压实度作为控制指标，现场以三点快速击实试验法作为检测手段。详见《碾压式土石坝施工规范》（DL/T 5129—2001）。

（2）堆石料、砂砾料，取样所测定的干密度，平均值应不小于设计值，标准差应不大于 0.1g/cm³。当样本数小于 20 组时，应按合格率不小于 90%，不合格干密度不得低于设计干密度的 95% 控制。

（3）反滤料和过渡料的填筑，除按规定检查压实质量外，必须严格控制颗粒级配，不符合设计要求应进行返工。

（4）坝壳堆石料的填筑，以控制压实参数为主，并按规定取样测定干密度和级配作为记录。每层按规定参数压实后，即可继续铺料填筑。对测定的干密度和压实参数应进行统计分析，研究改进措施。

（二）坝体质量检测

（1）坝体压实质量检测项目及取样次数见表 6-14。

表 6-14　　　　　　　　坝体压实质量检测项目及取样次数

坝料类别及部位			检测项目	取样次数
防渗体	黏性土	边角夯实部位	干密度、含水率	2～3 次/层
		碾压面		1 次/（100～200m³）
		均质坝		1 次/（200～500m³）
	砾质土	边角夯实部位	干密度、含水率、大于 5mm 砾石含量	2～3 次/层
		碾压面		1 次/（200～500m³）
反滤料			干密度、颗粒级配、含泥量	1 次/（200～500m³），每层至少一次
过渡料			干密度、颗粒级配	1 次/（500～1000m³），每层至少一次
坝壳砂砾（卵）料			干密度、颗粒级配	1 次/（5000～10000m³）
坝壳砾质土			干密度、含水率、小于 5mm 含量	1 次/（3000～6000m³）
堆石料			干密度、颗粒级配	1 次/（10000～100000m³）

注　1. 堆石料颗粒级配试验组数可比干密度试验组数适当减少。
　　　2. 对防渗体应选定若干个固体取样断面，沿坝高每 5～10m 取代表性试样进行物理、力学性质试验，作为复核设计及工程管理依据。

（2）坝体压实密度、含水率检测方法见表 6-15。

表 6-15　　　　　　　　坝体压实密度、含水率检测方法

坝料类别	压实密度检测方法	含水率检测方法
黏性土	宜采用环刀法，表面型核子水分密度计法	宜采用烘干法，也可采用核子水分密度计法、酒精燃烧法、红外线烘干法
砾质土	宜采用挖坑灌砂（灌水）法	宜采用烘干法或烤干法
土质不均匀的黏性土，砾质土	宜采用三点击实法	现场不用测含水率
反滤料、过渡料及砂砾料	宜采用挖坑灌水法或辅以而波仪法、压实计法	宜采用烘下法或烤干法
堆石料	宜采用挖坑灌水法、测沉降法等	宜采用烤干和风干联合法

二、填筑质量控制及检测工程实例

1. 小浪底坝

小浪底工程大坝填筑以工艺控制质量，除工区（斜心墙）土料按规范规定，每层碾压完成后需要进行试验检测，满足要求才能进行上一层填筑外，其余料的现场质量检测实行抽样检测。试验检测分为压实前的控制试验和压实后的记录试验。检测偏重于要求进行检测级配、含水量的控制试验。其次才是包括现场压实密度、压实度及压实填筑料级配的记录试验。表 6-16 列出了合同技术规范所要求的检测试验频数。

表 6 - 16　　　　　　　　　　　　　　坝体质量检测试验频数

区　　号	防渗土料	混合不透水料	反滤料	过渡料	堆石料
控制试验	2000	1000	1000	—	—
记录试验	8000	2000	4000	100000	500000

（1）防渗土料的检测。现场质量检测项目主要有三项：含水率、压实效果、颗粒级配。压实效果的控制采用压实度指标，采用 MC.3 型核子湿度密度仪测定含水率及密度，再与在料场最近三次或五次的普氏最大干密度试验值的平均值相比得到现场压实度。该方法从工程实际出发，运用一种"模糊"评判的概念，考虑土料性质有差别的特点，定期取样试验，并采用多点移动平均值指标，做到上坝土料与控制参数相适应，其最大的特点是能适应大型机械化、快速施工。

（2）堆石料的质量检测。堆石料的施工质量由施工碾压参数控制，规定干密度只作为记录用。现场施工质量控制的相关检测项目主要有颗粒级配分析和软岩含量。考虑到标准堆石料实验的试坑尺寸较大，实验难度高，只对尺寸约为 1.3m 的试坑进行密度与颗粒级配检测，采用美国标准 ASTMD 5030 指定的灌水法来检测密度。必要时进行取料重量为 100t 的级配分析试验来检测材料级配组成。

（3）反滤、过渡料的质量检测。正常施工只进行反滤料级配、含水率的检测。对岸坡地段垂直于基础面 1m 厚的反滤料进行记录试验检测压实质量，要求每一层压实后的压实度（即现场压实干密度与美国标准 ASTMD 4253 振动试验确定的最大干密度比值）不小于 95%。采用美国标准 ASTMD 5030 指定的灌水法进行反滤料和过渡料的密度试验。同时，为了检验灌水法试验成果的可靠性，对反滤料还进行了灌砂法试验，并将其成果进行了比较。

2. 鲁布革坝

鲁布革坝心墙为风化料，填筑质量采用施工参数控制法及压实度检测双控法。其施工参数为铺料厚度 25cm，SFP—84 自行式振动凸块碾（碾磙重 8.7t）压实 8 遍，含水率与最优含水率的差值为 -1%～+3%，压前粗料含量小于 70%。以压实度作为质量检查指标，要求压实度不小于 0.96 的合格率为 90%，压实度不小于 0.94 的合格率为 100%。施工参数中规定粗料含量的目的是保证压实土的粗料含量不大于 40%，以达到渗透系数不大于 $1×10^{-5}$cm/s 的要求。

压实度的质量检查除作为质量评定的依据外，主要用来调整施工参数控制法中的施工参数，使压实度的统计值能符合规定的要求。压实度采用 Hilf 三点快速击实法，最大粒径为 20mm，2h 内可以得到结果，因此对每场碾压质量都有控制作用。实际上，只要含水率在允许范围内，施工参数能得到严格控制，压实度都能合格。因此，施工人员认为抽样检有局限性，施工质量应主要依靠严格控制施工参数来保证。

项目七　施工进度计划

项目名称	施 工 进 度 计 划		参考课时/天	
学习型工作任务	任务一　施工进度计划概述	0.5		
	任务二　施工总进度计划编制	1	2.5	
	任务三　土石坝施工进度计划编制	0.5		
	任务四　考核	0.5		
项目任务	根据施工导流计划和坝体施工方案，编制枢纽工程施工总进度计划和土石坝施工进度计划			
教学内容	（1）水利水电工程建设阶段的划分； （2）施工进度计划的分类； （3）施工总进度计划的编制原则； （4）施工进度计划的编制内容； （5）施工总进度计划的编制步骤； （6）土石坝施工进度计划编制			
教学目标	知识	（1）掌握水利水电工程建设阶段的划分；掌握施工进度计划的分类；掌握土石坝施工进度编制方法；掌握施工总进度计划的编制步骤； （2）理解施工进度编制原则和不同施工阶段对进度计划的要求		
	技能	能独立编制土石坝施工进度计划		
	素质	（1）具有科学创新精神； （2）具有团队合作精神； （3）具有工匠精神； （4）具有报告书写能力； （5）具有质量意识、环保意识、安全意识； （6）具有应用规范能力		
教学实施	要求各组独立思考，各组内成员集体讨论，教师从旁指导。最后教师综合各组成果进行讲评，各小组最后完善各组成果，进入下一项目学习			
项目成果	完成土石坝施工组织设计报告中的（1）枢纽施工总进度表；（2）土石坝施工进度表；（3）相应文字报告			
技术规范	（1）SL 303—2004《水利水电工程施工组织设计规范》； （2）DL 5021—93《水利水电工程初步设计报告编制规程》； （3）DL/T 51209—2001《碾压式土石坝施工规范》； （4）《水利水电工程施工组织设计手册》（中国水利水电出版社，1997.6）			

任务一　施工进度计划概述

目　　标：（1）掌握水利水电工程建设阶段的划分；掌握施工进度计划分类；理解施工总进度计划的编制原则。

（2）理解不同阶段进度计划的编制内容。

要　　点： 施工进度计划的编制内容。

施工进度计划的任务，就是分析工程所在地区的自然条件、社会经济资源、工程施工特性和可能的施工进度方案，研究确定关键性工程的施工分期和施工程序，协调平衡地安排其他单项工程的施工进度，使整个工程施工前后兼顾、互相衔接、减少干扰、均衡生产，最大限度地合理使用建设资金、劳动力、机械设备和建筑材料，在保证工程质量和施工安全前提下，按时或以较短工期建成投产，发挥效益，满足国民经济发展的需要。

一、水利水电工程建设阶段的划分

大中型水利水电工程建设，施工组织设计规范规定工程建设全过程可划分四个阶段。

（1）工程筹建期。指工程具备进场开工条件所需的时间。工程正式开工前，业主应完成的对外交通、施工供电和通信系统、征地、移民以及招标、评标、签约等工作。

（2）工程准备期。自准备工程开工起至关键线路上的主体工程开工或河道截流闭气前的工期；一般包括"四通一平"、导流工程、临时房屋和施工工厂设施建设等。

（3）主体工程施工期。自关键线路上的主体工程开工或一期截流闭气后开始，至第一台机组发电或工程开始发挥效益为止的工期。

（4）工程完建期。自水电站第一台发电机组投入运行或工程开始受益起，至工程竣工的工期。

编制施工总进度时，工程施工总工期应为后三项工期之和（工程建设相邻两个阶段的工作可交叉进行）。

二、施工进度计划分类

施工进度计划是指为完成建设项目而进行的各项活动在时空上的规划。编制施工进度计划就是根据施工方案和施工程序，在时间上安排各项工作的起止日期。施工进度计划按使用目的和用途的不同可进行如下分类。

1. 按编制时间不同分类

施工进度计划按编制时间不同可分为：年度项目施工进度计划、季度项目施工进度计划、月项目施工进度计划、旬项目施工进度计划四种。

2. 按编制对象的不同分类

施工进度计划按编制对象的不同可分为：施工总进度计划、单项工程施工进度计划、单位工程进度计划、分部分项工程进度计划等。

（1）施工总进度计划。施工总进度计划是以一个水利工程建设项目（如水库枢纽工程、水闸枢纽工程等）或一个建筑群体为编制对象，用以指导整个建设项目或建筑群体施工的指导性文件。

施工总进度计划的任务是分析工程所在地区的自然条件、社会经济资源、工程施工特性和可能的施工方案，研究确定关键性工程的施工分期和施工程序，使整个工程施工前后兼顾，互相衔接，均衡生产，最大限度地合理使用建设资金、劳动力、机械设备和建筑材料，在保证工程质量和施工安全的前提下，按时或以较短工期建成投产。

（2）单项工程施工进度计划。单项工程进度计划是以枢纽工程中的主要工程项目（如大坝、水电站等单项工程）为编制对象，并将单项工程划分成单位工程或分部、分项工程，拟定出其中各项目的施工顺序和建设进度以及相应的施工准备工作内容和施工期限。它以施工总进度计划为基础，要求进一步从施工程序、施工方法和技术供应等条件上，论证施工进度的合理性和可靠性，尽可能组织平行流水作业，并研究加快施工进度和降低工程成本的具体措施。反过来，又可根据单项工程进度计划对施工总进度计划进行局部微调或修正，并编制劳动力和各种物资的技术供应计划。

（3）单位工程进度计划。单位工程进度计划是以一个单位工程为编制对象，在项目总进度计划控制目标的原则下，用以指导单位工程施工全过程进度控制的指导性文件。单位工程施工进度计划一般在施工图设计完成后，单位工程开工前，由项目经理组织，在项目技术负责人主持下进行编制。

（4）分部分项工程进度计划。分部分项工程进度计划是以分部分项工程（如水闸底板混凝土、水闸闸墩混凝土、隧洞衬砌等）为编制对象，用以指导实施操作的专业性文件，在单位工程进度计划控制下，由负责分部分项工程的工长进行编制。

施工总进度计划是对整个施工项目的进度全局性的战略部署，其内容和范围比较广泛概括；单项（位）工程进度计划是在施工总进度计划的控制下，以施工总进度计划和单项（或单位）工程的特点为依据编制的；分部分项工程进度计划是以总进度计划、单项（位）工程进度计划、分阶段工程进度计划为依据编制的，针对具体的分部分项工程，把进度计划进一步具体化可操作化。

三、施工总进度计划的编制原则

（1）认真贯彻执行国家法律法规，主管部门对本工程建设的指示，应满足国家和上级部门对本工程建设的要求。

（2）力求缩短建设周期，加强与施工组织设计的其他各专业设计间的密切联系，统筹考虑，并以关键性工程的施工工期和施工程序为主导，协调安排好各单项工程的施工进度，经过必要的方案比较，选择最优方案。

（3）在充分掌握和认真分析基本资料的基础上，尽可能采用先进施工技术、设备，最大限度地组织均衡施工，力争全年施工，加快施工进度。同时，应做到实事求是，留有适当余地，保证工程质量和安全施工。当施工情况发生变化时，要及时调整和落实施工总进度。

（4）充分重视和合理安排准备工程的施工进度，在主体工程开工前，相应各项准备工程应基本完成，为主体工程开工和顺利进行创造条件。

（5）对高坝大库工程，应研究分期建设或分期蓄水的可能性，尽可能减少第一批机组投产前的工程投资。

四、施工进度计划的编制内容

不同设计阶段施工进度计划的具体内容如下。

（1）可行性研究阶段编制控制性施工进度计划。根据工程具体条件和施工特点，对拟定的各种坝址、坝型和水工枢纽布置方案，分别进行施工进度研究，提出施工进度资料，参与方案选择和评价水工枢纽布置方案，在既定方案基础上，配合拟定和选择施工导流方案，研究确定主体工程施工分期和施工程序，提出施工控制性进度表及主要工程的施工强度、估算高峰劳动力人数和总工日数。

（2）初步设计阶段编制施工总进度计划。根据主管部门对可行性研究报告的审查意见、设计任务书以及实际情况的变化，在参与选择和评价水工枢纽布置方案和配合选择施工导流方案过程中，提出和修改施工控制性进度；对既定水工和施工导流方案的控制性进度，进行方案比较，选择最优方案，以利施工组织设计各专业开展工作。在各专业设计分析研究和论证的基础上，进一步调查、完善、确定施工控制性进度，编制施工总进度和准备工程进度，提出主要施工强度、施工强度曲线、劳动力需要量曲线等资料。

（3）技术设计（招标设计）阶段编制单项工程施工总进度计划。根据初步设计编制的施工总进度和水工建筑物型式，工程量的局部修改，结合施工方法和技术供应条件，选择合适的劳动定额，制定单项工程施工进度，并据以调整施工总进度。

任务二　施工总进度计划编制

目　　标：（1）掌握施工总进度计划的编制步骤；理解轮廓性施工进度计划；了解施工进度方案比较。
　　　　　（2）会编制控制性进度计划和总进度计划。
　　　　　（3）培养耐心、细致的工作作风。
要　　点：（1）编制控制性施工进度计划。
　　　　　（2）编制施工总进度计划表。
执行过程：分析资料→编制轮廓性进度→编制控制性进度→编制工程总进度→整理进度报告。

施工总进度计划应综合反映工程建设各阶段的主要施工项目及其进度安排，并充分体现总工期的目标要求。在编制施工总进度表时，以控制性施工进度为基础，列入非控制性的工程项目，进一步修改、完善控制性施工进度表，并编制各阶段施工形象进度图，绘制劳动力需要量曲线。同时还要提出准备工程施工进度表。准备工程的规模和工程量，由对外交通、施工总布置和辅助企业专业提供。

施工总进度表是施工总进度计划的最终成果，除了应绘出主要施工强度曲线外，还应绘出劳动力需要量曲线，并计算整个工程的总劳动工日。

水利工程建设项目工期长，受自然、社会等条件影响大，工程施工比较复杂，进度计划编制在不同的阶段有不同的要求，是一个逐步细化的过程。施工总进度计划的编制步骤如图7-1所示。

一、收集基本资料

在编制施工总进度之前和在工作过程中，要收集和不断完善编制施工总进度所需的基本资料。

（1）可行性研究报告及审查意见。

（2）初步设计各专业阶段成果。

（3）工程建设地点的对外交通现状及近期发展规划。

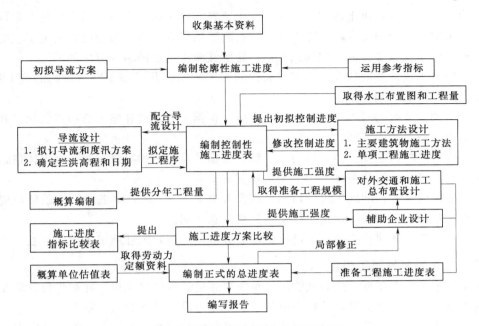

图 7-1　施工总进度计划的编制步骤

（4）施工期（包括初期蓄水期）通航和下游用水等要求情况。

（5）建筑材料的来源和供应条件调查资料。

（6）施工区水源、电源情况及供应条件。

（7）地方及各部门对工程建设期的要求和意见。

（8）当地可能提供修理、加工能力的情况。

（9）当地承包市场及可能提供的劳动力情况。

（10）当地可能提供的生活必需品的供应情况，居民的生活习惯。

（11）工程所在河段水文资料、洪水特性、各种频率的流量及洪量、水位流量关系、冬季冰凌情况（北方河流）、河段各种频率洪水、泥石流以及上下游水利水电工程对本工程的影响情况。

（12）工程地点的气温、水温、地温、降水、风、冻层、冰情和雾等气象资料。

（13）工程地点的地形、地质、水文工程地质条件等资料。

（14）与工程有关的国家政策、法律和规定。

二、编制轮廓性施工进度

在进行流域规划阶段和可行性研究阶段，一般基本资料不齐全，但设计方案较多，有些项目尚未进行工作，不可能对主体建筑的施工分期、施工程序进行详细的分析，因此，这一阶段的施工进度，属轮廓性的，称轮廓性施工进度。

在流域规划阶段，轮廓性施工进度计划是最终成果；在可行性研究阶段，是编制控制性施工进度的中间成果，其目的一是为了配合拟定可能成立的导流方案，二是为了对关键性工程项目进行粗略规划，拟定工程的受益日期和总工期，并为编制控制性进度作好准备；在初步设计阶段，可不编制轮廓性进度计划。

轮廓性施工进度，可根据初步掌握的基本资料和水工布置方案，结合其他专业设计的工作，对关键性工程施工分期、施工程序进行粗略的研究之后，参考已建同类工程的施工进度指标，概估工程受益的工期和总工期。轮廓性施工进度的编制方法如下。

（1）同水工设计共同研究，选定代表性的水工方案，并了解主要建筑物的施工特性，初步选定关键性的工程项目。

（2）对初步掌握的基本资料进行粗略分析，根据对外交通和施工总布置的规模和难易程度，拟定准备工程的工期。

（3）以拦河坝为主要主体建筑物的工程，根据初步拟定的导流方案，对主体建筑物进行分期规划，确定截流和主体工程下基坑施工的日期。

（4）根据已建工程的施工进度指标（或参考表 7-2），结合本工程具体条件，规划关键性工程项目的施工期限，确定工程受益日期和总工期。

（5）对其他主体建筑物的施工进度做粗略分析，绘制轮廓性施工进度表（表 7-1）。

三、编制控制性施工进度

控制性施工进度在可行性研究阶段，是施工总进度的最终成果；在初步设计阶段，是编制施工总进度的重要步骤，并作为中间成果，作为设计工作的初步依据。

控制性施工进度同导流、施工方法设计等有密切的联系，在编制过程中，应根据建设总工期的要求，确定施工分期和施工程序，以拦河坝为主要主体建筑的工程，还应解决好施工导流和主体工程施工方法设计之间在进度安排上的矛盾，协调各主体工程在施工中的衔接关系。因此，控制性施工进度的编制必然是一个反复调整的过程。完成控制性施工进度的编制后，涉及施工总进度中的主要技术问题，应当基本解决。

编制控制性施工进度，首先要选定关键性工程项目，根据工程特点和施工条件，拟定关键性工程项目的施工程序。在此基础上，初拟控制性施工进度表，然后由施工方法设计等专业进行施工方法设计，对初拟的施工进度加以论证。经过反复修改、调整，最后确定控制性施工进度。

（一）分析选定关键性工程项目

水利水电工程项目繁多，编制控制性施工进度时，应以关键性工程项目为主线，慎重研究其施工分期和施工程序，其他非控制性的工程项目，则可围绕关键性工程项目的工期要求，考虑节约资源和施工强度平衡的原则进行安排。

选定关键性工程项目的方法如下。

（1）分析工程所在地区的自然条件。在编制控制性施工进度之前，应当首先取得工程所在地区的水文、气象、地形、地质等基本资料，并进行认真的分析研究。例如河流的水文条件对拦河坝施工的影响；降雨、气温等对土料填筑和混凝土工程施工的影响；地形、地质条件对坝基处理、高边坡开挖和地下工程施工的影响等。

（2）分析主体建筑物的施工特性。在编制控制性进度之前，应取得主要水工建筑物的布置图和剖面图。根据水工建筑物图纸，研究大坝坝型、高度、宽度和施工特点，研究地下厂房跨度、高度和可能的出渣通道、引水隧洞的洞径、长度、可能开挖方式、是否有施工支洞等。

表7-1

某水电站轮廓性施工进度表

工程项目		工程量（估算）
准备工程		
导流工程	导流隧洞	L=600m
	截流、围堰修建	
	导流隧洞封堵	
大坝工程	坝基开挖：岸坡	20万 m³
	河床	8万 m³
	混凝土浇筑：左岸坝段	90万 m³
	河床坝段	55万 m³
	右岸坝段	40万 m³
	引水钢管安装	3000t
	坝基帷幕灌浆	
厂房工程	厂房地基开挖	22万 m³
	混凝土浇筑	21万 m³
	交通洞工程	L=310m
	机组安装	3×30万 kW
放空洞工程		520m

进度表按第一年至第八年，每年分1、2、3、4季度排列。

主要标注：截流（第二年）；水库蓄水（第七年）；河床、岸坡；下部混凝土、上部混凝土；参与后期导流；闸门安装（第八年）。

坝体高程标注：▽240、▽260、▽265、▽270、▽280、▽290、▽308、▽310、▽320、▽340、▽344、▽365 堰顶高程、闸顶。

机组发电：No1（第七年）、No2、No3（第八年）；第一台机组发电。

图例：▽270 坝体达到的高程/m；▽ 汛期坝体过水；No1 △ 第一台机组发电

表 7 – 2 大中型土石坝工程参考工期表

坝体方量 /万 m³	总工期 /年	准备工期 /年	主要工期 /年	完建工期 /年
200～400	4～6	2～2.5	2～2.5	0.5～1
400～600	5～6	2～2.5	2.5～3.5	0.5～1
600～800	6～7	2～2.5	3.5～4	0.5～1
800～1200	7～9	2.5～3	4～5	1～1.5
1200～2000	9～10	3～3.5	5～6	1～1.5
>2000	10～11	3.5～4	5～6	1～1.5

注 工期按隧洞导流方式拟定，如采用其他导流方案，则准备工期和主要工期应做适当调整。

（3）分析主体建筑物的工程量。水工设计提供工程量之后，应对各建筑物的工程量分布进行分析。例如位于河床水上部分和水下部分，右岸和左岸，上游和下游，以及在某些控制高程以上或以下的工程量，分析施工期洪水对这些工程施工的影响。

（4）选定关键性工程。通过以上分析，用施工进度参考指标，粗估各项主体建筑物的控制工期，即可初步选定控制工程受益工期的关键性工程。

随着控制性施工进度编制工作的深入，可能发现新的关键性工程，于是控制性施工进度就应以新的关键性工程为主进行编制。

（二）初拟控制性施工进度表

选定关键性工程之后，首先分析研究关键性工程的施工进度，而后以关键性工程的施工进度为主线，安排其他单项工程的施工进度，拟定初步的控制性施工进度表。

以下就拦河坝为关键性工程项目，说明初拟控制性施工进度的步骤和方法。

1. 确定拦河坝的施工程序

拦河坝的施工进度和施工导流方式以及施工期历年度汛方案有密切的关系。不同的导流方案有不同的施工程序，如项目五任务二所述。当采用隧洞导流时，其施工程序可参考图 5 – 1。

拦河坝的施工分期和施工程序，以及各期上升高程，应考虑施工条件、施工方法和施工强度均衡等因素，这些因素又会影响到导流和度汛方案，须经过反复研究调整之后，才能确定经济合理、安全可靠的拦河坝施工程序。

2. 确定准备工程的工期

在编制控制性施工进度时，首先要分析确定准备工程的工期，才能安排导流工程、其他准备工程和岸坡开挖的开始时间。

水利工程建设的准备工程项目多、规模大，约占工程总投资的 10％～20％，相当于主体工程投资的 30％～40％。准备工程的主要项目和内容见表 7 – 3。根据国内外经验，当工程地点各方面条件较好时，施工准备工期一般约占施工总工期的 20％～25％，甚至 15％以下。各方面条件较差时，可达总工期的 30％以上。

表 7 - 3　　　　　　　　　　　　　施工准备工程主要项目和内容

主要项目	细目
对外交通	（1）准轨铁路及站场； （2）窄轨铁路； （3）公路专用线； （4）大型桥涵、隧洞； （5）转运站
场内交通	（1）准轨铁路及站场； （2）窄轨铁路； （3）场内公路； （4）大型桥、涵、渡口
施工辅助企业	（1）砂石料开采加工系统； （2）混凝土系统； （3）其他
施工电源	（1）场外输变电； （2）变电站
仓库、办公、生活设施	（1）仓库； （2）办公房屋； （3）居住生活设施、房屋
风、水、电管线铺设及安装	（1）风管铺设； （2）水管铺设； （3）电线架设

　　为了有计划、有步骤地进行准备工程，为高速度、高质量地建设主体工程创造条件，在初步设计阶段的后期，以初步完成的控制性总进度为依据，编制准备工程施工进度。准备工程施工进度计划应按以下步骤编制。

　　（1）列出准备工程的项目，了解各项准备工程布置概况，收集工程量等资料。

　　（2）根据各项准备工程的规模、工程量、施工特性、参照类似工程的经验或参考表7-4指标，安排准备工程工期。

　　（3）结合控制性施工进度表对各项准备工期、投入使用日期的要求，绘制初步的准备工程施工进度表。

　　（4）综合平衡土石方、砌石、混凝土、房建等工程的施工强度和投资比例（一般年投资不宜超过建安工作总投资的 6%～8%），调整并完成准备工程施工进度表。

　　（5）根据投资拨款计划、征地进展情况，适当调整施工准备工程进度表。

　　其他准备工程如场地平整、供电系统、供水系统、供风系统、场内通信系统、施工工厂设施、生活和生产房屋等的建设应与所服务的主体工程施工进度协调安排。

表 7 - 4　　　　　　　　　　　　　施工准备工程项目进度参数表

项　　目	规　　模	施工条件	参考工期/年	备　注
准轨铁路	100km 以上	山区	4～5	视桥墩数量长度、施工难易程度、施工单位的装备水平而定
		丘陵	3～4	
	100km 以内	山区	3～4	
		丘陵	2～3	

续表

项　目	规　模	施工条件	参考工期/年	备　注
公　路	100km 以上	山区	2～3	视桥墩数量长度、施工难易程度、施工单位的装备水平而定
		丘陵	1～2	
	100km 以内	丘陵	1～2	
窄轨铁路	50km 以内		1～2	
砂石系统	年产 100 万 m³ 以上	碎石、天然砂	1.0～1.5	不包括土石方开挖和场地平整工期
			0.6～1.0	
	年产 50 万～100 万 m³	碎石、天然砂	0.5～1.0	
			0.3～0.5	
混凝土系统	年产 100 万 m³ 以上		0.5～1.0	不包括土石方开挖和场地平整工期
	年产 50 万～100 万 m³		0.3～0.5	
中心修配厂			0.5～1.5	
一般施工企业			0.5～1.5	
施工用电线路架设	100km 以上（110～220kV）	山区	1.5～2.0	
		丘陵	1.0～1.5	
	100km 以内（35～110kV）	山区	1.0～1.5	
		丘陵	0.5～1.0	
房建	5 万～10 万 m²		0.5～1.0	
	10 万～20 万 m²		1.0～1.5	
	21 万 m²		1.5～2.0	

3. 导流工程工期安排

导流工程包括挡水建筑和泄水建筑。土石坝一般采用隧洞导流，隧洞进度可按开挖、混凝土衬砌、灌浆三大工序来安排。隧洞开挖和衬砌进度可参考表 7-5。当隧洞断面能满足开挖与混凝土衬砌平行作业时，衬砌占用直线工期较少，衬砌滞后于开挖 3～4 月进行；如不能采用平行作业，应当在开挖后进行衬砌，月进尺可按 30～40m 估计，当采用先进衬砌技术时，可按 80～100m 估计。

表 7-5　　　　　　　　　　　　　　隧洞掘进和衬砌进度指标

开挖断面 /m²	不同掘进方式平均进尺/（m/月）		混凝土衬砌进尺 /（m/月）
	全断面钻爆法（喷锚支护）	台阶钻爆法（喷锚支护）	
<25	100～150（有轨）		100～120（边顶拱）
25～60	100～150（有轨或无轨）		120～160（边顶拱）
60～100	120～180（无轨）		80～100（边顶拱）
100～150		100～150（无轨）	40～60（边顶拱）

注　1. 表中指标为单工作面进尺。
　　2. 对不良地质地段，可乘以 0.3～0.9 系数。

隧洞回填灌浆与固结灌浆宜与混凝土衬砌平行作业，灌浆开始时间在混凝土衬砌后 2～3 月，结束时间滞后于混凝土衬砌 3～4 月。

在编制控制性施工进度时，也可采用综合指标制定隧洞掘进进度。当隧洞洞径在 9m 以内时，每个工作面月综合进尺可按 40～50m 控制；当洞径大于 9m 时，可按 30～35m 控制。隧洞的地质条件对进度影响较大，应注意分析具体施工条件。

围堰工程施工强度和工期按其挡水时段考虑，可参考项目五任务二。另外，在安排导流工程进度时还应注意以下问题。

（1）对于一次拦断和分期导流的一期导流工程宜安排在施工准备期内进行，若为关键工程则应根据工程需要提早安排施工。

（2）河道截流宜安排在枯水期或汛后进行，但不宜安排在封冻期和流冰期，截流时间应根据围堰施工所需施工时段和安全度汛要求，结合所选时段各月或旬的平均流量大小，合理分析确定。

（3）围堰闭气和堰基防渗完成后，即可进行基坑抽水作业。对于土石围堰与软质基础的基坑，应考虑控制排水下降速度。

（4）采用过水围堰导流方案时，应分析围堰过水期限及过水前后对工期带来的影响，在多泥沙河流上应考虑围堰过水后清淤所需工期。

（5）根据挡水建筑物施工进度安排确定施工期临时度汛时期，并应论证在要求的时间前挡水建筑物的施工进度具备拦挡度汛洪水标准的要求。

（6）导流泄水建筑物完成导流任务后，封堵时段宜选在汛后，使封堵工程能在一个枯水期内完成。如汛前封堵，应有充分论证和确保工程安全度汛措施。

4. 确定坝基开挖工期

坝基开挖分为岸坡和河床两部分，岸坡与河床的分界为高出枯水期常水位 2～3m 的高程（或截流前一个月月平均流量相应水位加 2～3m）。

坝基开挖的顺序，一般是先岸坡、后河床。岸坡开始开挖时间视准备工程的进度而定，一般可安排与导流工程平行施工，并在河道截流前完成。河床坝基开挖在围堰截流闭气并完成基坑排水后开始，当采用大型机械开挖时，还应考虑一定的准备工作和创造工作面的工期。对于大型工程，在安排控制进度时，从截流到开始进行开挖，应留 1～2 个月的时间进行围堰基础防渗体施工和基坑排水及道路等准备工作。

坝基开挖强度应根据地质条件、采用的施工方法、施工设备及基坑开挖面积等因素进行分析计算。坝基开挖施工进度的安排方法如下。

（1）根据基坑开挖面积、岩土级别、开挖方法、出渣道路及按工作面分配的施工设备型号、性能、数量等分析计算坝基开挖强度及相应的工期。

（2）根据各个部位的开挖量和初步拟定的开挖强度，按施工程序的要求，在控制进度中绘出开挖进度线。

（3）把初步绘制的控制进度表交给担任开挖的施工设计人员，进行开挖施工方法设计。如果经过施工设计，认为控制进度中规定的施工强度难以达到时，应修改控制进度的开工和竣工日期。

根据多数工程的经验，坝基开挖的月平均强度一般在 3.5 万～8.5 万 m³，工期紧时可取较大值。

另外，在安排坝基开挖进度时还应注意：在深陡狭窄的坝址，岸坡开挖的石渣将大部分或全部落入河床,因此,在安排基坑开挖进度中,应考虑出渣所用的工期。当采用过水围堰时,应分析基坑过水损失的工期,对于含沙量大的河流,还应分析过水后清淤所占用的工期。

5. 确定基础处理的工期

基础处理主要指帷幕灌浆、断层破碎带处理和防渗墙施工等。在水库蓄水前应完成蓄水高程以下的灌浆,在水库水位蓄至正常蓄水位之前应完成全部灌浆任务。

(1) 帷幕灌浆一般都在廊道内进行,施工一般不受水文气象条件的影响,受大坝施工干扰较小,其进度可视施工单位的装备水平,在蓄水前均衡地安排。建在软基上的中小型坝,一般不设廊道,须在河床帷幕灌完后进行坝体的修建,此时,帷幕灌浆成为控制直线工期的一道重要工序。

(2) 断层破碎带处理一般包括开挖、回填混凝土和灌浆,视断层破碎带的部位、处理方案、工作量大小安排工期。不良地质处理宜安排在建筑物覆盖前完成。

(3) 对混凝土防渗墙,当采用冲击钻造孔时,可根据工作面上可能布置的台数,按每台日进尺 3～4m 安排进度。我国已建工程的实际资料,一般情况下,平均台日造孔速度为 2.18～5.08m。防渗墙的准备工期一般需 20～30d,混凝土浇筑的滞后时间可按 15～20d 考虑。

基础处理工期应根据地质条件、处理方案、工程量、施工程序、施工水平、设备生产能力和总进度要求等因素研究决定。地质条件复杂、技术要求高、对总工期起控制作用的地基处理,应分析论证对施工总进度的影响。

6. 确定坝体各期上升高程

确定坝体各期上升高程是编制控制性施工进度的重要内容之一。一般步骤如下:根据导流分期和拟定的施工程序,绘制坝体分期分段的高程—工程量累计曲线;分析统计坝体施工有效工日,研究确定拦洪高程和拦洪日期;根据导流和各年的度汛要求,初步拟定控制性部位的各期上升高程;计算各时段的上升速度和施工强度,根据采用的施工设备的生产能力,分析达到各期上升高程的可能性和可靠性;进行反复调整,确定合理的上升高程。

初拟控制性施工进度时,坝体上升速度为:心(斜)墙 0.3～0.4m/d,坝壳 0.5～0.8m/d。

7. 确定导流洞封堵、蓄水和发电日期

对土石坝、导流洞封堵时,封洞日期可按表 7-6 所列的要求确定。导流泄水建筑下闸后,水库开始蓄水,当水库蓄至死水位,第一台机组安装完成后,电站开始发电。

表 7-6	封 洞 日 期
一般原则	(1) 闸门操作水头不超过 45m; (2) 安排在工程已具备发电条件的枯水期内; (3) 下闸至汛期前应能满足封堵工程的工期要求; (4) 永久泄洪建筑物已具备泄洪条件
特殊要求	(1) 大坝已达到或接近坝顶; (2) 当库容很大时,经蓄水计算后,在确保大坝安全的前提下,可在大坝未达到坝顶时封堵

蓄水时间计算可参考项目五任务二。

8. 安排其他单项工程的施工进度

其他单项工程的施工进度，根据其本身在施工期的运用条件以及相互衔接关系，围绕拦河坝的施工进度进行安排和调整。

综上所述，初拟控制性进度的方法是：首先以导流工程和拦河坝为主体，绘出导流工程和拦河坝的进度，绘出截流日期，定出具体各期上升高程和封洞日期，算出各时段的开挖及土石料填筑的月平均强度。其次绘制各单项工程的进度，计算施工强度（土石方开挖和混凝土浇筑）。最后计算和绘制施工强度曲线，反复调整，使各项进度合理，施工强度曲线均衡。

（三）编制控制性施工进度

初拟控制性施工进度之后，提交施工技术专业进行主要建筑物的施工方法设计，并编制单项工程施工进度表，通过施工方法设计的论证之后，对初拟的控制性施工进度表进行调整和平衡，并最终完成控制性施工进度表，见表 7-7。

1. 控制性施工进度表调整平衡的目标

（1）主体工程的施工程序和导流相适应，并满足各期度汛的要求。

（2）主体工程的施工强度和施工速度，经过施工方法的论证，有保证可以达到。

（3）各单项工程的施工进度能满足本身在施工期的运用条件，互相衔接合理，干扰较少，能同施工总平面布置相适应。

（4）土石方开挖、填筑和混凝土浇筑施工强度平衡合理，能充分利用人力、物力，节约资源。

2. 对控制性施工进度的要求

（1）工程项目应包括控制工程受益日期和影响总的施工强度的主要项目。

（2）表中应列出各工程项目的工程量，包括土石方明挖、洞挖、土石方填筑、混凝土和金属结构安装工程。

（3）施工进度的时间坐标，当总工期较短（4～5 年）时，精确到月；当总工期较长时，精确到季度。

（4）施工进度线上应标明分段工程量，月（季）平均施工强度，大坝各期达到的高程和相应的升高速度。

（5）应绘制土石方开挖、填筑和混凝土浇筑强度曲线，并标明分年完成的工程量。

（6）表上应附有主体工程施工程序示意图以及主体工程和导流工程的主要工程量表。

（7）估算高峰和平均劳力数量。

四、施工进度方案比较

在可行性研究阶段或初步设计的前期，一般常有几个水工布置方案，对于具有代表性的水工方案，都应编制控制性施工进度计划表，提出施工进度计划指标和对水工方案的评价意见，作为水工布置方案比较的依据之一。另外，对一个水工方案也可作出几种不同的施工方案，比如水电工程的五年发电方案和六年发电方案，不同导流方案的进度方案，因而可以编制出多个相应的施工进度方案，需要对施工进度方案进行比较和优选。

表 7-7　某水电站控制性施工进度表

工程项目	单位	工程量 明挖	工程量 洞挖	工程量 混凝土	工程量 其他
准备工程					
导流工程　导流隧洞，开挖 L=620m	万m³	31.0	12.0		
衬砌	万m³			3.7	
截流临时土石围堰修建	万m³				15.0
上游混凝土过土围堰	万m³	1.5		4.2	
下游混凝土过水围堰	万m³	0.5		2.2	
导流隧洞封堵	万m³			0.7	
上坝公路	万m³	8.8			
大坝工程　坝基开挖：岸坡	万m³	22.0			
河床	万m³	8.0			
混凝土浇筑：左岸坝段	万m³			88.0	
河床坝段	万m³			57.0	
右岸坝段	万m³			45.0	
进水口混凝土	万m³			0.3	
引水钢管安装	万t				0.3
基础帷幕灌浆	万m				11.5
厂房工程　进厂交通洞：开挖	万m³	3.0	4.0		
衬砌	万m³			1.9	
厂房基础开挖	万m³	20.2			
下部混凝土浇筑	万m³			12.3	
上部混凝土浇筑	万m³			8.5	
水轮发电机组安装	万kW	3×30			
开关站　土石方开挖	万m³	5.2			
混凝土浇筑	万m³			0.3	
放空洞　开挖	万m³	2.6	7.2		
衬砌	万m³			3.3	
船筏道　开挖	万m³	10.2			
混凝土浇筑	万m³			6.2	

续表

主要工程量

项目	土石方明挖 /万 m³	石方洞挖 /万 m³	混凝土 /万 m³	钢筋 /万 t	钢材 /万 t	固结灌浆 /万 m	帷幕灌浆 /万 m
大坝工程	38.8		190.3	2.12	0.60	5.80	11.5
厂房工程	23.2	4.0	22.7	0.43	0.15	0.71	
开关站	5.2		0.3	0.12	0.02		
放空洞	2.6	7.2	3.3	0.20	0.06	0.35	
船箱道	10.2		6.2	0.22	0.12		
小计	80.0	11.2	222.8	3.09	0.95	6.86	11.5
导流工程	33.0	12.0	10.8	0.15	0.04	0.24	
合计	113.0	23.2	233.6	3.24	0.99	7.10	11.5

图例

1. 进度指示线
   - 土石方明挖
   - 石方洞挖
   - 混凝土浇筑
   - 其他
   - ▽ 汛期坝体过水

2. $\dfrac{c}{(d)}$　$\dfrac{\nabla a}{b}$:
   - ∇a：时段末坝体达到高程/m
   - b：时段内应完成的工程量/（万 m³/月）
   - c：时段内月平均完成强度/（万 m³/月）
   - d：时段内月平均上升速度/（m/月）

3. No1 △ ：1号机组发电

4. e ：年度内应完成的工程量/万 m³

大坝浇筑程序

（大坝浇筑程序示意图：左岸坝段、厂房坝段、河床坝段、右岸坝段；高程标注 ▽344、▽365、▽330、▽308、▽310、▽302、▽280、▽270、▽260、▽240 等；第4年汛前、第5年汛前、第6年汛前）

工程项目	单位	工程量（明挖 / 洞挖 / 混凝土 / 其他）
土石方开挖强度曲线	万 m³/月	明挖 113 万 m³；洞挖 23 万 m³；总计 136 万 m³
混凝土浇筑强度曲线	万 m³/月	总计 234 万 m³

（横道图/进度曲线：第一年～第八年，分准备工期、主体工期、收尾工期）

五、编制施工总进度计划表

在初步设计的后期，即选定水工总体布置方案之后，对以拦河坝为主要主体建筑的工程，在导流方案确定之后，编制选定方案的施工总进度表。施工总进度表是编制施工总进度的最终成果，它的形式和控制性施工进度表基本相同，但项目应当更细，附图表应当更全面。具体要求如下。

（1）工程项目应列出准备工程的主要项目，导流和主体工程的全部项目，并列出相应的工程量。

（2）施工进度的时间坐标和进度线上应标明的指标，与控制性施工进度表相同。

（3）除绘制土石方开挖、填筑和混凝土浇筑强度曲线外，还要绘制劳动力需要量曲线和施工期坝前水位变化过程线。

（4）总进度表上应附有关键工程的分期施工形象进度图，主体、导流和临时工程的工程量表。

（5）施工准备工程进度表作为施工总进度表的附图另行提出。

任务三　土石坝施工进度计划编制

目　　标：（1）掌握坝体填筑进度安排；掌握土石坝进度计划编制方法。

（2）会根据资料编制坝体施工进度计划。

（3）培养耐心、细致的工作作风。

要　　点：土石坝进度计划编制方法。

土石坝施工中坝体度汛和拦洪安全十分突出，施工组织设计要把握好这个关键问题，认真研究土石坝工程的施工程序、坝体度汛、拦洪高程和施工日期。坝体施工的分期分块就是要保证全年施工、均衡施工和安全度汛。

一、施工进度计划编制原则

（1）施工进度应与导流方案相适应。

（2）坝体各项工程的施工必须遵循施工总进度计划的安排，确保工程如期完成。

（3）施工进度应与施工总体布置相适应，各阶段的施工部位、施工方法、施工强度等应与施工场地布置统一考虑。

（4）工程竣工后不留尾工。

（5）合理安排施工准备工程的进度计划，以保证各施工程序和工序之间的顺利衔接。

二、坝体填筑进度安排

（一）有效施工工日的分析

土石坝施工受气温、降雨等气象因素的影响，年内各月的施工有效工日有很大的差异，对土石坝的施工强度和施工进度有很大影响。因此，在安排大坝施工进度之前，首先要分析施工有效工日，作为安排施工进度的依据。有效工日计算见项目四任务二。

（二）坝体高程——工程量曲线绘制

安排土石坝施工进度的过程中，坝体各期上升高程的确定，不仅要考虑施工导流、大坝拦洪等要求，而且要分析大坝的填筑强度是否能够实现。因此，坝体各期上升高程，要经过反复分析和比较之后才能确定。绘制坝体高程—工程量曲线，就是为了适应这种工作过程的需要，每当拟定一个高程之后，可以很快地从曲线上查到该高程以下的工程量，准确地算出大坝的填筑强度。某工程坝体高程—工程量累计曲线图如图7-2所示。

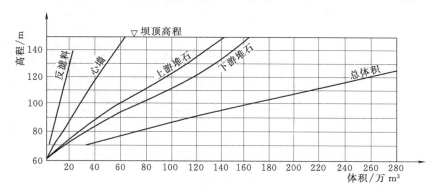

图7-2　某工程坝体高程—工程量累计曲线

（三）大坝施工分期的拟定

1. 纵断面上的分期

土石坝施工在纵断面上可以采取分段和不分段两种方式进行。

不分段施工的施工程序如图7-3所示。对于河床较窄的河流，一般采用不分段施工方式。即采取岸边隧洞或埋在坝内的涵管导流，大坝由基础全面向上平起，在一个枯水期把基础处理好并把大坝填筑到拦洪高程，也可以采用过水围堰，在第一个枯水期处理地基，填筑一部分坝体，第二个枯水期将坝

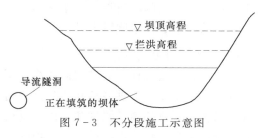

图7-3　不分段施工示意图

体填筑到拦洪高程。不分段施工由于坝体在纵断面上不留接缝，对大坝的质量有利，另外，施工场面比较大，便于安排坝面流水作业。

分段施工的施工程序如图7-4所示。对于河床较宽的河流，在一岸或两岸有天然台阶地，大坝可以采取分段施工。第一期在台阶地开挖导流明渠，枯水期明渠导流，进行河床基础处理，将坝体填筑到一定高程，与此同时，台阶地段也可以填筑一部分坝体；第二期封堵导流明渠，改由隧洞（或涵管）导流，集中力量填筑合龙坝体，在一个枯水期内将坝体修到拦洪高程。由于台阶地施工可以利用原河床开挖明渠导流，所以在修建导流隧洞的同时就可以填筑一部分坝体，使坝体填筑强度比较均衡。另外可以减少坝体的工程量，降低抢修拦洪坝体的施工强度，对保证按期达到拦洪高程有利。如果采料场位于上游较低的高程上，分段施工可以较多地利用上游料场。

2. 横断面上的分期

所谓横断面上的分期，主要指拦洪前采取经济断面施工。

对于大型土石坝工程，在抢修拦洪坝体时，工程量大，填筑强度高，施工十分紧张，

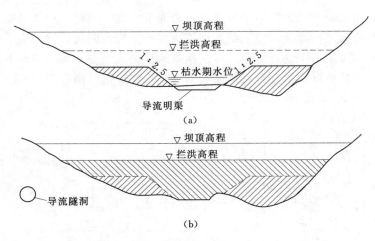

图 7-4 分段施工程序示意图

(a) 第一期；(b) 第二期

为了减少拦洪阶段的工程量，降低填筑强度，保证按期达到拦洪高程，可以采取经济断面进行填筑。

根据不同坝型和不同填筑材料的分区情况，拟定分区填筑施工程序。黏土斜墙坝先填堆石料，斜墙紧跟填筑；混凝土面板坝先填坝体到一定高程，然后混凝土面板一次筑成；黏土心墙坝，心墙的填筑控制整个坝体升高，一般堆石体可先于心墙一定高程，当条件许可时，心墙与堆石体应同时上升。

（四）施工进度安排

首先结合导流设计，研究坝体在纵断面上的分段和横断面上的分期，安排一个轮廓进度。其次就确定坝的拦洪高程和达到拦洪高程的日期，确定坝体各期上升高程，根据有效工日定出各个时段的施工强度和坝体上升速度，由施工设计对此强度和上升速度进行分析论证，经过反复比较修正，最后确定坝的施工进度。

1. 确定拦洪高程

拦洪高程是指大坝在施工过程中，按一定的洪水标准确定的坝体挡水高程。

确定拦洪高程是一项综合性的工作，须由导流设计、施工总进度、施工方法密切配合，反复比较后才能最后选定。在初步选定拦洪高程后，施工总进度着重分析拦洪前的填筑量和填筑强度，并由施工方法加以配合。如果不能达到此高程，则应改变拦洪方案，如加大导流的泄洪能力，以降低拦洪高程，或者采取特殊的泄洪或保坝措施。进行几个拦洪方案的分析与比较，最终选定一个经济上合理、技术上可靠、保证大坝安全的坝体拦洪高程。

2. 确定拦洪日期

拦洪日期是指施工进度规定的坝体达到拦洪高程的日期。

拦洪日期的确定是安排土石坝施工进度的一个重要问题。安排时间过早，虽然减少了抢修拦洪坝体的工期，但是加大了施工强度；安排过迟，万一洪水提前到来，将造成坝体漫水，引起大坝失事，造成重大损失。

确定拦洪日期的方法是根据河流的水文特性和历年的洪水流量记录，分析历年最大洪水的出现规律,与导流设计共同研究,选取最大洪水可能出现的日期。

3. 确定拦洪过渡期坝体上升高程

由枯水期末到设计规定的拦洪日期这一时段,称为拦洪过渡期。确定拦洪过渡期坝体上升高程有以下两种方法。

(1) 按水文特性划分时段法。将过渡期按水文特性划分为若干时段,计算各个时段不同频率的洪水及其相应的坝前水位(库容大时应调洪),坝体高程在各时段末应达到下一时段的设计洪水位以上。现举例说明该方法。

某坝采取枯水期挡水围堰,枯水时段为 9 月 15 日至次年 3 月 31 日,拦洪日期为 7 月 20 日,拦洪设计洪水标准为 $P=1\%$ 的流量,即 $11000\text{m}^3/\text{s}$。根据本流域的水文特性,将过渡期划分为三个时段,分别计算其不同频率的流量,见表 7-8。

表 7-8　　　　　　　　　　某坝不同时段、各种频率洪水流量

设 计 频 率	时段和流量/(m^3/s)		
	4 月 1 日—5 月 15 日	5 月 16 日—6 月 20 日	6 月 21 日—7 月 20 日
$P=10\%$	2000	3000	
$P=5\%$	3000	4200	5300
$P=2\%$		6500	7300
$P=1\%$			9000

根据各时段的拦河坝的坝高、库容等条件,选定时段设计洪水,并计算其坝前水位,从而确定各时段末的坝体上升高程,见表 7-9。

表 7-9　　　　　　　　　　某坝不同时段坝体上升高程

项　　目	时　　　段				
	枯水期末	4 月 1 日—5 月 15 日	5 月 16 日—6 月 20 日	6 月 21 日—7 月 20 日	7 月 20 日
设计频率/%		5	5	2	1
设计流量/(m^3/s)		3000	4200	7300	11000
相应坝前水位/m		45.5	52.0	60.3	64.3
坝体上升高程/m	46.0	53.0	61.0	66.0	

(2) 按月划分时段法。按月计算不同频率的流量及相应水位,从而确定月末的坝体上升高程,其方法同上。

4. 坝体填筑强度的论证

根据坝体各期上升高程,在坝体高程—填筑量曲线上查得各控制时段的填筑量,根据各相应时段的有效工日,算出时段的日平均填筑强度。

日平均强度乘以日不均匀系数即为日高峰强度。日不均匀系数和工程的机械化配套程度、施工管理水平、料物性质以及时段的长短有关,可以在 1.5~2.0 的范围内选取。

确定日高峰强度以后,应进行施工方法设计,研究料物运输、上坝方式、碾压施工方法、坝面流水作业分区等,论证能否达到施工进度规定的施工强度。填筑强度拟定原则如下。

（1）满足总工期及各高峰期的工程形象要求，且各强度较为均衡。要注意利用临时断面调节填筑强度。

（2）月高峰填筑量与坝体总量比例协调，一般可取 $1:20 \sim 1:40$。小浪底坝为 $1:35$，黑河坝为 $1:15$，鲁布革坝 $1:18$，天生桥一级 $1:15$。分期导流和一次拦断导流的工程在选取此比值时，应注意其差异。

（3）月不均匀系数宜在 $1.5 \sim 2.5$ 之间选用，日不均匀系数宜控制在 2.0 左右。月不均匀系数如毛家村坝 2.73，升钟坝 2.80，石头河坝 1.93（高峰年 1.3），小浪底坝 1.31，黑河坝 2.33，加拿大波太基山坝 1.34，日本高濑坝 1.88，希腊克瑞玛斯塔坝 1.72，巴基斯坦塔贝拉坝 2.40；日不均衡系数如黑河坝为 1.69（心墙料 1.35，坝壳料 2.15），波太基山坝 1.48，塔贝拉坝 2.42，石头河坝 2.22（高峰年）。

（4）填筑强度与开采能力、运输能力相协调，其中坝料运输线路的标准和填筑强度的关系尤为重要。

5. 坝体上升速度的论证

（1）根据坝体各期上升高程和该时段的施工有效工日，计算坝体的日平均上升速度。

（2）黏土心墙坝和斜墙坝的上升速度，主要由心墙或斜墙的上升速度控制。心墙、斜墙可能的上升速度和土料性能、有效工作日、工作面条件、运输与碾压设备性能以及施工工艺有关，一般是通过分析并结合经验确定，必要时可进行现场试验。我国 20 世纪 80 年代以后的实践表明，黏土填筑速度一般为 $0.2 \sim 0.5 \mathrm{m/d}$，$3 \sim 7 \mathrm{m/}$月，最高时可达 $10 \mathrm{m/}$月以上，黑河坝曾达到 $14 \mathrm{m/}$月。

改善上坝运输道路，采用大型运输机械和重型碾压机械，加大铺土厚度，可以提高土石坝的施工强度，加快上升速度，在安排土石坝施工进度时，应结合工程的具体条件，尽可能采用先进的施工方案，加快土石坝的施工进度。

在初步拟定施工进度时，可以参考已建工程的施工进度指标，结合本工程的具体条件，初步拟定坝体的上升速度和施工强度。

（五）坝体填筑分期分块工程实例

1. 小浪底工程

小浪底水利枢纽大坝为壤土斜心墙堆石坝，上游拦洪围堰作为坝体的一部分，为斜墙堆石围堰。坝高 $154 \mathrm{m}$，坝顶宽 $15 \mathrm{m}$，坝顶长 $1317 \mathrm{m}$，总填筑方量为 4800 万 $\mathrm{m^3}$。其施工工期短，填筑强度高，特别是截流之后，大坝填筑为关键项目。根据施工总进度计划安排，主体工程施工总工期为 8 年，第 4 年 12 月截流。在截流前完成一部分大坝的填筑，对减少截流后工程量、降低填筑强度、缩短工期是十分必要的。小浪底坝址河道平直，主流靠近左岸，常水位 $135 \mathrm{m}$ 左右，右岸有 $350 \sim 400 \mathrm{m}$ 滩地，高程 $135 \sim 150 \mathrm{m}$。利用右岸滩地条件，施工设计将大坝填筑实行分期分块施工。截流前为一期工程将右岸坝体填筑到 $200 \mathrm{m}$ 高程。左岸河床过流，将河床束窄到 $250 \mathrm{m}$ 左右。截流后为二期工程，填筑左侧河床坝体至 $200 \mathrm{m}$ 高程后，整个坝体再继续填筑到坝顶高程 $281 \mathrm{m}$。截流后第二年汛前，坝体填筑到 $200 \mathrm{m}$ 高程，拦挡 500 年一遇洪水。此阶段坝体填筑工程量大，施工强度高，而且基础混凝土防渗墙施工，基础开挖处理与坝体填筑干扰也大，是大坝施工最困难的阶段。各阶段分块和填筑工程量、施工强度等如图 7-5 和表 7-10 所示。

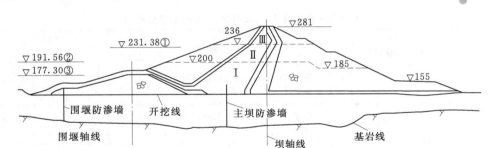

图 7-5　小浪底坝体填筑拦洪度汛断面图（单位：m）

①—千年一遇设计洪水位；②—500 年一遇设计洪水位；③—百年一遇设计洪水位

表 7-10 　　　　　小浪底坝体及拦洪围堰分期填筑工程量与填筑强度表

	填筑分期	土料/万 m³	石料/万 m³	反滤料/万 m³	合计/万 m³	填筑工期/月	平均月强度/（万 m³/月）	高峰月强度/（万 m³/月）	日强度/（万 m³/d）	坝体平均上升速度/（m/d）
截流前	上游拦洪围堰	45.44	191.38	7.92	244.74	11.0	22.25	26.76	1.31	0.28
	坝　体	205.44	463.54	51.18	720.26	13.0	55.40	59.95	3.17	0.28
	小计	250.98	654.92	59.10	965.00					
截流后	上游拦洪围堰	47.93	162.30	8.98	219.21	4.5	48.71	56.15	2.39	0.50
	坝体高程 200m 以下	272.62	1118.38	63.85	1454.85	15.0	96.99	122.44	5.67	0.21
	坝体高程 200～236m	222.61	1114.08	54.68	1391.37	12.0	115.95	121.34	5.53	0.13
	坝体高程 236～281m	156.41	552.39	69.42	778.22	12.0	64.85	66.04	3.19	0.17
	小计	699.57	2947.15	196.93	3843.65					
合计		950.55	3602.07	256.03	4808.65					

2. 天生桥一级工程

天生桥一级水电站坝型为混凝土面板堆石坝，坝高 178m，坝顶宽 15m，坝顶长 1137m，坝体填筑方量 1853 万 m³，是国内最高的混凝土面板堆石坝。工程于 1994 年 12 月截流，1995 年 10 月完成溢洪道剥离及备料开挖、两岸坝肩开挖等。1996 年 1 月完成河床开挖，坝体分期填筑。坝体填筑共分五期，各期分块及填筑强度如图 7-6 和表 7-11 所示。

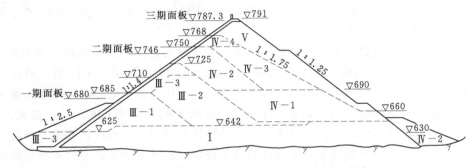

图 7-6　天生桥一级水电站坝体填筑分期示意图（单位：m）

表 7－11　　　　　　　　天生桥一级水电站大坝填筑分期及工程量表

分期	填筑时间 （年-月-日）	形　象　面　貌	填筑量 /万 m³	平均强度 /（万 m³/月）
Ⅰ	1996－1－10—6－10	河床 ▽642m，汇水槽宽 120m，左岸 ▽662.5m，右岸 ▽660m	177.64	35.53
Ⅱ	1996－6－11—11－10	两岸上游部位 2/3 坝体，左岸 ▽725m，右岸 ▽735m	192.79	38.56
Ⅲ－1	1996－11－11—1997－1－31	临时断面上游部位至 ▽685m	98.94	49.47
Ⅲ－2	1997－1－1—1997－4－30	全临时断面至 ▽685～710m，下游至 ▽645m	155.60	38.90
Ⅲ－3	1997－5－1—1997－6－20	全临时断面至 ▽725m	78.57	46.22
小计 （1997 年汛前）		临时断面至 ▽725m 下游填筑至 ▽645m	703.54	第Ⅲ期平均强度 45.63，叠加高峰强度 55.10
Ⅳ－1	1997－6－21—1997－9－30	下游填至 ▽690m	111.24	55.62
Ⅳ－2	1997－9－21—1998－1－20	临时断面上游部位至 ▽750m	234.30	58.60
Ⅳ－3	1997－10－1—1998－4－30	临时断面下游部位至 750m	261.60	37.29
Ⅳ－4	1998－5－1—1998－6－20	临时断面 ▽750～768m	80.54	47.38
小计 （1998 年汛前）		临时断面至 ▽768m 下游至 ▽660m	1390.68	第Ⅳ期平均强度 57.26，叠加最高强度 65.47
Ⅴ	1999－1－1—1999－10－31	坝体填至 787.3m	402.60	40.26
	1999－11－1—1999－11－31	坝顶公路	9.00	9.00
合　　计			1800.28	

三、土石坝进度计划编制方法

进度计划编制方法有横道图法和网络图法两种。横道图法是常用的一种方法，其编制方法与步骤如下。

1. 列出工程项目

根据设计图纸，将土石坝中的各分部分项工程，按施工程序列入进度表中。见某土石坝工程进度表 7－12。

2. 计算工程量

根据设计图纸，按照施工阶段及分期绘制坝高与工程量关系曲线，查算各段分期工程量。

3. 草拟各项工程进度线

以表 7－12 为例安排施工进度计划。该表所列坝型为黏土心墙石渣坝，所在河道 5～11 月中旬为汛期。开工后第一年由于地基处理工程量较大，故用上游围堰（坝体上游部分）拦洪度汛；第二年度汛采用砌石溢流堰泄流，汛后进行地基处理；第三年汛前上游围堰达到拦洪高程；第四年三季度完建。这样便构成施工的控制性进度，其中截流、拦洪、竣工等日期是进度计划的控制点。首先按施工分期结合导流、拦洪度汛要求安排有关主要项目的施工进度。然后再按施工顺序安排其他工程项目的施工进度，并据此分析论证各项施工强度，调整进度线的长短。

表 7 - 12

某土石坝施工进度计划表

工程项目		工程量		进度（第一年～第四年，月份 7～12、1～12 ...）
		单位	数量	
准备工程				
导流工程	上下游低水围堰土石料填筑	m³	168000	
	下游围堰拆除	m³	4300	
	导流洞施工	m³	679100	
	导流洞封堵	m³	102200	
临时度汛断面	土石方开挖	m³	37000	
	溢流体砌石	m³	23220	
	石渣填筑	m³	31800	
	土料填筑	m³	205900	
	过渡带及垫层砂砾	m³	18800	
	块石护坡	m³	26710	
	护坡块石及粉土斜墙挖除	m³	2089600	
坝体施工	土石方开挖	m³	337700	
	底板及趾墙混凝土	m³	387300	
	固结灌浆与帷幕灌浆	m	35100	
	石渣填筑	m³		
	土料填筑	m³		
	过滤带反滤料填筑	m³		
	砂砾垫层及条石护坡	m³		
观测仪器埋设				
土石方施工强度/(m³/d)		10000 / 5000		
劳动力数/人		20000 / 10000		

里程碑注记：

- 5月1日临时度汛断面达拦洪高程（P=0.33%）
- 10月1日完建
- 3月1日下闸蓄水堵洞
- 5月1日临时度汛断面达拦洪高程（P=1%）
- 5月1日完成坝体过水设施

图例：□□□ 开挖　□ 填筑　■ 混凝土浇筑

注　施工强度和劳动力曲线中未计入准备工程，导流工程。

表 7-12 中第二年 11 月下旬截流，各年的 4 月 30 日为拦洪度汛，第四年 10 月 1 日竣工，这便是施工进度的控制点。与这些控制点有关的工程项目，其进度线已确定，因而要分析论证其施工强度的可行性。

4. 进度平衡修正

进度平衡修正主要是对施工强度、主要机械台数、机械功率数（kW）、每天作业人数等指标进行平衡修正。表 7-12 示例中仅给出平衡后的土石方日施工强度和日作业人数曲线。以下以土石方施工强度为例说明进行平衡修正的步骤。

（1）在各施工进度线上面注明其工程量，下面注明相应的施工强度、日作业人数和施工天数。如：

$$\frac{工程量}{强度 \times 日作业人数 \times 天数}$$

（2）在进度表的下部绘制出土石方日施工强度曲线和日作业人数曲线。

由于料场开采规划（包括弃渣利用）涉及整个枢纽工程施工布置，故土石方平衡时应结合水工设计要求、施工总平面布置，按土石坝施工进度要求，配合施工总进度进行反复综合平衡。具体内容有以下几个方面：料场位置和高程与坝体部位相协调；开采时间与坝体填筑时间相一致；开采方量与填筑部位方量相一致。如此进行土石方的挖填综合平衡，做到经济合理。

当进行劳动力平衡时，应根据各期各项工程的工程量与其劳动产量定额，计算出作业人数，在进度表的下部列出每日作业人数，并用上述方法进行调整，达到劳动力平衡。

项目八 施 工 总 体 布 置

项目名称		施 工 总 体 布 置	参考课时/天	
学习型工作任务		任务一 施工总体布置概述	0.5	1.5
		任务二 施工总平面布置	0.5	
		任务三 考核	0.5	
项目任务		根据设计等基本资料，绘制施工总体布置图，并编写总体布置报告		
教学内容		(1) 施工总布置的作用； (2) 施工总布置的内容； (3) 施工总布置的原则及依据； (4) 施工总体布置设计程序； (5) 施工总体布置的优化		
教学目标	知识	(1) 掌握施工总布置的内容及要求；掌握施工总体布置设计程序； (2) 理解施工总布置的原则及依据； (3) 了解总布置的优化方法		
	技能	(1) 能根据施工现场实际情况，独立进行施工总布置； (2) 能编制土石坝施工组织设计报告		
	素质	(1) 具有科学创新精神； (2) 具有团队合作精神； (3) 具有工匠精神； (4) 具有报告书写能力； (5) 具有质量意识、环保意识、安全意识； (6) 具有应用规范能力		
教学实施		要求各组独立思考，各组内成员集体讨论，教师从旁指导。最后教师综合各组成果进行讲评，各小组最后完善各组成果，进入下一项目学习		
项目成果		完成土石坝施工组织设计报告中的 (1) 施工总体布置图；(2) 施工用地征用范围图；(3) 相应文字部分		
技术规范		(1) SL 303—2004《水利水电工程施工组织设计规范》； (2) DL 5021—1993《水利水电工程初步设计报告编制规程》； (3) DL/T 51209—2001《碾压式土石坝施工规范》； (4)《水利水电工程施工组织设计手册》(中国水利水电出版社，1997.6)		

任务一 施 工 总 体 布 置 概 述

目　　标：掌握施工总布置的内容；理解施工总布置作用；了解施工总布置的原则及依据。
要　　点：施工总布置的内容及要求。

一、施工总布置作用

施工总平面图是拟建项目施工场地的总布置图，是施工组织设计的重要组成部分，它是根据工程特点和施工条件，对施工场地上拟建的永久建筑物、施工辅助设施和临时设施等进行平面和高程上的布置。并将施工现场的布置成果标在一定比例尽的施工地区地形图上，就构成施工现场布置图。绘制的比例一般为 1：1000 或者 1：2000。施工现场的布置应在全面熟悉枢纽布置、主体建筑物的特点及其他自然条件等基础上，合理的组织和利用施工现场，妥善处理施工场地内外交通，使各项施工设施和临时设施能最有效地为工程服务。保证施工质量，加快施工进度，提高经济效益。同时，也为文明施工、节约土地、减少临时设施费用创造了条件。

二、施工总布置的内容

施工总布置的内容主要包括以下方面。

（1）配合选择对外运输方案，选择场内运输方式以及两岸交通联系的方式，布置线路，确定渡口、桥梁位置，组织场内运输。

（2）选择合适的施工场地，确定场内区域划分原则，布置各施工辅助企业及其他生产辅助设施，布置仓库站场、施工管理及生活福利设施。

（3）选择给水、供电、压气、供热以及通信等系统的位置，布置干管、干线。

（4）确定施工场地排水、防洪标准，规划布置排水、防洪沟槽系统。

（5）规划弃渣、堆料场地，做好场地土石方平衡以及开挖土石方调配。

（6）规划施工期环境保护和水土保持措施。

概括起来包括：原有地形已有的地上、地下建筑物、构筑物、铁路、公路和各种管线等；一切拟建的永久建筑物、构筑物、道路和管线；为施工服务的一切临时设施；永久、半永久性的坐标位置、料场和弃渣场位置。

三、施工总布置原则及依据

1. 施工总布置原则

施工总布置方案应遵循因地制宜、因时制宜、有利生产、方便生活、易于管理、安全可靠、经济合理的原则。

（1）施工总布置应综合分析水工枢纽布置、主体建筑物规模、型式、特点、施工条件和工程所在地区社会、自然条件等因素，妥善处理好环境保护和水土保持与施工场地布局的关系，合理确定并统筹规划为工程施工服务的各种临时设施。

（2）施工总布置方案应贯彻执行十分珍惜和合理利用土地的方针，遵循因地制宜、因时制宜、有利于生产、方便生活、易于管理、安全可靠、注重环境保护、减少水土流失、充分体现人与自然和谐相处以及经济合理的原则，经全面系统比较论证后选定。

（3）施工总布置设计时应该考虑以下各点。

1）施工临时设施与永久性设施，应研究相互结合、统一规划的可能性。临时性建筑设施，不要占用拟建永久性建筑或设施的位置。

2）确定施工临建设施项目及其规模时，应研究利用已有企业设施为施工服务的可能性与合理性。

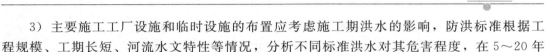

3）主要施工工厂设施和临时设施的布置应考虑施工期洪水的影响，防洪标准根据工程规模、工期长短、河流水文特性等情况，分析不同标准洪水对其危害程度，在 5～20 年重现期范围内酌情采用。高于或低于上述标准，应有充分论证。

4）场内交通规划，必须满足施工需要，适应施工程序、工艺流程；全面协调单项工程、施工企业、地区间交通运输的连接与配合，运输方便，费用少，尽可能减少二次转运；力求使交通联系简便，运输组织合理，节省线路和设施的工程投资，减少管理运营费用。

5）施工总布置应做好土石方挖填平衡，统筹规划堆、弃渣场地；弃渣应符合环境保护及水土保持要求。在确保主体工程施工顺利的前提下，要尽量少占农田。

6）施工场地应避开不良地质区域、文物保护区。

7）避免在以下地区设置施工临时设施：严重不良地质区域或滑坡体危害地区；泥石流、山洪、沙暴或雪崩可能危害地区；重点保护文物、古迹、名胜区或自然保护区；与重要资源开发有干扰的地区；受爆破或其他因素严重影响的地区。

施工总布置应该根据施工需要分阶段逐步形成，做好前后衔接，尽量避免后阶段拆迁。初期场地平整范围按施工总布置最终要求确定。

2．施工总布置依据

（1）DL 5021—1993《水利水电工程初步设计报告编制规程》。

（2）可行性研究报告及审批意见、上级单位对本工程建设的要求或批件。

（3）工程所在地区有关基本建设的法规或条例、地方政府、业主对本工程建设的要求。

（4）国民经济各有关部门（铁道、交通、林业、灌溉、旅游、环境保护、城镇供水等）对本工程建设期间有关要求及协议。

（5）当前水利水电工程建设的施工装备、管理水平和技术特点。

（6）工程所在地区和河流的自然条件（地形、地质、水文、气象特征和当地建材情况等）、施工电源、水源及水质、交通、环境保护、旅游、防洪、灌溉、航运、供水等现状和近期发展规划。

（7）当地城镇现有修配、加工能力，生活、生产物资和劳动力供应条件，居民生活、卫生习惯等。

（8）施工导流及通航等水工模型试验、各种原材料试验、混凝土配合比试验、重要结构模型试验、岩土物理力学试验等成果。

（9）工程有关工艺试验或生产性试验成果。

（10）勘测、设计各专业有关成果。

任务二　施工总平面布置

目　　标：（1）掌握施工总体布置设计程序；掌握编制临时建筑物的项目清单的方法；理解场地区域规划的原则和方法。

　　　　　（2）会编制临时建筑项目清单，根据工程特点进行场地布置。

　　　　　（3）培养耐心、细致、爱岗敬业的工作作风。

要 点：（1）施工总体布置设计程序。

（2）编制临时建筑物的项目清单的方法。

（3）施工总布置的优化方法。

图 8-1 为施工总体布置设计程序图。应该指出，各设计步骤不是截然分开、各自孤立进行的，而是互相联系，互相制约的，需要综合考虑、反复修正才能确定下来。

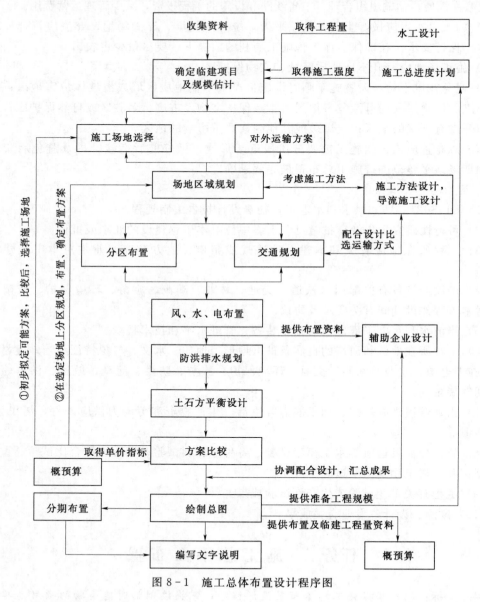

图 8-1 施工总体布置设计程序图

一、收集基本资料

（1）当地国民经济现状及发展前景。

（2）可为工程施工服务的建筑、加工制造、修配、运输等企业的规模、生产能力及其发展规划。

（3）现有水陆交通运输条件和通过能力，近远期发展规划。

（4）水、电以及其他动力供应条件。

（5）邻近居民点、市政建设状况和规划。

（6）当地建筑材料及生活物资供应情况。

（7）施工现场土地状况和征地的有关问题。

（8）工程所在地区行政区规划图、施工现场地形图及主要临时工程剖面图，三角水准网点等测绘资料。

（9）施工现场范围内的工程地质与水文地质资料。

（10）河流水文资料、当地气象资料。

（11）规划、设计各专业设计成果或中间资料。

（12）主要工程项目定额、指标、单价、动杂费率等。

（13）当地及各有关部门对工程施工的要求。

（14）施工现场范围内的环境保护要求。

二、编制临时建筑物的项目清单

在充分掌握基本资料的基础上，根据施工条件和特点，结合类似工程经验或有关规定，编制临时建筑物的项目单。并初步定出它们的服务对象、生产能力、主要设备、风水电等需要量及占地面积、建筑面积和布置的要求。

以混凝土工程为主体的枢纽工程，临建工程项目一般包括以下内容。

（1）混凝土系统（包括搅拌楼、净料堆场、水泥库、制冷楼）。

（2）砂石加工系统（包括破碎筛分厂、毛料堆场、净料堆场）。

（3）金属结构机电安装系统（包括金属结构加工厂、金属结构拼装场、钢管加工厂、钢管拼装场、制氧厂）。

（4）机械修配系统（包括机械修配厂、汽车修配厂、汽车停放保养场、船舶修配厂、机车修配厂）。

（5）综合加工系统（包括木材加工厂、钢筋加工厂、混凝土预制厂）。

（6）风、水、电、通信系统（包括空压站、水厂、变电站、通信总机房）。

（7）基础处理系统（包括基地、灌浆基地）。

（8）仓库系统（包括基地冲击钻机仓库、工区仓库、现场仓库、专业仓库）。

（9）交通运输系统（包括铁路场站、公路汽车站、码头港区、轮渡）。

（10）办公生活福利系统（办公房屋、单身宿舍房屋、家属宿舍房屋、公共福利房屋、招待所）。

三、场地区域规划

这是施工现场布置中的最关键一步。一般施工现场为了方便施工，利于管理，都将现场划分成主体工程施工区，辅助企业区，仓库、站、场、转运站，码头等储运中心，当地建筑材料开采区，机电金属结构和施工机械设备的停放修理场地，工程弃料堆放场，施工管理中心和主要施工分区，生活福利区等。各区域用场内公路沟通，在布置上相互联系，形成统一的、高度灵活的、运行方便的整体。

场地布置方式有集中、分散和混合布置三种方式，水利水电工程一般多采用混合布置。在区域规划时，应该着重解决施工现场布置中的重大原则问题，具体包括以下方面。

（1）施工场地是一岸布置还是两岸布置。

（2）施工场地是一个还是几个，如果有几个场地，哪一个是主要场地。

（3）施工场地怎样分区。

（4）临时建筑物和临时设施采取集中布置还是分散布置，哪些集中哪些分散。

（5）施工现场内交通线路的布置和场内外交通的衔接及高程的分布等。

对于堤坝式水电站，由于永久建筑物布置比较集中，且坝址附近又有开阔地，可满足临时设施的布置要求时，常把临时设施集中布置。我国的青铜峡、观音阁等工程就是这种布置型式。

若坝址施工现场位于高山峡谷地区，地形狭窄，可根据实际情况，进行具体布置。

（1）地形较狭窄时，可沿河流一岸或两岸冲沟绵延布置，按临时建筑物及其设施对施工现场影响程序分类排队，对施工影响大的靠近坝址区布置，其他项目按对工程影响程序大小顺序逐渐远离布置，新安江、上犹江、柘溪等工程均采用了这种布置型式。

（2）地形特别狭窄时，则可把与施工现场关系特别密切的设施（如混凝土生产系统）布置在坝址附近，而其他一些施工辅助企业等布置在大坝较远的基地，这是典型的混合布置，如三门峡水库等。

对于引水式水电站或大型输水工程，常在取水口、中间段和厂房段设立施工场地，即形成"一条龙"的布置形式，又称分散布置。其缺点是施工管理不便、场内运输量大等。

在现场规划布置时，要特别注意场内运输干线的布置，如两岸交通联系的线路，砂石骨料运输线路，上、下游联系的过坝线路等。

四、交通规划

1. 施工交通分类

施工交通包括对外交通和场内交通两部分。对外交通是指联系施工工地与国家公路或地方公路、铁路车站、水运港口及航空港之间的交通，一般应充分利用现有设施，选择较短的新建、改建里程，以减少对外交通工程量。场内交通是联系施工工地内部各工区、料场、堆料场及各生产、生活区之间的交通，一般应与对外交通衔接。

2. 交通规划内容

在进行施工交通运输方案的设计时，主要解决的问题有：选定施工场内外的交通运输方式和场内外交通线路的连接方式；进行场内运输线路的平面布置和纵剖面设计；确定路基、路面标准及各种主要的建筑物（如桥涵、车站、码头等）的位置、规模和形式；提出运输工具和运输工程量、材料和劳动力的数量等。

（1）确定对外交通和场内交通的范围。对外交通方案应确保施工工地与国家或地方公路、铁路车站、水运港口之间的交通联系，具备完成施工期间外来物资运输任务的能力；场内交通方案应确保施工工地内部各工区、当地材料产地、堆渣场、各生产、

生活区之间的交通联系，主要道路与对外交通衔接。各分区间交通道路布置合理、运输方便可靠、能适应整个工程施工进度和工艺流程要求，尽量避免或减少反向运输和二次倒运。

（2）场外交通运输。方案的选择主要取决于工程所在地区的交通条件、施工期的总运输量及运输强度、最大运件重量和尺寸等因素。水利工程一般情况下应优先采用铁路和公路运输方案，对于水运条件发达的地区，应考虑水运方案为主，其他运输方式为辅。

（3）场内运输。场内运输的特点是物料品种多、运输量大、运距短；物料流向明确，车辆单项运输，运输不均衡；场内交通的临时性，个别情况允许降低标准；运输方式多样性，对运输保证性要求高。场内运输方式的选择，主要根据各运输方式自身的特点，场内物料运输量。运输距离对外运输方式、场地分区布置、地形条件和施工方法等。一般采用汽车运输为主，其他运输为辅的运输方式。

五、分区布置

（一）施工辅助企业

水利水电工程施工的辅助企业主要包括：砂石料厂、混凝土生产系统、综合加工厂（混凝土预制构件厂、钢筋加工厂、木材加工厂等）机械修配厂、工地供风、供水系统等。一般应将加工厂集中布置在同一个地区，且多处于工地边缘。各种加工厂应与相应仓库或材料堆场布置在同一地区。污染较大的加工厂，如砂石加工厂、沥青加工厂和钢筋加工厂，应尽量远离生活区和办公区，并注意风向。

1. 砂石骨料加工厂

砂石骨料加工厂布置时，应尽量靠近料场，选择水源充足、运输及供电方便，有足够的堆料场地和便于排水清淤的地段，同时，若砂石料厂不止一处时，可将加工厂布置在中心处，并考虑与混凝土生产系统的联系。

砂石骨料加工厂的占地面积和建筑面积与骨料的生产能力有关。

2. 混凝土生产系统

混凝土生产系统应尽量集中布置，并靠近混凝土工程量集中的地点，如坝体高度不大时，混凝土生产系统高程可布置在坝体重心位置。

混凝土生产系统的面积可依据选择的拌和设备的型号的生产能力来确定。

3. 综合加工厂

综合加工厂尽量靠近主体工程施工现场，若有条件时，可与混凝土生产系统一起布置。

（1）钢筋加工厂。一般需要的面积较大，最好布置在来料处，即靠近码头、车站等。占地面积和建筑面积，可查表8-1确定。

（2）木材加工厂。应布置在铁路或公路专用线的近旁，又因其有防火的要求，则必须安排在空旷地带，且主要建筑物的下风向，以免发生火灾时蔓延。木材加工厂的占地面积和建筑面积，可查表8-1确定。

（3）混凝土预制构件厂。其位置应布置在有足够大的场地和交通方便的地方，若服务对象主要为大坝主体，应尽量靠近大坝布置。其面积的确定，可参照表8-1。

表 8 - 1　　　　　　　　　　几种施工辅助企业的面积指标

木 材 加 工 厂				
生产规模/(m³/班)	20	30	50	80
建筑面积/m²	372	484	1031	1626
占地面积/m²	5000	7390	12200	19500
钢 筋 加 工 厂				
生产规模/(t/班)	5	10	25	50
建筑面积/m²	178	224	736	1900
占地面积/m²	800	1200	4100	111200
混 凝 土 构 件 预 制 厂（露天式）				
生产规模/(m³/a)	5000	10000	20000	30000
建筑面积/m²	200	320	620	800
占地面积/m²	6200	10000	18000	22000
机 械 修 配 厂				
生产规模（机床台数）	10	20	40	60
锻造能力/(t/a)	60	120	250	350
铸造能力/(t/a)	70	150	350	500
建筑面积/m²	545	1040	2018	2917
占地面积/m²	1800	3470	6720	9750

4．机械修配厂

应与汽车修配厂和保养厂统一设置，其位置一般选在平坦、宽阔、交通方便的地段，若采用分散布置时，应分别靠近使用的机械、设备等地段。具体面积可参照表 8 - 1 选定。

（二）施工临时设施

1．仓库

（1）仓库的分类。工地仓库的主要功能是储存和供应工程施工所需的各种物资、器材和设备。根据它的用途和管理形式分为：中心仓库（储存全工地统一调配使用的物资）转运站仓库（储存待运的物资）、专用仓库（储存一种或特殊的材料）、工区分库（只储存本工区的物资）、辅助企业分库（只储存本企业用的材料）等。

按照结构型式分为：露天式仓库、棚式仓库和封闭式仓库等。

（2）仓库的布置。仓库布置的具体要求是：服务对象单一的仓库、堆场、应靠近所服务的企业或施工地点。

1）当采用铁路运输时，仓库通常沿铁路线布置，并且要留有足够的装卸前线；如果没有足够的装卸前线，必须在附近设置转运仓库。布置铁路沿线仓库时，应将仓库设置在靠近工地一侧，以免内部运输跨越铁路。同时仓库不宜设置在弯道处或坡道上。

2）当采用水路运输时，一般应在码头附近设置转运仓库，以缩短船只在码头上的停留时间。

3）当采用公路运输时，仓库的布置较灵活，一般中心仓库布置在工地中央或靠近使用的地方，也可以布置在靠近外部交通连接处。砂石、水泥、石灰、木材等仓库或堆场宜布置在施工对象附近，以免二次搬运。一般笨重设备应尽量放在车间附近，其他设备仓库可布置在其外围或其他空地上。

　　4）炸药库应布置在僻静的位置，远离生活区；油库应布置在交通方便之处，且不得靠近其他仓库和生活设施。

　　5）中心仓库应布置在对外交通线路进入工区入口处附近。

　　6）仓库的平面布置应尽量满足防火间距的要求。

　　（3）仓库储存量的计算。仓库储存量的确定应根据施工条件，供应条件，运输条件等具体情况确定。对仓库储存量的要求既不能存储过多，造成积压浪费，又要满足工程施工的需要，且具有一定的存储量。另外，受季节影响的材料，应分析施工和生产的中断因素。水运时需考虑洪、枯水和严寒季节影响，材料的储存量为

$$q = \frac{Q}{n} tk$$

式中　q——需要材料储存量；

　　　Q——一般高峰年材料总需要量，t 或 m^3；

　　　n——年工作日数，d；

　　　t——需要材料的储存天数（可参考表 8-2），d；

　　　k——不均匀系数，可取 1.2~1.5。

表 8-2　　　　　　　　　　　　各种材料储备天数参考表

材料名称	储备天数/d	备　注	材料名称	储备天数/d	备　注
钢筋、钢材	120~180		电石、油漆、化工	20~30	
设备配件	180~270	根据同种配件的多少，还要乘 0.5~1.0 修正系数	煤	30~90	
			电线、电缆	40~50	
水泥	7~15		钢丝绳	40~50	
炸药、雷管	60~90		地方房产建材材料	10~20	
油料	30~90		砂、石骨料成品	10~20	
木材	30~90	在储放的木材，可按一年用量储备	混凝土预制品	10~15	
五金、材料	20~30		劳保、生活用品	30~40	
沥青、玻璃、油毡	20~30		土产杂品	30~40	

　　（4）仓库面积的计算。材料器材仓库的面积 W_1 计算公式为

$$W_1 = q / p k_1$$

式中　W_1——仓库面积，m^2；

　　　q——材料储存量，t 或 m^3；

　　　p——每平方米有效面积的材料存放量（可参照表 8-3），t 或 m^3；

　　　k_1——仓库面积利用系数（可参照表 8-3）。

施工设备仓库面积 W_2 的计算公式为

$$W_2 = na/k_2$$

式中　W_2——仓库面积，m^2；

　　　n——设备的台数，台；

　　　a——每台设备占地面积，$m^2/$台（可参考表 8-4 选取）；

　　　k_2——面积利用系数，库内有行车时取 0.3，库内无行车时取 0.7。

表 8-3　　　　　每 m^2 有效面积材料储存量及仓库面积利用系数

材料名称	单位	保管方法	堆高/m	每平方米面积堆置量 p	储存方法	仓库面积利用系数 k_1	备注
水泥	t	堆垛	1.5~1.6	1.3~1.5	仓库、料棚	0.45~0.60	
水泥	t		2.0~3.0	2.5~4.0	封闭式料斗机械化	0.70	
圆钢	t	堆垛	1.2	3.1~4.2	料棚、露天	0.66	
方钢	t	堆垛	1.2	3.2~4.3	料棚、露天	0.68	
扁、角钢	t	堆垛	1.2	2.1~2.9	料棚、露天	0.45	
钢板	t	堆垛	1.0	4.0	料棚、露天	0.57	
工字钢、槽钢	t	堆垛	0.5	1.3~2.6	料棚、露天	0.32~0.54	
钢管	t	堆垛	1.2	0.8	料棚、露天	0.11	
铸铁管	t	堆垛	1.2	0.9~1.3	露天	0.38	
铜线	t	料架	2.2	1.3	仓库	0.11	
铝线	t	料架	2.2	0.4	仓库	0.11	
电线	t	料架	2.2	0.9	仓库、料架	0.35~0.40	
电缆	t	堆垛	1.4	0.4	仓库、料架	0.35~0.40	
盘条	t	叠放	1.0	1.3~1.5	棚式	0.50	
钉、螺栓铆钉	t	堆垛	2.0	2.5~3.5	仓库	0.60	
炸药	t	堆垛	1.5	0.66	仓库、料架	0.45~0.60	
电石	t	堆垛	1.2	0.90	仓库	0.35~0.40	
油脂	t	堆垛	1.2~1.8	0.45~0.80	仓库	0.35~0.40	
玻璃	箱	堆垛	0.8~1.5	6.0~10.0	仓库	0.45~0.60	
油毡	t	堆垛	1.0~1.5	15.0~22.0	仓库	0.35~0.45	
石油沥青	t	堆垛	2	2.2	仓库	0.50~0.60	
胶合板	张	堆垛	1.5	200~300	仓库	0.50	
石灰	t	堆垛	1.5	0.85	料棚	0.55	
五金	t	叠放、堆垛	2.2	1.5~2.0	仓库、料架	0.35~0.50	
水暖零件	t	堆垛	1.4	1.30	料棚、露天	0.15	
原木	m^3	叠放	2~3	1.3~2.0	露天式	0.40~0.50	
锯材	m^3	叠放	2~3	1.2~1.8	露天式	0.40~0.50	

材料名称	单位	保管方法	堆高/m	每平方米面积堆置量 p	储存方法	仓库面积利用系数 k_1	备注
混凝土管	m	叠放	1.5	0.3~0.4	露天式	0.30~0.40	
卵石、砂、碎石	m³	堆垛	5~6	3~4	露天式	0.60~0.70	
卵石、砂、碎石	m³	堆垛	1.5~2.5	1.5~2.0	露天式	0.60~0.70	
毛石	m³	堆垛	1.2	1.0	露天式	0.60~0.70	
砖	块	堆垛	1.5	700	露天式		
煤炭	t	堆垛	2.25	2.0	露天	0.60~0.70	
劳保	套	叠放		1	料架	0.30~0.35	

表 8-4　　　　　　　　　　　　　施工机械停放场所需面积参考指标

施工机械名称		停放场地面积/(m²/台)	存放方式
起重、土石方机械类	塔式起重机	200~300	露天
	履带式起重机	100~125	露天
	履带式正、反铲，拖式铲运机、轮胎式起重机	70~100	露天
	推土机、拖拉机、压路机	25~35	露天
	汽车式起重机	20~30	露天或室内
	门式起重机（10t，60t）	300~400	解体露天及室内
	缆式起重机（10t，20t）	400~500	解体露天及室内
运输机械类	汽车（室内）	20~30	一般情况下室内不小于10%
	汽车（室外）	46~60	
	平板拖车	100~150	
其他机械类	搅拌机、卷扬机、电焊机、电动机、水泵、空压机、油泵等	4~6	一般情况下室内占30%，室外占70%

（5）仓库占地面积的估算。仓库占地面积的估算公式为

$$A = \sum wk_3 \qquad\qquad (8-1)$$

式中　A——仓库占地面积，m²；

$\qquad w$——仓库建筑面积或堆存场面积，m²；

$\qquad k_3$——占地面积系数（可按表 8-5 选取）。

表 8-5　　　　　　　　　　　　　仓库占地面积系数 k_3 参考指标

仓库种类	k_3	仓库种类	k_3
物资总库、施工设备库	4	炸药库	6
油库	6	钢筋、钢材库、圆木堆场	3~4
机电仓库	8		

2. 临时房屋

工地上临时房屋主要有：行政管理用房（如指挥部、办公室等）文化娱乐用房（如学校、俱乐部等）、居住用房（如职工宿舍等）、生活福利用房（如医院、商店、浴池等）等。

行政管理用房可设在全工地入口处，以便对外联系；也可设在工地中间，便于全工地管理；也可根据业主和承包方的需要分别设置管理用房。工人用的福利设施应设置在工人较集中的地方，或工人必经之处；生活基地应设在场外，距工地 500～1000m 为宜；食堂可布置在工地内部或工地与生活区之间。应尽量避开危险品仓库和砂石加工厂等位置，以利安全和减少污染。

修建这些临时房屋时，必须注意既要满足实际需要，又要节约修建费用。具体应考虑以下问题。

（1）尽可能利用施工区附近城镇的居民和文化福利实施。

（2）尽可能利用拟建的永久性房屋。

（3）结合施工地区新建城镇的规划统一考虑。

（4）临时房屋宜采用装配式结构。

具体工地各类临时房屋需要量，取决于工程规模、工期长短、投资情况和工程所在地区的条件等因素。

（三）内部运输道路布置

根据加工厂、仓库及各施工对象的相对位置，研究货物转运图，区分主要道路和次要道路。

（1）在规划临时道路时，应充分利用拟建的永久性道路，提前修建永久性道路或者先修路基和简易路面作为施工所需的道路，以达到节约投资的目的。

（2）道路应有两个以上进出口，道路末端应设置回车场；场内道路干线应采用环形布置，主要道路宜采用双车道，宽度不小于 6m；次要道路宜采用单车道，宽度不小于 3.5m。

（3）一般场外与省、市公路相连的干线，因其以后会成为永久性道路，因此，一开始就建成高标准路面；场区内的干线和施工机械行驶路线，最好采用碎石级配路面，以利修补；场内支线一般为土路或砂石路。

六、风、水、电系统布置

临时水电管网沿主要干道布置干管、主线；临时总变电站应设置在高压电引入处，不应放在工地中心；设置在工地中心或工地中心附近的临时发电设备，沿干道布置主线；施工现场供水管网有环状、枝状和混合式三种形式。

（一）工地供风系统

工地供风主要供石方开挖、混凝土、水泥输送、灌浆等施工作业所需的压缩空气。一般采用的方式是集中供风和分散供风，压缩空气主要由固定式的空气压缩机站或移动的空压机来供应。

一个供风系统主要由空压机站和供风管道组成，空压机站的供风量 Q_f 为

$$Q_f = k_1 k_2 k_3 \sum nq k_4 k_5$$

式中　Q_f——供风需要量，m^3/min；

　　　k_1——由于空气压缩机效率降低以及未预计到的少量用气所采用的系数，取 $1.05 \sim 1.10\%$；

　　　k_2——管网漏气系数，一般取 $1.10 \sim 1.30$，管网长或铺设质量差时取大值；

　　　k_3——高原修正系数，按表 8-6 选取；

　　　k_4——各类风动机械同时工作系数，按表 8-7 选取；

　　　k_5——风动机械磨操作修正系数，按有关规定选取；

　　　n——同时工作的同类型风动机械台数；

　　　q——每台风动机械用气量，m^3/min，一般来采用风动机械定额气量。

表 8-6　　　　　　　　　　　　高 原 修 正 系 数

高程/m	0	305	610	914	1219	1524	1829	2134	2433	2743	3049	3653	4572
高原修正系数	1.00	1.03	1.07	1.10	1.14	1.17	1.20	1.23	1.26	1.29	1.32	1.37	1.43

表 8-7　　　　　　　　　　　　凿岩机同时工作系数

同时工作凿岩机台数	1	2	3	4	5	6	7	8	9	10	11	12	20	30
k_4	1	0.9	0.9	0.85	0.82	0.8	0.78	0.75	0.73	0.71	0.68	0.61	0.59	0.50

为了调节输气管网中的空气压力，清除空气中的水分和油污等，每台空气压缩机都需要设置储气罐，其容量可按下式估算，即

$$V = a\sqrt{Q_f}$$

式中　V——储气罐的容量，m^3；

　　　Q_f——供风量，m^3/min；

　　　a——系数，对于固定式空压机，空压机生产率为 $10 \sim 40\text{m}^3/\text{min}$ 时，采用 1.5；生产率为 $3 \sim 10\text{m}^3/\text{min}$ 时，采用 0.9；对于移动式空压机，采用 0.4。

空气压缩机站的位置，应尽量靠近用风量集中的地点，保证用风质量，同时，接近供电，供水系统，并要求有良好的地基，空气压缩机距离用风地点最好在 700m 左右，最大不超过 1000m。

供风管道采用树枝状布置，一般沿地表敷设，必要时可局部埋设或架空敷设（如穿越重要交通道路等）管道坡度大致控制在 $0.1\% \sim 0.5\%$ 的顺坡。

（二）工地供电系统

工地电力网，一般 $3 \sim 10\text{kV}$ 的高压线采用环状，$380/220\text{V}$ 低压线采用枝状布置。工地上通常采用架空布置，距路面或建筑物不小于 6m。工地用电主要包括室内外交通照明用电和各种机械、动力设备用电等。在设计工地供电系统时，主要应该解决的问题是：确定用电地点和需电量、选择供电方式、进行供电系统的设计。

工地的供电方式常见的有：施工地区已有的国家电网供电、临时发电厂供电、移动式

发电机供电三种方式，其中国家电网供电的方式最经济方便，宜尽量选用。

工地的用电负荷，按不同的施工阶段分别计算。工地内的供电采用国家电网供电应先在工地附近设总变电所，将高压电降为中压电，在输送到用户附近时，通过小型变压器（变电站）将中压降压为低压（380/220V）然后输送到各用户；另在工地应有备用发电设施，以备国家电网停电时备用，其供电半径为 300～700m 为宜。

施工现场供电网路中，变压器应设在用电负荷集中，用电量大的地方，同时各变压器之间可做环状布置，供电线路一般呈树枝形布置，采用架空线等方式敷设，电杆距为25～24m，并尽量避免供电线路的二次拆迁。

（三）工地供水系统

工地供水系统主要由取水工程、净水工程和输配水工程等组成，其任务在于经济合理地供给生产、生活和消防用水。在进行供水系统设计时，首先应考虑需水地点和需水量，水质要求，再选择水源，最后进行取水、净水建筑物和输水管网的设计等。

1. 生产用水量

生产用水包括进行土石方工程、混凝土工程、灌浆工程施工所需的用水量，以及施工企业和动力设备等消耗的水量，计算方法为

$$Q_i = k_1 k_2 \sum (n_1 q_1)/(8 \times 3600)$$

式中　Q_i——施工、机械及辅助企业生产水量，L/s；

k_1——生产用水不均衡系数，参考表 8-8 选用；

k_2——未计及的用水系数，取 1.2；

n_1——某类机械同时工作生产能力；

q_1——单位用水定额，参照表 8-9 选用。

表 8-8　　　　　　　　　给 水 不 均 衡 系 数

项目	类　别	不均衡系数	项目	类　别	不均衡系数
施工、生产用水	工程施工用水	1.50	生活用水	现场生活用水	1.30～1.50
	施工生产企业生产用水	1.25			
	施工机械运输机具用水	2.00		居住区生活用水	2.00～2.50
	动力设备用水	1.05～1.10			

表 8-9　　　　　　　　　施 工 生 产 用 水 定 额

用水户类别	用水量定额	备　注
机械化石方施工/(L/100m³)	350～400	不包括机械清压气站用水
填筑砾石土/(L/100m³)	3500～4500	包括填筑碾压洒水等
填筑黏土/(L/m³)	50	包括填筑碾压洒水等
填筑砂石/(L/m³)	20	包括填筑碾压洒水等
内燃发电机组/(L/m³)	380	

续表

用水户类别	用水量定额	备　注
混凝土预制构件厂浇水养护/[L/（马力·m³）]	15～40	
混凝土预制构件厂蒸汽养护/（L/m³）	300～400	
机械加工件/（L/m³）	500～700	
拌石灰浆/（L/t）	1000～5000	
拌石灰砂浆/（L/m³）	1000～1200	
拌水泥浆/（L/m³）	600～1000	
内燃挖掘机/[L/（m³·台班）]	200～300	以斗容 m³ 计
内燃起重机/[L/（t·台班）]	15～18	以起重量 t 计
拖拉机推土机/[L/（台·昼夜）]	300～600	
内燃压路机/[L/（t·台班）]	12～15	以机重 t 计
凿岩机/[L/（min·台）]	3～8	01～30, 01～33 型
轻型汽车/[L/（辆·昼夜）]	300～400	
砖砌体/（L/100 块）	200～300	
毛石砌体/（L/m³）	50～80	
抹灰/（L/m³）	30	
预制件养护/[L/（s·处）]	5～10	自制预制件

2. 生活用水量

生活用水量主要是指生活区和现场生活用水。它的计算公式为

$$Q_2 = k_1 k_2 n_2 q_2 / (24 \times 3600) + k_1' k_2 n_2' q_2' / (8 \times 3600)$$

式中　Q_2——生活用水量，L/s；

　　　k_1——居住区生活用水不均衡系数，见表 8-8；

　　　k_2——未计及的用水系数，取 1.1；

　　　n_2——施工高峰工地居住最多人数（包括固定、流动性职工及家属）；

　　　q_2——每人每天用水量定额，参照表 8-10 选取；

　　　k_1'——现场生活不均衡系数，见表 8-8；

　　　n_2'——在同一班内现场和施工企业内工作的最多人数；

　　　q_2'——每人每班在现场生活用水量定额，见表 8-10。

表 8-10　　　　　　　　　生 活 用 水 量 定 额

用水项目	用水量定额	用水项目	用水量定额
生活用水/[L/（人·d）]	100～200	现场生活/[L/（人·班）]	10～20
食堂/[L/（人·d）]	15～20	现场淋浴/[L/（人·班）]	25～30
浴室/[L/（人·d）]	50～60	现场道路洒水/[L/（人·班）]	10～15
道路绿化洒水/[L/（人·d）]	20～30		

3. 消防用水量

根据工程防火要求，应设立消防站。一般设置在易燃物（木材、仓库、油库、炸药库

等）附近，并须有通畅的出口和消防车道，其宽度不宜小于 6m；沿道路布置消防栓时，其间距不得大于 100m，消防栓到路边的距离不得大于 2m。消防用水包括施工现场消防用水和居住区的消防用水，施工现场的消防用水量与工地范围有关，而居住区的消防用水量由居住区人数来确定，具体消防用水量可查表 8-11 选取。

表 8-11　　　　　　　　　　　　消 防 用 水 定 额

用水项目	按火灾同时发生次数计/次	耗水量/t	用水项目	按火灾同时发生次数计/次	耗水量/t
1. 居住区消防用水			2. 施工现场消防用水		
5000 人以上	1	10	现场面积在 25hm² 以内	2	10～15
10000 人以上	2	10～15	每增加 25hm² 递增		5
25000 人以上	2	15～20			

4. 工地的总需水量

工地现场的总需水量应满足不同时期高峰生产用水和生活用水的需要，并按消防用水量进行校核，其计算可按以下两式进行。

$$Q_0 = Q_1 + Q_2$$
$$Q_0 = 1/2(Q_1 + Q_2) + Q_3$$

式中　Q_0——工地的总量需水量，L/s；

Q_3——消防用水量，L/s。

总需水量 Q_0 选取上两式计算结果的最大值，并考虑不可避免的管网漏水损失，应将总需水 Q_0 增加 10%。

供水系统的水源一般根据实际情况确定，但生产、生活用水必须考虑水质的要求，尤其是饮用水源，应尽量取地下水为宜。

布置用水系统时，应充分考虑工地范围的大小，可布置成一个或几个供水系统。供水系统一般由供水站、管道和水塔等组成。水塔的位置应设有用水中心处，高程按供水管网所需的取大水头计算。供水管道一般用树枝状布置，水管的材料根据管内压力大小分为铸铁和钢管两种。

工地供水系统所用水泵，一般每台流量为 10～30L/s，扬程应比最高用水点和水源的高差高出 10～15m。水泵应有一定的备用台数，同一泵站的水泵型号尽可能统一。

【案例 8-1】 某工程生产生活设施及其他建筑物占地面积一览表见表 8-12。

表 8-12　　　　　　　　生产生活设施及其他建筑物占地面积一览表

序号	项　　目		规　模	建筑面积/m²	占地面积/万 m²	备　注
1	砂石加工系统			80	1.0	
2	混凝土生产系统	拌和站	JQ750	100	0.15	5×30m³/h
3		砂石临时堆放			0.3	
4	空气压缩系统		132m³/min	150	0.21	
5	施工供水系统		260m³/h	80	0.08	4 套系统

续表

序号	项　目		规　模	建筑面积/m²	占地面积/万 m²	备　注
6	施工供电系统		3000kVA	80	0.04	
7	通信系统			60	0.02	
8	机械修理厂			80	0.10	
9	汽车保养场			50	0.15	
10	施工机械停放场			120	0.80	
11	综合加工厂	钢筋加工厂		100	0.15	
12		木材加工厂		100	0.15	
13		金属结构拼装场		50	0.10	
14	综合仓库	物资仓库		200	0.06	
15		设备仓库		160	0.06	
16	水泥仓库			150	0.03	
17	油料仓库			50	0.02	
18	炸药雷管仓库			60	0.08	
19	临时生活用房		600 人	4800	0.6	其中利用永久房屋 1600m²
20	弃渣场				18.2	
21	其他			80	0.06	
	合　计			7380	22.63	

七、施工总布置的优化及设计成果

施工临时设施的平面布置和竖向布置完成后，对施工总布置进行协调修正，检查施工临时设施和主体工程施工之间、各临时建筑物之间是否协调，有无干扰矛盾，生产和施工工艺之间的配合如何，能否满足保安、防火和卫生的要求，对于不协调的布置进行调整。最后编制总布置有关技术经济指标图表，完成施工总布置设计。

施工总平面布置图应根据设计资料和设计原则，结合工程所在地的实际情况，编制出几个可能方案进行比较，然后选择较好的布置方案。

1. 施工总布置方案比较指标

（1）交通道路的主要技术指标包括工程质量、造价指标、运输费及运输设备需用量。

（2）各方案土石方平衡计算成果及弃渣场规划。

（3）风、水、电系统各方案管线布置的主要工程量、材料和设备等。

（4）生产、生活福利设施的建筑物面积和占地面积。

（5）有关施工征地移民的各种指标。

（6）施工工厂设施的土建、安装工程量。

（7）站场、码头和仓库装卸设备需要量。

（8）其他临建工程量。

2. 施工总布置方案比较定性分析内容

（1）布置方案能否充分发挥施工工厂的生产能力。

（2）满足施工总进度和施工强度的要求。

（3）施工设施、站场、临时建筑物的协调和干扰情况。

（4）施工分区的合理性。

（5）研究当地现有企业为工程施工服务的可能性和合理性。

3. 施工总布置设计成果

（1）文字说明。

（2）施工总布置图，比例 1：2000～1：10000。

（3）施工对外交通图。

（4）居住小区规划图，比例 1：500～1：1000。

（5）施工征地范围规划图和施工用地面积一览表。

（6）施工用地分期征用示意图。

项目九 资源需要计划

项目名称	资 源 需 要 计 划	参考课时/天	
学习型工作任务	任务一 劳动力计划	0.5	2
	任务二 材料、构件及半成品需用量计划	0.5	
	任务三 施工机械需用量计划	0.5	
	任务四 考核	0.5	
项目任务	根据施工进度安排和施工总体布置要求，编制劳力、材料、机械需要量表，并编写相应报告		
教学内容	(1) 劳动力需要量及其计算的步骤、方法； (2) 材料、构件及半成品需用量估算的依据及供应计划的编制； (3) 施工机械设备的选择及需用量计算； (4) 常用机械设备的类型及特点		
教学目标	知识	(1) 掌握劳动力需要量及其计算的步骤、方法； (2) 掌握材料、构件及半成品需用量估算的依据及供应计划的编制； (3) 掌握施工机械设备的选择及需用量计算； (4) 了解常用机械设备的类型及特点	
	技能	(1) 能根据实际情况，编制劳动力需要量计划表； (2) 能根据实际工程进展，编制材料、构件及半成品需用量表； (3) 能根据现场施工条件正确进行施工机械设备的选择及需用量计算	
	素质	(1) 具有科学创新精神； (2) 具有团队合作精神； (3) 具有工匠精神； (4) 具有报告书写能力； (5) 具有质量意识、环保意识、安全意识； (6) 具有应用规范能力	
教学实施	要求各组独立思考，各组内成员集体讨论，教师从旁指导。最后教师综合各组成果进行讲评，各小组最后完善各组成果，进入下一项目学习		
项目成果	完成土石坝施工组织设计报告中的 (1) 主要建筑材料需要总量及分年度供应量；(2) 主要施工机械设备汇总表及分年度供应量；(3) 逐年劳动力需用量、高峰人数及总工日数；(4) 相应文字说明		
技术规范	(1) SL 303—2004《水利水电工程施工组织设计规范》； (2) DL 5021—1993《水利水电工程初步设计报告编制规程》； (3) DL/T 51209—2001《碾压式土石坝施工规范》； (4)《水利水电工程施工组织设计手册》（中国水利水电出版社，1997.6）		

任务一　劳动力计划

目　　标：（1）掌握劳动力计算方法；理解劳动力需要量概念。

（2）能根据施工进度要求，编制劳动力需要量计划表。

（3）培养团结协作、爱岗敬业精神和诚实守信的工作作风。

要　　点：劳动力计算方法。

一、劳动力需要量

劳动力需要量指的是在工程施工期间，直接参加生产和辅助生产的人员数量以及整个工程所需总劳动量。水利水电工程施工劳动力，包括建筑安装人员，企业工厂、交通的运行和维护人员，管理服务人员等。劳动力需要量是施工总进度的一项重要指标，也是确定临时工程规模和计算工程总投资的重要依据之一。

劳动力计划的计算内容是施工期各年份月劳动力数量（人），施工期高峰劳动力数量（人），施工期平均劳动力数量（人）和整个工程施工的总劳动量（工日）。

二、劳动力计算方法

（一）劳动定额法

1. 劳动力定额

劳动力定额是完成单位工程量所需要的劳动工日。在计算各施工时段所需要的基本劳动力数量时，是以施工总进度为基础，用各施工时段的施工强度乘以劳动力定额而得。总进度表上的工程项目，是基本施工工艺环节中各施工工序的综合项目，例如：石方开挖，包括开挖和出渣等，混凝土浇筑包括砂石料开采、加工和运输、模板、钢筋、混凝土拌和、运输、浇筑和养护等，土石方填筑包括料物开采、运输、上坝和填筑等。计算劳动力所需的劳动力定额，主要依据本工程的建筑物特性、施工特性、选定的施工方法、设备规格、生产流程等经过综合分析后拟定。

2. 劳动力需要量计算步骤

（1）拟定劳动力定额。

（2）以施工总进度表为依据，绘制单项工程的施工进度线，并说明各时段的施工强度。

（3）计算基本劳动力曲线。

（4）计算企业工厂运行劳动力曲线。

（5）计算对外交通、企业管理人员、场内道路维护等劳动力曲线。

（6）计算管理人员、服务人员劳动力曲线。

（7）计算缺勤劳动力曲线。

（8）计算不可预见劳动力曲线。

（9）计算和绘制整个工程的劳动力曲线。

3. 劳动力计算

（1）基本劳动力。以施工总进度表为依据，用各单项工程分年、分月的日强度乘以相应劳动力定额，即得单项工程相应时段劳动力需要量。同年同月各单项工程劳动力需要量相加，即为该年该月的日需要劳动力。

（2）企业工厂运行劳动力。以施工进度表为依据，列出各企业工厂在各年各月的运行人员数量，同年同月逐项相加而得。各企业各时段的生产人员，一般由企业工厂设计人员提供。

（3）对外交通、企管人员及道路维护劳动力。用基本劳动力与企业工厂运行人员之和乘以系数 0.1～0.5（混凝土坝工程和对外交通距离较远者取大值）。

（4）管理人员。管理人员（包括有关单位派驻人员），取上述三项的生产人员总数的 7%～10%。

（5）缺勤人员。缺勤人员取上述生产人员与管理人员总数之和的 5%～8%。

（6）不可预见人员。取上述五项人员之和的 5%～10%。可行性研究阶段取 10%，初步设计阶段取 5%。

（二）类比法

根据同类型、同规模（水工、施工）的实际定员类比，通过认真分析加以适当调整。此方法比较简单，也有一定的准确度。

任务二　材料、构件及半成品需用量计划

目　　标：（1）掌握编制主要材料汇总表；理解材料需要量估算依据；掌握分期供应计划的编制。

（2）能编制材料分期供应计划和主要材料汇总表。

（3）培养诚实守信的工作作风。

要　　点：（1）材料分期供应计划。

（2）主要材料汇总的编制。

水利水电工程所使用的材料包括消耗性材料、周转性材料和装置性材料。由于材料品种繁多，且不同设计阶段对材料需要量估算精度的要求不同，一般在初步设计阶段，仅对工程施工影响大，用量多的钢材、木材、水泥、炸药、燃料等材料进行估算。

一、材料需要量估算依据

（1）主体工程各单项工程的分项工程量。

（2）各种临时建筑工程的分项工程量。

（3）其他工程的分项工程量。

（4）材料消耗指标一般以部颁定额为准，当有试验依据时，以试验指标为准。

（5）各类燃油、燃煤机械设备的使用台班数。

（6）施工方法，原材料本身的物理、化学、几何性质。

二、主要材料汇总

主要材料用量，应按单项工程汇总并小计用量，最后累计全部工程主要材料用量。汇总工作可按表 9 - 1 形式进行。

表 9 - 1　　　　　　　　　　　　　主 要 材 料 汇 总 表

序号	单项工程名称	工程部位	主要材料用量					
			钢材	木材	水泥	炸药	燃　料	
							汽油	柴油
	小计							

三、编制分期供应计划

（1）根据施工总进度计划的要求，在主要材料计算和汇总的基础上编制分期供应计划。

（2）分期材料需要量应分材料种类、工程项目、计算分期工程量占总工程量的比例，并累计全工程在各时段中的材料需用量。计算表的形式见表 9 - 2。

表 9 - 2　　　　　　　　　　材料分期需要量计算表

材料种类	单项工程或部位名称	该工程或部位材料耗用总量	计 算 项 目	分　期　用　量		
				第　年	第　年	第　年
			分期工程量占总工程量比例			
			材料分期用量			
			分期工程量占总工程量比例			
			材料分期用量			
			分期工程量占总工程量比例			
			材料分期用量			
	小计					

（3）材料供应至工地时间应早于需要时间，并留有验收、材料质量鉴定、出入库等时间。

（4）如考虑某些材料供应的实际困难，可在适当时候多供应一定数量，暂时储存以备后用。但储存时间不能超过有关材料管理和技术规程所限定的时间，同时应考虑资金周转等问题。

（5）供应计划应按各种材料品种或规格、产地或来源分列供应数量和小计供应量。

主要材料分期供应量表的形式见表 9 - 3。

表 9 - 3　　　　　　　　　　主要材料分期供应量表

材料名称	品种或规格	产地或来源	分　期　供　应　量											
			第　年				第　年				第　年			
			1	2	3	4	1	2	3	4	1	2	3	4
水泥	32.5													
	42.5													
		小　计												
		合　计												

任务三　施工机械需用量计划

目　标：（1）掌握施工机械设备的选择原则；掌握施工机械设备总需要量计算方法；掌握施工机械设备总量及分年供应计划的编制。

（2）能根据施工需要和工程特点，合理确定机械用量。

（3）培养诚实守信的工作作风。

要　点：施工机械设备总需要量计算。

施工机械是施工生产要素的重要组成部分。现代工程项目都要依靠使用机械设备才能完成任务。随着科学技术不断发展，新机械、新设备层出不穷，大型的技术密集型的机械在现代机械化施工中起着越来越重要的作用。

一、施工机械设备的选择

正确拟定施工方案和选择施工机械是合理组织施工的关键。施工方案要做到技术上先进、经济上合理，满足保证施工质量，提高劳动生产率，加快施工进度及充分利用机械的要求；而正确选择施工机械设备能使施工方法更为先进、合理又经济。因此施工机械选择的好坏很大程度上决定了施工方案的优劣。所以，在选择施工机械时应遵照以下原则。

（1）适应工地条件，符合设计和施工要求，保证工程质量，生产能力满足施工强度要求。选择的机械类型必须符合施工现场的地质、地形条件及工程量和施工进度的要求等。为了保证施工进度和提高经济效益，工程量大的采用大型机械，否则选用小型机械，但这并不是绝对的。例如某些大型工程施工地区偏僻，道路狭窄，桥梁载重量受到限制，大型机械不能通过，为此要专门修建运输大型机械的道路、桥梁，显然是不经济的，所以选用中型机械较为合理。

（2）设备性能机动、灵活、高效、能耗低、运行安全可靠。选择机械时要考虑到各种机械的合理组合，这是决定所选择的施工机械能否发挥效率的重要因素。合理组合主要包括主要机械与辅助机械在台数和生产能力的相互适应以及作业线上的各种机械相配套的组合。首先主机与辅助机械的组合，必须保证在主机充分发挥作用的前提下，考虑辅助机械的台数和生产能力。其次一条机械施工作业线是几种机械联合作业组合成一条龙的机械化施工，几种机械的联合才能形成生产能力。如果其中某一种机械的生产能力不适应作业线上的其他机械的生产能力或机械可靠性不好，都会使整条作业线的机械发挥不了作用。

（3）通用性强，能满足在先后施工的工程项目中重复使用。

（4）设备购置及运行费用较低，易获得零配件，便于维修、保养、管理和调度。

施工机械固定资产损耗费（折旧费用、大修理费等）与施工机械的投资成正比，运行费（机上人工费、动力、燃料费等）可以看作与完成的工程量成正比。这些费用是在机械运行中重点考虑的因素。大型机械需要的投资大，但如果把其分摊到较大的工程量中，对工程成本的影响就很小。所以，大型工程选择大型的施工机械是经济的。为了降低施工运行费，不能大机小用，一定要以满足施工需要为目的。

设备采购应通过市场调查，一般机械应为常用机型，有利于承包商自带，少量大型、特殊机械，可由业主单位采购，提供承包商使用。原则上，零配件供应由承包商自行解决。

二、施工机械设备汇总

在施工机械设备选型后，应进行主要施工机械设备的汇总工作。汇总时按各单项工程或辅助企业汇总机械设备的类型、型号、使用数量，分别了解其使用时段、部位、施工特点及机械使用特点等有关资料。

三、施工机械设备平衡

施工机械设备平衡的目的是在保证施工总进度计划的实施、满足施工工艺要求的前提下，尽量做到充分发挥机械设备的效能，配套齐全，数量合理，管理方便和技术经济效益显著，并最终反映到机械类型及型号的改变、配置数量的变化上。一般情况下，施工机械设备平衡的主要对象是主要的土石方机械、运输机械、混凝土机械、起重机械、工程船舶、基础处理机械和主要辅助设备等七大类不固定设置的机械。

机械平衡的主要内容是同类型机械设备在使用时段上的平衡，同时应注意不同施工部位、不同类型或型号的互换平衡。平衡内容和主要原则见表 9-4。

表 9-4　　　　　　　　　　　机械设备平衡的内容与原则

平衡内容		平 衡 原 则	
		施 工 单 位 不 明 确	施 工 单 位 明 确
使用上的平衡		由大型、高效机械充当骨干	现有大型机械充当骨干，同时注意旧机械更新
		中小型机械起填平补齐作用	
型号上的平衡		型号尽力简化，以高效能、调动灵活机械为主；注意一机多能；大中小型机械保持适当比例	使现有机械配套
数量上的平衡		数量合理	减少机械数量
时间上的平衡		利用同一机械在不同时间、作业场所发挥作用	
配套平衡		机械设备配套应由施工流程决定。多功能、服务范围广的机械应与大多数作业的其他机械配套选择；施工机械应与相应的检修、装拆设施水平相适应	
其他	机械拆迁	减少重型机械的频繁拆迁、转移	
	维修保养	配件来源可靠、有与之相适应的维修保养能力	
	机械调配	有灵活可靠的调配措施	

四、施工机械设备总需要量计算

机械设备总需要量为

$$N = \frac{N_0}{1-\eta}$$

式中　　N——某类型或型号机械设备总需要量；

N_0——某类型或型号机械设备平衡后的历年最高使用数量；

η——备用系数，可参考表 9-5 选用。

表 9-5　　　　　　　　　　　备用系数 η 参考值

机械类型	η	机械类型	η
土石方机械	0.10～0.25	运输机械	0.15～0.25
混凝土机械	0.10～0.15	起重机械	0.10～0.20
船　舶	0.10～0.15	生产维修设备	0.04～0.08

计算机械总需要量时，应注意以下几个问题。

（1）总需要量应在机械设备平衡后汇总数量的基础上进行计算。

（2）同一作业可由不同类型或型号机械互代（即容量互补），且条件允许时，备用系数可适当降低。

（3）对生产均衡性差、时间利用率低、使用时间不长的机械，备用系数可以适当降低。

（4）风、水、电机械设备的备用量应专门研究。

（5）确定备用系数时，应考虑设备的新旧程度、维修能力、管理水平等因素，力争做到切合实际情况。

五、施工机械设备总量及分年供应计划

1. 机械设备数量汇总表

表 9-6 为机械设备数量汇总表，本表汇总数字为机械设备平衡后，并考虑了备用数的总需要量。表中应包括主要的、配套的全部机械设备。

表 9-6　　　　　　　　　　　机械设备数量汇总表

编号	施工机械设备名称及型号	功率	制造厂家	总需要量	现有数量	尚缺数		
						新购	调拨	总数
设备总量								

2. 分年度供应计划制定

表 9-7 为施工机械设备分年度供应计划表，制表时应注意以下几点。

（1）分年供应计划在机械设备平衡表、平衡后的机械设备数量汇总表的基础上编制，反映机械进场的时间要求。

（2）分年度供应计划应分类型列表，分类型小计。

（3）供应时间应早于使用时间，从机械设备全部运抵工地仓库时起至能实际运用止，应包括清点、组装、试运转等时间。对于技术先进的机械设备，还应包括技术工人培训时间。

（4）考虑设备进场以及其他实际问题，备用数量可分阶段实现，但供应数不得低于实际使用数量。

表 9 – 7 机械设备分年供应计划表

统一编号	机械类型	机械名称型号	机械来源	供应时间数量												不同来源机械供应总数	说明
				第 年				第 年				第 年					
				1	2	3	4	1	2	3	4	1	2	3	4		
		小计															

（5）制定分年供应计划，应对设备来源进行调查。如供应型号不能满足要求时，应与专业设计人员协商调整型号。

（6）机械设备来源包括自备、调拨、购国产、购进口、租赁等。

附录一 摘 要

摘要是把设计的主要内容和成果，以高度概括的语言，用 500 字左右的篇幅阐述出来，使读者一看即知设计工作的概况。摘要应分别用中、英文编写。以下是某一设计的摘要书写实例。

摘 要

本次设计题目为××水利枢纽工程土石坝设计。××位于我国西南地区，流向自东南向西北，全长约_____km，流域面积_____km²，坝址以上流域面积为_____km²。本工程属_____型工程，主要水工建筑物为_____级，次要建筑物为_____级，临时建筑物为_____级。同时兼有防洪、发电、灌溉、渔业等综合作用。

设计的主要内容有 4 部分。

1.······

2.······

3.······

4.······

[关键词] 土石坝，大坝选型，土石坝设计，溢洪道设计，施工组织设计

附录二 编 写 提 纲

附录三　常用施工机械

一、挖掘、装载机械

有单斗挖掘机、轮胎式装载机、斗轮挖掘机、链斗式采砂船等，其主要技术性能及其使用特点见附表1～附表4。

附表1 　　　　　　　　　　　　　几种常用的单斗挖掘机

类型	型　号	主要工作装置	斗容量/m³	发动机功率 柴油机/马力①	发动机功率 电动机/kW	使　用　特　点
机械传动	W100、WD100	正铲、反铲、拉铲、抓铲、起重	1	120	100	机械传动的履带式挖掘机，受地面和天气变化的影响小，且具有较强的挖掘力。正铲挖掘机适用于立面采土，对土质适应性强，工作速度快，生产率高。拉铲（索铲）挖掘机适用于水下和坑下采料
机械传动	W100、WD200	正铲、反铲、拉铲、抓铲、起重	2	240	155	
机械传动	WD400	正铲	4		250	
机械传动	WB—4/40	拉铲	4		425	
液压传动	WY60	反铲、正铲	0.6	80		反铲是液压挖掘机的主要工作装置，适于挖掘一般土壤和挖装爆破良好的石渣，还可挖掘停机坪以下的土方。铲斗操作灵活准确。前卸式铲斗大，能装卸大块石渣，生产率高，且可用于修整工作面；底卸式的通用性好，卸料高度大，工作循环时间短（2～3s），还可利用斗门夹作大块石装车
液压传动	WY100	反铲、正铲	1.0	150		
液压传动	WY160	正铲	1.6	175		
液压传动	WY250	正铲	2.5	300		

① 1马力＝745.70W。

附表2 　　　　　　　　　　　　　几种常用的轮胎式装载机

型号	铲斗载重量/kg	铲斗容量/m³	发动机功率/马力	最大卸料高度/m	前进挡速/(km/h)	后退挡速/(km/h)	产地	使用特点
Z₄—3.5	3500	1.7	135	2.52	0～6 0～11 0～18 0～34	0～6 0～11 0～18 0～34	中国	行驶速度快，机动性良好，调度方便，生产率高，可在短距离内自产自运，适于装载散离材料、挖松的土方、爆破良好的石渣和在干燥的地方作业
Z₄—50	5000	3.0	220	2.85	0～10 0～35	0～18	中国	
Z₄—90	9000	5.0	400	3.32	0～10 0～34	0～13	中国	
KSS70	3800	2.2	145	2.67	0～7.2 0～13.6 0～24 0～38	0～7.2 0～13.6 0～24 0～38	日本	
特雷克斯72—81	工作容量12250	堆6.89 平5.85	434	3.96	0～7.9 0～14.5 0～24.1	0～9.5 0～17.4 0～27.4	美国	

附表3 斗　轮　挖　掘　机

型　　号	斗数/个	斗容量/L	斗轮速度/(r/min)	理论生产率/(m³/h)	总功率/kW	产地	使用特点
DW—200（原WUD400/700）	8	200	5/7.7	400/700	340	中国	适于在土方量大和工作开阔地面开挖Ⅰ～Ⅵ级土以及松散砂砾料，宜与带式输送机和大型工程车辆配合使用；一次投资和拆装搬运费用高
C—500	10	500	70/60/54	2100		日本	
C—300	8	325	67/50	1300		日本	

附表4 链　斗　式　采　砂　船

生产率/(m³/h)	排水量/t	吃水深/m	挖砂斗			挖深/m		动力装置		产地	使用特点
			个数	斗容量/L	斗速/(斗/min)	一般	最大	种类	马力		
120	170	0.8		160	22.1		6.5	柴油机	210	中国南昌	适于在流速3m/s以内和挖掘深度合宜时，挖掘水下砂砾料；当工程量大、水面开阔时，有利于提高生产率
150	225		34	200	0～22	4.5	7.0	柴油机	290	中国江西	
250	1100		37	400	11 15 10 23	8.0	12.0	柴油发电机组	980	中国武昌	
500	1200		39	800	1.6 11 16 19 22	12	16	柴油发电机组	980	中国上海	
750	1732	3.1	79	500	25～37.5	12	20	柴油发电机组	1700	日本	

二、运输机械

（1）自卸汽车。常用的自卸汽车技术性能见附表5。

附表5 常用自卸汽车技术性能

类型	型号	驱动方式	载重量/t	车厢容积/m³		发动机功率/马力	前进挡数		最高车速/(km/h)	产地	使用特点
				平装	堆装		前进	后退			
机械传动	黄河QD351	4×2	7	4.4		160	5	1	63	中国	载重量30t以内的自卸汽车，多采用机械传动，传动效率高，但换挡频繁，适于在较良好的道路上行驶。结构较简单，爬坡能力强，使用可靠
	小松HD180	4×2	18	10.7	14.2	240	7	1	42	日本	
	佩尔利尼T20—C203	4×2	20	10.7	12.0	238	6	1	43.8	意大利	

续表

类型	型号	驱动方式	载重量/t	车厢容积/m³ 平装	车厢容积/m³ 堆装	发动机功率/马力	前进挡数 前进	前进挡数 后退	最高车速/(km/h)	产地	使用特点
液压机械传动	上海SH380A	4×2	32	16.0	20.0	400	3	1	46.1	中国	载重30～80t的多采用动力换挡的液压机械传动。能自动调节车速，操纵简易省力，通过性能良好，能在条件差的道路上行驶。但构造复杂，价格高，维修困难
液压机械传动	小松HD200	4×2	20	11.2	15.2	300	6	1	50	日本	

（2）挖运组合运机械。有铲运机、推土机等，其主要技术性能及其使用特点见附表6和附表7。

附表6　　　　　　　　　　　几种常用履带式推土机

类型	型号	发动机功率/马力	推土板尺寸（长×高）/mm×mm	前进挡速/(km/h)	后退挡速/(km/h)	产地	使用特点
机械传动	移山—80	90	3100×1100	2.36，3.77，5.39，7.77，10.13	2.78，4.46，6.37，9.18	中国	结构简单，成本低，传动效率高，作业时冲击力大，切土能力强，生产率较高。人力换挡，换挡频繁，操作不便，驾驶员易疲倦。进退挡位一般各具4～5个
机械传动	T₂—120	120	3760×1000	2.28，3.64，4.35，3.24，10.43	2.73，4.37，5.23，7.50	中国	
机械传动	TY—180	180	4200×1100	2.43，3.70，5.24，7.52，10.12	3.16，4.81，6.80，9.78	中国	
机械传动	D80A—18	220	3725×1315	2.5，3.7，5.3，7.9，9.9	3.0，4.3，6.4，9.4	日本	
液压机械传动	TY—320	320	4200×1600	0～3.7 0～6.8 0～11.8	0～4.5 0～8.2 0～13.7	中国	能自动调速，换挡次数少，家是方便，发动机不易熄火；换挡时几乎不中断传动，压力柔和而持续，有利于切削硬土和软岩。但传动效率低，价格较贵，维修困难。进退挡位一般各3个
液压机械传动	B85A—18	220	3725×1315	0～3.6 0～6.5 0～11.2	0～4.3 0～7.7 0～13.2	日本	
液压机械传动	D155A—1	320	4130×1590	0～3.7 0～6.8 0～11.8	0～4.5 0～8.2 0～13.7	日本	
液压机械传动	卡特彼勒D9H	410	4390×1800	0～4.0 0～6.9 0～10.8	0～5.0 0～8.7 0～13.2	美国	

附表7　　　　　　　　　　几种常用的铲运机

类型	型号	型式	铲斗容量/m³		发动机功率/马力	满载时最大速度/(km/h)	产地	使用特点
			平装	堆装				
拖式铲运机	C₃—6A	钢索操纵铲斗	6	8	80～100	10.13	中国	牵引力大，铲土可不用助推机，爬坡和在困难地区作业的能力强；但行驶速度慢，经济运距短
	C₆—2.5	液压操纵铲斗	2.5	2.75	54～75	10.31	中国	
自行式铲运机	CL₇	单发动机驱动	7	9	160	40.6	中国	前轴驱动的铲运机操纵灵活，行驶速度快，经济运距大，但轮胎易打滑，铲运和爬坡时常用助推机；前后轴驱动的双发动机铲运机和提升自装式铲运机一般不用助推机铲土
	卡特彼勒627B	前后发动机驱动	10.7	15.3	2×225	54.7	美国	
	卡特彼勒631D	单发动机驱动	16	23.7	450	48.3	美国	
	卡特彼勒613B	链板式（提升自装式）		8.4	150	49.9	美国	

三、压实机械

压实机械有羊足碾、轮胎碾、振动碾和夯实机械等。

（1）羊足碾。国产双联羊足碾其技术性能见附表8。

附表8　　　　国产双联 16.4t（8.2×2）羊足碾技术性能

牵引功率/马力	碾尺寸/mm			碾重/t		碾筒尺寸/mm		羊足技术指标			羊足单位压力/MPa	
	总长度	总宽度	高度	空碾	有填料	直径(不包括羊足)	宽度	羊足总数/只	羊足长度/mm	每个羊足压实面积/cm²	无填料	有填料
80～100	4300	3160	1600	9.00	16.4	1220	1200	180	250	44.2	3.92～5.00	5.88～8.83

（2）轮胎碾。轮胎碾适应范围广，对黏性土（含砾质土）和非黏性土都适用。拖式轮胎碾的结构尺寸和重量都较大，加载后的总重一般为 8～30t，重型的可达 50～200t。生产效率高，压实质量好。YT₃—50 轮胎碾的技术性能见附表9。

附表9　　　　YT₃—50 轮胎碾技术性能

牵引功率/马力	碾尺寸/mm			轮胎数目/个	轮胎型号	车厢容积/m³	碾重/t		碾压宽度/mm	轮胎充气压力/MPa	最大工作速度/(km/h)
	长	宽	高				空碾	有填料			
140	6996	3530	2925	5	1700—32	14	15	50	3000	0.34～0.785	5.54

（3）振动碾。振动碾压机械主要用来压实非黏性土。碾重一般为 5～15t，振动频率在 1300～3000 次/min。分拖式和自行式两种，拖式振动碾多由履带式拖拉机牵引作业，自行式多用于筑路工程。拖式振动碾具有结构简单、维修方便、激振力大、生产效率高等

特点，振动碾轮有平碾和凸块碾等型式，其技术性能见附表 10。自行式振动碾具有体积小、机动灵活、使用方便等优点。部分国产自行式振动碾技术性能见附表 11。

附表 10　　　　　　　　　　国产拖式振动碾主要技术性能

型　　式	SD80—13.5	YZT—12	YZTYK—8	YZTYK—12
	平碾	平碾	凸块碾	凸块碾
全机重量/kg	13500	12000	8000	13000
碾轮尺寸（直径×宽度）/mm	$\phi 1800\times 2000$	$\phi 1800\times 2000$	$\phi 1400\times 1720$	$\phi 1800\times 2000$
碾轮重量/kg	3500	5800	6700	6700
振动频率/(次/min)	1500~1800	1600~1800	1800	1600~1800
振动力/N	3500	5800	6700	6700
振幅/mm	1500~1800	1600~1800	1800	1600~1800
激振柴油机额定功率/马力		284490	186390	284490
牵引履带式拖拉机功率/马力		3.5	1.3	3
牵引速度/(km/h)	80	80~100	80	80~100
凸块尺寸（长×宽×高)/mm×mm×mm	100	100	75	100
凸块数量/个	2~4	2~4	2~4	2~4
外形尺寸（长×宽×高)/mm×mm×mm			4550×2380×1400	5400×2740×1950
最大铺料厚度/m		1.0~1.5（堆石）	0.4~0.5（壤土）	

附表 11　　　　　　　　　国产自行式振动碾主要技术性能

型　　号		45ZYA	YZJ10（原 YZ410）
型式		两光轮串联	轮胎光轮铰接
行走方式		自行式	铰接自行式
重量/kg		4500	10000
转向轮尺寸（直径×宽度）/mm×mm		$\phi 700\times 1100$	
振动轮尺寸（直径×宽度）/mm×mm		$\phi 950\times 1100$	$\phi 1524\times 2134$
振动轮线压力/MPa		最大4.61	13.73
激振力/N		23053.5	152002.5
振动频率/(次/min)		最大 2000	1700
柴油发动机	型号	485	4125G—4
	功率/马力	35	100
	转速/(r/min)	200	1500

（4）夯实机械。常用的夯实机械有夯板和蛙式打夯机。2.5t 夯板技术性能见附表 12。蛙式打夯机的技术性能见附表 13。

附表 12　2.5t 夯板技术性能

夯板型式	起重机械	夯板质量 /t	外形尺寸/mm			夯板底面积 /cm²	单位静压力 /MPa
			直径	高度	弓形高		
球面铸铁夯板	W—501 或 W—1001	2.5	1100	380	60	9500	0.0258

附表 13　蛙式打夯机技术性能

类型	机重 /kg	电机功率 /kW	夯击能量 /(N·m)	夯板面积 /m²	夯击次数 /(次/min)	前进速度 /(m/min)	外形尺寸/mm		
							长	宽	高
H8—60	280	3.0	65	0.045	140～150	8～13	1220	650	850
H8—20A	130	1.1		0.04	100～170		1000	500	850

参 考 文 献

［1］ SL 274—2020 碾压式土石坝设计规范 ［S］. 北京：中国水利水电出版社，2020.

［2］ SL 253—2018 溢洪道设计规范 ［S］. 北京：中国水利水电出版社，2018.

［3］ SL 252—2017 水利水电工程等级划分及洪水标准 ［S］. 北京：中国水利水电出版社，2017.

［4］ 焦爱萍，陈诚，等. 水工建筑物 ［M］. 3 版. 北京：中国水利水电出版社，2015.

［5］ 焦爱萍. 水利水电工程专业毕业设计指南 ［M］. 郑州：黄河水利出版社，2003.

［6］ 李炜. 水力计算手册 ［M］. 北京：中国水利水电出版社，2006.

［7］ 水利水电工程施工组织设计手册 ［M］. 北京：中国水利水电出版社，2001.

［8］ 袁光裕. 水利工程施工 ［M］. 5 版. 北京：中国水利水电出版社，2009.

［9］ 关志诚，等. 水工设计手册：第 6 卷 土石坝 ［M］. 2 版. 北京：中国水利水电出版社，2014.

［10］ 梁建林，胡育. 水利水电施工技术. 北京：中国水利水电出版社，2005.

［11］ SL 303—2017 水利水电工程施工组织设计规范 ［S］. 北京：中国水利水电出版社，2017.

［12］ DL/T 5129—2013 碾压式土石坝施工规范 ［S］. 北京：中国电力出版社，2014.